高等学校教材

计算机网络——网络互联
实践与应用

谢文宣　　张　倩　　纪德文
　　　　　　　　　　　　　　　编著
胡曦月　　赵　荣　　刘菲菲

西北工业大学出版社

西安

【内容简介】 本书针对现有网络技术的应用,将网络理论及网络技术的发展融会贯通,在内容设计上更加注重知识、能力和素质的培养;以网络工程需求和动手操作能力的培养为主线,构建了包括理论、实验和实践教学相融合的计算机网络技术内容体系。书中详细阐述了从两点之间的直连通信到最终构建网络应用支撑平台的递阶过程中,现代网络技术的基础和主流技术的实现和应用,为构建、优化与维护计算机网络的管理人员、开发人员和维护人员提供基础概念和网络技术的具体实践;使读者在学习的过程中就能感觉到学而有用、学能致用,切实帮助读者夯实网络理论基础,积累网络工程经验。

本书可作为高等学校计算机科学与技术专业相关课程的教材,也可供从事计算机网络应用的读者阅读、参考。

图书在版编目(CIP)数据

计算机网络:网络互联实践与应用/ 谢文宣等编著
. —西安:西北工业大学出版社,2022.10
ISBN 978 - 7 - 5612 - 8485 - 8

Ⅰ.①计⋯ Ⅱ.①谢⋯ Ⅲ.①计算机网络-高等学校
-教材 Ⅳ.①TP393

中国版本图书馆 CIP 数据核字(2022)第 195689 号

JISUANJI WANGLUO —WANGLUO HULIAN SHIJIAN YU YINGYONG
计 算 机 网 络 —— 网 络 互 联 实 践 与 应 用
谢文宣 张倩 纪德文 胡曦月 赵荣 刘菲菲 编著

责任编辑:华一瑾	策划编辑:华一瑾
责任校对:张 潼 成 瑶	装帧设计:李 飞

出版发行:西北工业大学出版社
通信地址:西安市友谊西路 127 号 邮编:710072
电 话:(029)88493844 88491757
网 址:www.nwpup.com
印 刷 者:陕西奇彩印务有限责任公司
开 本:787 mm×1 092 mm 1/16
印 张:15.75
字 数:393 千字
版 次:2022 年 10 月第 1 版 2022 年 10 月第 1 次印刷
书 号:ISBN 978 - 7 - 5612 - 8485 - 8
定 价:68.00 元

如有印装问题请与出版社联系调换

前　言

随着信息化社会的持续发展,以互联网为代表的计算机网络已成为现代社会最重要的信息基础设施,计算机网络也成为普通高等院校计算机、通信及网络等相关专业的专业基础课程。

计算机相关专业的本科生要达到充分认识、了解和应用计算机网络的目的,不仅仅需要系统学习计算机网络的发展、原理和基本体系结构等一般通用性理论,更要了解网络实际运行时的真实状况,加强基础理论和网络技术的综合运用和实践,从而加强对网络技术更直观的感受。为了落实"理论牵引,突出能力"的原则,夯实学生本科学历教育的专业素养,培养学生的互联网思维,使其具备利用计算机网络相关理论和工具解决实际问题的能力,笔者结合网络运行实际,配合本科学生的计算机网络课程教学编写了本书。

本书从全新的视角来剖析计算机网络的基本原理,以网络互联实践与应用为主体思路,依据从小到大的组网范围,重点从 5 种功能层次的角度介绍了计算机网络组建、网络互联和网络应用的原理体系,强调计算机网络的工程性、综合性和复合型,提升读者网络技术的综合运用能力。

本书主要特点为:

(1)主题简明,强调理论的整体性。紧紧围绕网络互联这一主线,重新诠释网络从组建到运行各个环节,帮助读者理解网络体系结构。

(2)内容更新,覆盖新型网络技术的发展。通过介绍形式多样的网络新技术及其应用,帮助读者理解其内部原理的一致性,深入理解计算机网络的内涵。

(3)注重网络实践能力培养。通过大量的实践案例介绍网络组建、运行和管理的基本原理,在进一步理解计算机网络理论外延的同时,为读者提供不同场景和需求的网络相关工作的解决思路。

本书不是纯理论教材，以问题引导展开分析，由浅入深，适合初学网络的读者使用，或是作为教辅书使用。

本书编著者均为具有多年教授计算机网络课程经验的教师，编写分工为：第1章，纪德文；第2章，胡曦月、谢文宣；第3章，赵荣；第4章，谢文宣；第5章，张倩。谢文宣把控全书结构和内容。

在编写本书的过程中，武警工程大学的刘菲菲副教授对本书多次提出建设性意见，杨宇、申芳、王一凡也给予了支持；编写本书，笔者曾参阅了相关文献资料，在参考文献中将其列出，对本书编写和出版过程中提供支持和帮助的人员在此一并致谢。

限于笔者水平，书中不当之处在所难免，希望得到广大读者的批评指正，以此进行修订和补充。

编著者

2022 年 7 月

目 录

第1章　单设备间的直接通信

近数十年来网络技术蓬勃发展，互联网通过连接全球数以亿计的终端设备，把全球数十亿的人也紧密连接在一起，我们所处的时代也被称为"互联网时代"。人们基于网络开发了各种在线应用，不但满足人们沟通交流、工作学习、生活娱乐的各种日常需求，也提供越来越多的社会职能和生产职能，让整个社会伴随着互联网不断进化，逐渐形成了当下越来越一体化的信息社会。互联网作为承载这一切的物理基础，发展至今已经非常庞大且复杂，让初学者难以快速理解其内部组成的、工作原理以及运行机制。如果从基础的连通性角度出发，究其本质，互联网可以看作是不同层级、不同规模的各种网络相互连接组成的，而网络则是由各种具体设备（交换设备、终端设备等）相互通信连接组成的。那么，构成整个网络通信的最基本形式就是单个设备间的点对点通信，这也是整个互联网络的基础。本章将围绕这一最基本的点对点通信方式，介绍一般的通信系统模型，着重分析设备间直接通信所需要解决的通用问题，并在此基础上说明点对点通信系统的基本机制及其应用。

1.1　简单的通信模型

1.1.1　信息、数据与信号

广义上来说，采用任何方法通过任何介质将信息（Information）从一地传送到另一地都可称为通信。通信的目的是交换信息，而信息的载体可以是数字、文字、语音、图形或图像。在网络中，计算机产生的信息一般是用二进制代码表示的字母、数字和符号的组合，那么网络通信就是指在不同计算机之间传送二进制代码 0，1 比特序列的过程。

为了更好地了解网络通信相关概念，我们先来介绍一下信息、数据和信号的基本概念。

1. 信息与数据

一般认为，信息是人对现实世界事物存在方式或运动状态的某种认识，是人们要通过通信系统传递的内容，是一种抽象的存在。实际上，信息总是与一定的形式相联系，形式可以是数值、文字、图形、声音以及动画等，这种形式实体就是数据。

数据被定义为承载信息的物理符号或有意义的实体，描述现实中任何概念和事物的数字、文字和符号等都可以称为数据。数据涉及事物的表示形式，是信息的载体，而信息涉及的则是数据的内容和解释。数据能被识别，也可以被描述，例如十进制数、二进制数、字符等。数据的概念包括两方面：①数据内容是事物特性的反映或描述；②数据以某种媒体作为载体，即数据是存储在媒体上的。

2. 模拟数据与数字数据

在通信系统中有待传输的数据多种多样，可以是文字、符号、语音、图像等。数据按其在某个区间是否取连续值而分为模拟数据和数字数据两类。

模拟数据也称为连续数据，其状态是连续变化的和不可数的，如强弱连续变化的语音、亮度连续变化的图像、电压高低连续变化的图形等。

数字数据也称为离散数据，其状态是离散的和可数的，只在有限个离散的点上取值，如符号、文字等。计算机中输出的二进制数据只有"0""1"两种状态，就是典型的数字数据。

数字数据比较容易存储、处理和传输，模拟数据经过处理也很容易变成数字数据，这就是人们要从模拟电视系统发展到数字电视系统的原因。当然，数字数据传输也有它的缺点，比如系统庞大、设备复杂，所以在某些需要简化设备的情况下，模拟数据传输还会被采用。总体来说，现在大多数的数据传输都是数字数据传输，在本章中所提到的数据也多指离散的二进制数字数据。

3. 信号

人或机器产生的信息应转换为适合在通信信道上传输的电编码、电磁编码或光编码才能传输，通常将这种在信道上传输的电/光编码叫作信号(Signal)。信号是数据具体的物理表现，具有确定的物理描述，例如电压、磁场强度、光强等，数据则以信号的形式在介质中传播。

当前，在通信系统中，普遍采用的是电信号或光信号。为了描述方便，如非特别指明，在本书中所指的信号通常指的是电信号。按照信号取值范围是否连续，信号可分为模拟信号(Analog Signal)和数字信号(Digital Signal)两种，如图 1-1 所示。无论哪种信号，都是以电磁波形式传播的。

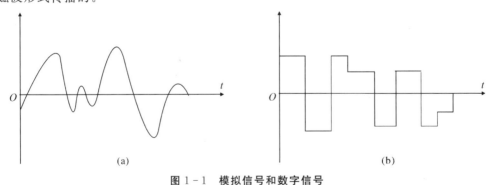

(a) (b)

图 1-1 模拟信号和数字信号

(a)模拟信号；(b)数字信号

在通信系统中，模拟信号是在一定的数值范围内可以连续取值的信号，是一种连续变化的电信号，例如电话线上传送的按照声音的强弱幅度连续变化的电信号。这种电信号可以按照不同频率在各种介质上传输。模拟信号是指表示信息的信号及其振幅、频率、相位等参数随着信息连续变化,幅度必须是连续的,但在时间上可以是连续的或离散的,如语音信号、电视信号等。

数字信号是一种离散的脉冲序列,其取值不仅在时间上离散,在幅度上也是离散的,如数字仪表的测量结果、电报信号、计算机输入和输出的二进制信号等。这种脉冲序列可以按照不同的速率在介质上传输。在数字计算机的输出中,就使用恒定的正电压和负电压来表示二进制的 1 和 0。

模拟数据和数字数据都可以用模拟信号或数字信号来表示。按照在传输介质上传输的信号类型,可以将通信系统分为模拟通信系统与数字通信系统两种。

4.信道与编码

顾名思义,信道是信号传播通道,它以传输媒体和中继通信设施为基础。在通信系统中,各种信号都要通过信道才能从一个节点传至另一个节点(见图 1-2)。通常,信道由传输介质及相应的中间通信设备组成,甚至可以由多段物理链路组合而成。在由多段物理链路组合而成的信道中,不同物理链路可以传播不同类型的信号,但这些信号表示的二进制位流是相同的,对应的数据传输速率是相同的,即对于信道实现的物理层功能而言,组合信道的多段物理链路是透明的。

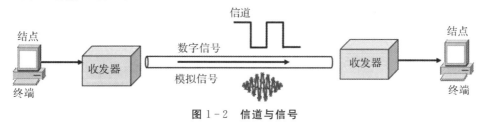

图 1-2　信道与信号

根据传输信号的不同,信道可分为传播电信号的信道和传播光信号的信道。根据传输媒体的类型不同,信道可以分为有线信道和无线信道两种;根据传输方式的不同,信道又可分为模拟信道和数字信道。

数据分为模拟数据和数字数据两类,信号也分为模拟信号和数字信号两类。模拟数据或数字数据都可以表示为模拟信号或数字信号。数据在通信系统中传输时,为了适应不同的信道,应选择适合的信号表示,由此可以产生 4 种不同的数据表示方式:模拟数据表示为模拟信号,模拟数据表示为数字信号,数字数据表示为模拟信号,数字数据表示为数字信号。

1.1.2　通信系统基本模型

1.通信系统的基本概念

信息的传递(即通信)是通过通信系统来实现的。图 1-3 是通信系统的基本模型,共有 5 个基本组件:发送设备(信源)、发送机、信道、接收机和接收设备(信宿)。其中,我们把除去两端设备的部分叫作信息传输系统,主要由发送机、信道和接收机 3 部分组成。发送机产生信号,经信道(传输介质)传送给接收机,由接收机接收这个信号,这样便完成了信号从一端向另一端的传送。

图1-3 通信系统基本模型

根据信号的不同,通信系统可以分为数字通信系统和模拟通信系统。利用数字信号传递信息的通信系统叫做数字通信系统,利用模拟信号传递信息的通信系统叫做模拟通信系统。随着时代的发展,通信系统的一个主要发展趋势就是数字化,所以目前主流的通信系统大都属于数字通信系统。

在早期通信系统中,数字通信系统可以分为数字电话通信系统和数据通信系统两大类,如图1-4所示。数据通信系统可以说是数字通信系统的子集,它们的区别主要在业务类型上,数据通信系统主要提供数据服务,传送的主要是数据信息,即离散的二进制数字信号序列,也就是以数字信息为主;而数字通信系统的服务类型除数据之外,还包括语音(如电台广播)、视频(如电视网)等。数据通信系统的发送机、接收机和信道的功能都与其他通信系统一致。

图1-4 通信系统分类图

2.模拟通信系统与数字通信系统

传统上,我们把传输模拟信号的通信系统称为模拟通信系统,把传输数字信号的通信系统称为数字通信系统。但需要指出的是,随着通信技术的发展和数字化的普及,数字信号并非一定要用数字信道来传输,数字信号可经"数字/模拟(D/A)"转换后用模拟信号来表示,从而可以在模拟信道中传输,这种传输方式习惯上也称为数字通信系统。因此,通信传输时,无论把数字数据调制成模拟信号或编码为数字信号进行传输,还是把模拟数据编码为数字信号进行传输,这些存在数字化环节的传输方式都属于广义上的数字通信系统,而只把模拟数据以模拟信号的形式进行传输的系统称为模拟通信系统。在本书中,我们将沿用这一定义。

(1)模拟通信系统模型。通信的任务是将数据从一端传送到另一端,为了完成这一任务,需要完成两种变换,图1-5是简化了的模拟通信系统模型。第一种变化是发送端要将各种数据变换成原始信号,接收端则进行相反变换,将原始信号变换成数据,这一变换由发送设备和接收设备完成。由于模拟信号的原始信号具有较低的频谱分量,一般不宜在模拟信道上直接传输,因此需要第二种变换,即发送端将原始信号变换成适合在信道上传输的带通信号,接收端进行相反变换,将带通信号变换成原始信号。所谓带通信号是指该信号的频率特性和信道的频率特性匹配,能顺利通过信道的信号。第二种变换在通信术语中称为调制解调,由调制器和解调器完成。

图1-5 模拟通信系统模型

这里将发送端调制前和接收端解调后的原始信号称为基带信号。经过调制后的信号称为带通信号,其它有两个基本特性:一是携带信息(数据),二是适于在信道中传输。

(2)数字通信系统。数字通信系统发展到现在,应用广泛,形式多样,实际系统组成往往因用途而异。图1-6中展示的是当前比较典型的两类数字通信系统简化模型,如果是在数字信道上传输则直接通过编码器产生相应的数字信号,如果是在模拟信道上传输则需把数字数据调制成模拟信号再传输,图1-6调制器和解调器的功能就是把数据调制生成为模拟信号。由于数字信号具有"离散"和"数字"的特性,从而使数字通信系统具有模拟通信系统无法实现的一些功能,如数据加密、差错控制,这两个功能分别由图1-6中的编码器完成。同时数字通信系统也有许多特殊的问题,如在模拟通信系统中的调制解调强调变换的线性特性,即强调已调参量与携带数据之间的成比例性,而在数字通信系统中,则强调已调参量与信息之间的一一对应性。实际的数字通信系统并非一定要像图1-6中的各个环节,可根据需要和通信要求增加或减少某一环节。

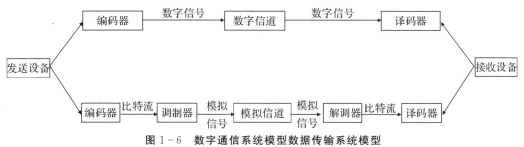

图1-6 数字通信系统模型数据传输系统模型

相比于模拟通信系统,数字通信系统具有以下突出特点:

1)差错控制。数字信号传输时,信道噪声或干扰所造成的数字信号差错,原则上可以通过差错控制编码加以控制,这需要在发送端增加一个编码器,在接收端增加一个解码器。

2)保密通信。用加密器可有效地对基带信号进行人为"搅乱"(即加上密码信号),这一过程称为加密,而在接收端就需要用解密器进行解密。

3)同步问题。由于数字通信是按节拍传送数字信号的,因而接收端必须有一个与发送端相同的节拍,不然会因收发步调不一致而造成混乱,使接收性能变坏。同步环节在不同的通信系统中实现方式往往各不相同,位置通常也是不固定的。

4)信号再生重传。无论是模拟通信系统还是数字通信系统,信号经过一定距离传输后都会衰减。为了实现长距离传输,模拟传输系统采用中继放大器来增加信号能量,放大信号的同时也将噪声和干扰信号放大,所以通过多级放大器长距离传输后,信号就会越来越失真。对于模拟数据,如声音信号失真后语音仍能够理解,但对于数字数据,信号失真将会导致差错的出现。数字通信系统实现长距离传输是采用中继器将信号再生重传,即将数字信号重新恢复为"1"和"0"的标准电平,再传向下一站点,这样不仅有效克服了衰减,而且消除了噪声的积累。

5)抗干扰能力强。数字信号的离散和数字特性使门限电平以下的噪声或干扰信号不起作用,有效地抑制了噪声或干扰信号。在模拟通信系统中,模拟信号是连续变化的波形,要求接收端能以高保真度来复现发送信号的波形。衡量传输质量的准则是信号输出波形和输入波形之间的误差或畸变。在数字通信系统中，要求接收端能在各种干扰条件下，正确判断或检测出发送端发送信号的取值，即判断出是"1"还是"0"。至于波形的失真，只要不影响接收端正确判断是"1"还是"0"，就没有什么影响。衡量传输质量的准则是错误判断的概率（将"1"判断为"0"，或反之）。错误判断的概率越小，传输质量越高。

数字通信的上述优点都是用比模拟通信占据更宽的系统频带换取的。以电话为例，一路模拟电话通常占据 4 kHz 带宽，而一路数字电话要占据 20～60 kHz 的带宽。但是，随着计算机网络的发展，数据传输的可靠性、保密性要求越来越高，而且光纤通信的发展提供了较宽的系统频带，因此数字通信几乎成了唯一选择。

3. 数据通信系统

数据通信系统，属于数字通信系统的一种类型，区别于传统的语音传输业务，主要用于数据传输，数据可以是模拟数据，也可以是数字数据，但模拟数据需要先进行数字化转换后才能进行传输。在数据通信系统中，根据各部件担任的角色不同，可以分为数据终端设备（Data Terminal Equipment，DTE）、通信控制器、信号变换器、反变换器以及信道等组成部分，基本模型如图 1 - 7 所示。DTE 是数据终端设备，作为数据的出发点和目的地，DTE 根据相关协议来控制通信功能，通常数据输入/输出设备、通信处理机和计算机都属于 DTE 的范围。通信控制器负责 DTE 和通信线路的连接，完成数据缓冲、速度匹配、串并转换等，如数字基带网中的网卡就是通信控制器。信道是传输信号的通道，可以是有线的传输介质，也可以是无线的传输介质。信号变换器的功能是把通信控制器发出的信号转换成适合于在信道上传输的信号，信号反变换器则把从信道上接收的信号转换成通信控制器（如调制解调器、光纤通信网中的光电转换器）所能接收的信号。信号变换器和其他的网络通信设备又统称为数据通信设备（Data Communication Equipment，DCE），是为用户设备提供入网的连接点。

图 1 - 7　数据通信系统模型

数据通信系统除了数据信号传输之外还包括数据链路和规程控制、数据在传输前后的处理等。众所周知，计算机里的信息是以二进制形式表示的，而开放系统互联参考模型（Open System Interconnection Reference Model，OSI/RM）中物理层协议的目的就是将表示信息的二进制比特流通过通信信道传送，完成数据传输的主要功能，而链路控制等功能则涉及 OSI/RM 物理层以上的协议。

需要指出的是，随着计算机技术的发展，数据通信的含义也在发生变化，概念会有延伸，如通过模拟电话信道传输计算机输出的数字信号，有时也归入数据通信的讨论范围。广义上讲，除去利用模拟信号传输模拟数据的通信方式外，其他通信系统都可以看作数据通信系统的研究范畴。因此，现在数据通信和数字通信已是两个可以混用的名词，我们在学习的过程中不必拘泥于个别的定义，关键是掌握技术的实质内容。

1.1.3　传输介质

通信系统中的信道是信号传播通道,是一个抽象概念,具体表现为物理链路。一个信道可以是单段物理链路,也可以由多段物理链路组合而成,不同的物理链路可以传播不同类型的信号,可以是光信号也可以是电信号。信道的传输特性主要取决于构成物理链路的传输介质(也称传输媒体),因此本节重点介绍一下在计算机网络中经常采用的几种传输介质,它们的特性很大程度上决定了网络的发展形态。计算机网络中采用的传输介质有有线和无线两大类,双绞线、同轴电缆和光纤是常用的三种有线传输介质,电磁波传播的自由空间则属于无线传输介质。

1. 有线传输介质

在实际中,常用以下 5 个特性来描述有线传输介质:①物理特性,说明传输介质的构成;②传输特性,包括传输信号的类型及介质的频率特性等;③连通性,表明点到点或多点连接方式;④地理范围,表示介质最大传输距离;⑤抗干扰性,表示介质抗拒噪声和电磁干扰的能力。

(1)双绞线。双绞线是一种常用传输介质,既可以传输模拟信号也可以传输数字信号。由于双绞线价格便宜,并且安装、维护方便,非常适合结构化布线,因此在局域网布线中广泛使用。

1)物理特性。双绞线由螺旋状扭在一起的两根、四根或八根绝缘导线组成,如图 1 - 8 所示。两根导线按一定密度相互对绞在一起,一根导线在传输中的电磁辐射会被另一根导线上的电磁辐射抵消,因此线对扭在一起可以减少相互间的电磁干扰,线对的绞合程度越高,抗干扰能力越强。双绞线分为屏蔽双绞线(Shielded Twisted Pair,STP)和非屏蔽双绞线(Unshielded Twisted Pair,UTP)。屏蔽双绞线在线对的外部增加了用金属丝编织成的屏蔽层,提高了抗干扰能力,具有较高的数据传输速率。双绞线的绞合程度决定其分类,常见的非屏蔽双绞线有三类、四类、五类、超五类和六类双绞线。

图 1 - 8　双绞线示意图

2)传输特性。在局域网中常用的双绞线根据传输特性可以分为五类。STP 属第三类和第五类,UTP 属第三类、第四类和第五类。其中:第三类线带宽为 16 MHz,适用于语音传输及 10 Mb/s 以下的数据传输速率;第四类线带宽为 20 MHz,适用于语音传输及 16 Mb/s 以下数据传输速率;第五类线带宽为 100 MHz,适用于语音传输及 100 Mb/s 的高速数据速率,甚至可以支持 155 Mb/s 的 ATM(异步传输模式)网络数据传输。

3)连通性。双绞线既可用于点到点的连接,也可用于多点连接,但作为多点连接的介质,其性能较差,只能支持很少几个站点。

4)地理范围。双绞线可以很容易地在 15 km 或更大范围内提供数据传输,例如作为远距离的中继线,但速率较低。局域网的双绞线主要用于一个建筑物内或几个建筑物内,在 100 kb/s 速率下传输距离可达 1 km,在 100 Mb/s 的速率下传输距离则只有 100 m。

5)抗干扰性。在低频传输时,双绞线的抗干扰性相当于或高于同轴电缆,但在超过临界速率(10~100 kHz)时,同轴电缆则比双绞线明显优越。

(2)同轴电缆。相比于双绞线,同轴电缆具有更高的带宽,可达 1 GHz,被广泛应用于较高速率的数据传输。在局域网中发展早期,同轴电缆曾被用作传输媒体,但随着技术的进步和交换机的出现,局域网领域逐步被双绞线取代。常用的同轴电缆分为两类,分别是 75 Ω 的宽带同轴电缆和 50 Ω 的基带同轴电缆。

1)物理特性。同轴电缆由内、外两个导体组成。内导体是单股或多股线,使用间隔规则的固体绝缘材料固定。外导体用一个塑料罩来覆盖,呈圆柱形,由编织线组成并围裹着内导体。单根同轴电缆的直径约为 1.02~2.54 cm,可在较宽的频率范围内工作。

2)传输特性。基带同轴电缆用来直接传输基带数字信号,其数据传输速率最高可达 10 Mb/s。宽带同轴电缆既可用于模拟信号传输,也可用于数字信号传输,对于模拟信号传输,传输带宽可达 300~400 MHz,可用于频分多路复用(FDM)模拟信号的发送,还可用于不使用 FDM 的高速数字信号发送。

3)连通性。同轴电缆适用于点到点和多点连接。基带 50 Ω 电缆每段可支持数百台设备,宽带 75 Ω 电缆可以支持数千台设备。在高数据传输速率(50 Mb/s 以上)情况下,使用 75 Ω 的宽带同轴电缆,设备数目限制在 20~30 台。

4)地理范围。典型基带电缆的最大距离限制在数千米(km),宽带电缆可以达到数十千米(km),这取决于传输的是模拟信号还是数字信号。同轴电缆分为粗缆和细缆,一般来说,粗缆传输距离较远,而细缆由于功率损耗较大,传输距离约为 500 m,对于高数据传输速率(50 Mb/s 以上)其地理范围被限制在 1 km 左右。

5)抗干扰性。一般来说,由于外导体屏蔽层的存在,同轴电缆的抗干扰性能比双绞线强,尤其是对于较高的频率,这种差别更明显。

(3)光纤。

1)物理特性。光纤是一种能传送光波的介质,通常由非常透明的石英玻璃拉成细丝,由纤芯和包层构成双层通信圆柱体,如图 1-9(a)所示。纤芯具有较高的折射率,用来传导光波,包层则有较低的折射率。当光线从高折射率的介质射向低折射率的介质时,其折射角将大于入射角,因此如果折射角足够大,就会出现全反射,即光线碰到包层时就会反射回纤芯。这个过程不断重复,光也就沿着光纤传输下去,如图 1-9(b)所示。

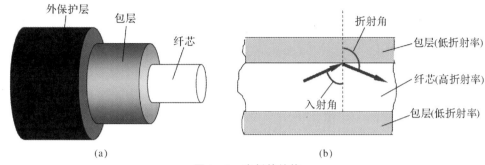

图 1-9 光纤的结构

在光纤中,只要射到光纤表面的光线的入射角大于某一个临界角度,就可以产生全反射。光纤可以分成多模光纤和单模光纤。许多条不同角度入射的光线可在一条光纤中传输,这种光纤称为多模光纤。若光纤的直径减小到只有一个光的波长,光纤就像一根波导一样,可使光线一直向前传播,而不会有多次反射,这样的光纤称为单模光纤。

2)传输特性。光纤的频率范围为 $10^{14} \sim 10^{15}$ Hz,可以覆盖可见光谱和部分红外线光谱。随着光的波分复用技术的发展,目前一条光纤上可以传输多个载波,这进一步提高了光纤的传输性能,已投入实际应用的单根光纤数据传输速率可达 100 Gb/s 以上。

3)连通性。由于光纤的衔接、分岔比较困难,一般只适用于点到点的连接。总线拓扑结构的实验性多点系统已经建成,但是价格太高。由于光纤功率损失小、衰减弱的特性以及有较大的带宽潜力,因此一段光纤能够支持的分接头数比双绞线或同轴电缆多得多。

4)地理范围。由于光纤信号衰减极弱,可以在几十千米范围内不使用中继器进行传输,因此光纤非常适合远距离的数据传输。

5)抗干扰性。由于光纤的频率范围在 $10^{14} \sim 10^{15}$ Hz,一般的电磁和噪声对其不构成干扰,也不受雷电影响,因此光纤通信的抗干扰能力强,可进行远距离且高速率的数据传输,并且具有很好的保密性能。

由于光纤具有频带宽、传输距离远、传输速率高、保密性好、抗干扰能力强等优点,能够传输数据、声音及图像等信息,因此光纤通信成为当前通信传输最主要的传输介质。

2.无线传输介质

无线传输介质,是利用电磁波在自由空间中的传播而进行通信,其中计算机网络中使用的无线电波主要有短波和微波。一般来说,短波的信号频率低于 100 MHz,主要靠电离层的反射实现远距离定点通信,而电离层的不稳定所产生的衰弱现象和电离层反射所产生的多径效应使短波的通信质量较差。短波频段可用带宽很小,且通信质量不稳定,因此通常用于短波无线电台之间的低速数据传输,例如报文或话音通信,一个模拟话路传输几十至几百比特每秒,这极大限制了短波在网络传输应用的发展。

微波频率的范围为 300 MHz~300 GHz,频率高,频段范围宽,因此通信信道容量较大,现已广泛应用于无线网络和移动通信。工业干扰和天电干扰的主要频谱比微波频率低得多,对微波通信的危害远小于短波通信,所以微波通信抗干扰性要好于短波。微波具有直线传播特性,没有绕射功能,因此通信两端中间不能有障碍物,且通信隐蔽性和保密性也较差。

目前微波通信有两种方式:地面微波中继通信和卫星通信。

(1)地面微波中继通信。由于微波在空间是直线传输,而地球表面是个曲面,因此地面传输的距离受到限制,一般只有 50 km 左右。若采用 100 m 的天线塔,则距离可增至 100 km。为了实现远距离通信,必须在一条无线电通信信道的两个终端之间建立若干个中继站。中继站把前一站送来的信号经过放大后再送到下一站,称为微波中继通信,利用微波中继通信可传输电话、电报、图像、数据等信息。

(2)卫星通信。卫星通信是利用卫星上的微波天线接收地球发送站发送的信号,经过放大后再转发回地球接收站,如图 1-10 所示。目前常用的卫星通信频段为 6 GHz 或 4 GHz,即上行(从地球发送站发往卫星)频率为 5.925~6.425 GHz,下行(从卫星转发到地球接收站)频率为 3.7~4.2 GHz,频段宽度都是 500 MHz。由于这个频段已经非常拥挤,现在也使用频率更高些的 14 GHz 或 12 GHz 的频段,甚至更高的频段也在开发利用。一个典型的通信卫星通常有 12 个转发器,每个转发器的频带宽度为 36 MHz,可用来传输 50 Mb/s 速率的数据。

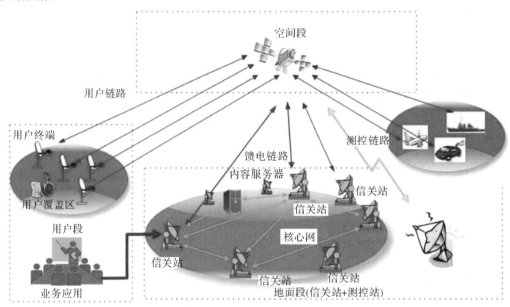

图 1-10 卫星通信

通信卫星根据卫星运行轨道高度不同,可分为高轨道同步通信卫星(GEO)、中轨道通信卫星(MEO)和低轨道通信卫星(LEO),其中应用最早也最广泛的是高轨道同步通信卫星。用于微波通信的同步卫星是定位于距地球赤道上空 36 000 km 的一种人造同步地球卫星。所谓"同步"是指它沿着轨道旋转的角频率与地球自转的角频率相同,所以它相对地球的位置始终是固定的。因为同步卫星发出的电磁波能辐射到地球上的广阔地区,其通信覆盖区的跨度达 18 000 km,相当于 1/3 的地球表面。这样,只要在地球赤道上空的同步轨道上,等距离地放置 3 颗相隔 120°的卫星,就能基本上实现全球通信。

卫星通信的距离可以很远,且通信费用与距离无关,但是卫星通信有很大的传播时延。由于各地球站的天线仰角不相同,因此,不管两个地球站之间的地面距离相隔多少(相隔数米或数万千米），从一个地球站经卫星到另一个地球站的传播时延在 250～300 ms 之间。

（3）常用无线连接技术。目前国内计算机及其外设接口中常用的无线技术有符合 IEEE802.11 系列标准的无线局域网（WLAN）技术、红外技术和蓝牙技术等。

IEEE802.11X 技术标准是现在无线局域网领域的主流标准，也是无线保真（Wireless Fidelity，Wi-Fi）的技术基础，主要用于实现计算机、手机、平板电脑等移动终端的互联通信。IEEE 802.11X 标准工作频率为 2.4 GHz 频段和 5.8 GHz 频段，2.4 GHz 工作频段为 2.4 ～2.483 MHz，5.8 GHz 工作频段为 5.725～5.85 MHz。符合 802.11 系列标准设备的工作范围通常在室内 100 m，室外 300 m 的范围内，在使用过程中可能会与工作范围内相同工作频率的其他无线设备产生干扰现象。IEEE 802.11 的 MAC 层提供了分布式协调功能（Distributed Coordination Function，DCF）和点协调功能（Point Coordination Function，PCF）两种访问模式。在 DCF 模式下，共享信道是竞争使用的，采用 CSMA/CA（带冲突避免的载波侦听多路访问）协议进行数据传输控制和管理。发送数据之前，客户端首先检查无线信道是否处于空闲状态，若没有空闲，则会随机选择一段退避时间后再发送以避免冲突。在 PCF 模式下，共享信道是轮询使用的，是一种非竞争服务，由接入点（Access Point，AP）全权控制传输媒介。AP 会定期询问每个客户端以获取数据，而只有被轮询的时候，客户端才能发送数据。PCF 模式适用于语音、视频等对实时性要求较高的应用，缺点是伸缩性不好，当网络客户端数量较多时，网络效率将急剧下降。

红外技术通常用在近距离、无障碍的数据传输，利用 IrDA 接口可以进行 4 Mb/s 以下的数据通信。红外接口目前有 IrDA 1.0 和 IrDA 1.1 两种规格。IrDA 1.0 支持传输速度为 2.4～115.2 kb/s，可以代替以往传统的线缆、连接器和串行接口。IrDA 1.1 标准将传输速度提高到 1.15～4 Mb/s。红外接口具有轻巧便携、保密性好、价格低廉等优势，因此成为国际统一标准，在手机、掌上电脑、笔记本电脑中广泛使用。

蓝牙（Bluetooth）技术同样工作在 2.4 GHz 的 ISM（工业、科学、医学）非授权频段，目的是在小范围内将各种移动通信设备、固定通信设备、计算机及其终端设备、各种数字系统连接起来，实现资源共享。蓝牙为避免干扰，采用跳频技术，工作范围一般在 10 m 以内，传输速率可达 2 Mb/s，支持语音。蓝牙技术最大的特点是蓝牙设备尺寸小、功耗低，通信无需基站，可方便实现 10 m 距离内多个设备之间的连接。蓝牙技术自 1998 年出现后，随着应用普及、技术发展迅速，最新蓝牙技术标准是蓝牙 5.2，2020 年 1 月发布，其有效工作距离最长可达 300 m。

1.1.4　信道容量

信道容量是指信道传输信息的最大能力，也就是单位时间内信道上所能传输的最大比特数，即最大传输速率，用比特每秒（b/s）表示。它是衡量一个信道传输数字信号的重要参数，奈奎特准则和香农定理分别指明了不同信道条件下的极限容量。

1. 奈奎斯特准则

奈奎斯特准则描述了理想信道条件下带宽与波特率之间的关系。波特率，也称为码元速率,表示信道中每秒传输的信号码元数量。奈奎斯特定理(采样定理)可以表述为,如果连续变化的模拟信号最高频率为 F,若以 $2F$ 的采样频率对其采样,则采样得到的离散信号序列就能完整地恢复出原始信号。

奈奎斯特准则给出了无噪声理想信道条件下带宽与经过该信道传输的信号的最大波特率之间的关系。若信道的带宽为 $W_B(0\sim W_B)$,且信道是无噪声的理想信道,则经过该信道传输的信号的最大波特率 $R_P=2\times W_B$。如果信号的状态数为 n,则带宽为 W_B 的无噪声理想信道的最大传输速率为

$$R_S = 2\times W_B\times \text{lb}n \tag{1-1}$$

因此,信道极限容量取决于信道带宽和经过信道传播的信号的状态数。

【例 1-1】 若一理想低通信道带宽为 6 kHz,并通过 4 个电平的数字信号,则在无噪声的情况下,信道容量为

$$R_S = 2\times W_B\times \text{lb}n = 2\times 6\ \text{kHz}\times \text{lb}4(\text{b/s}) = 24\ \text{kb/s}$$

2. 香农定理

实际中任何信道都不是理想的,噪声存在于所有的电子设备和通信信道中。由于噪声是随机产生的,它的瞬时值有时会很大,导致接收端对码元的判决产生错误("1"误判为"0"或"0"误判为"1")。如果信号相对较强,那么噪声的影响就相对较小,因此信号与噪声的强度对比也就是信噪比就很重要。信号的信噪比是信号功率 S 与噪声功率 N 之比,$S/N=1\ 000$ 表示信号功率是噪声功率的 $1\ 000$ 倍,常用分贝(dB)作为度量单位。即

$$R_{SN}(\text{dB}) = 10\times \lg(S/N)(\text{dB}) \tag{1-2}$$

1948 年,信息论的创始人香农(Shannon)推导出了著名的香农定理,描述了存在随机热噪声的信道的最大传输速率 R_S 与信道带宽 W_B 和信号信噪比 S/N 之间的关系。香农公式指出信道的极限信息传输速率为

$$R_S = W_B\times \text{lb}(1+S/N)(\text{b/s}) \tag{1-3}$$

式中:BW 为信道带宽(单位为 Hz);S 为接收端信号的平均功率(W);N 为信道内噪声平均功率(W)。香农定理表明,存在随机热噪声的信道中,信道最大传输速率取决于信道带宽和经过信道传播的信号的信噪比,与信号的编码或调制技术无关。但香农定理并未告诉我们采用何种措施来提高信道传输速率,实际中主要通过采用更好的编码或调制技术以使传输速率尽可能地接近信道最大传输速率。

【例 1-2】 信噪比为 30 dB,带宽为 4 000 Hz 的随机噪声信道的最大数据传输速率为

$$R_S = 4\ 000\ \text{Hz}\times \text{lb}(1+10^3) = 4\ 000\ \text{Hz}\times \text{lb}\ 1\ 001\ \text{b/s}\approx 40\ 000\ \text{b/s}$$

式中:$10\times \lg(S/N) = 30(\text{dB})$,则 $S/N = 10^3 = 1\ 000$。

综上所述,在指定信道的情况下,关于信道数据传输速率,奈奎斯特准则和香农定理给出了这样的结论:信道带宽越宽,数据传输速率就越大;反之亦然。所以人们常把网络的"高速化"和网络的"宽带化"等同,也常用"带宽"这一名词代替"速率"。需要指出,奈奎斯特定理和香农定理给出的是信道的最大数据传输速率的极限值,实际上真正达到还是十分困难的。

1.2 形式多样的设备间直接通信

1.2.1 数字通信系统与模拟通信系统

在通信系统中,数据往往以电信号的形式从一端经传输介质传送到另一端。通信中的数据根据信号表示形式可以分为模拟数据和数字数据两类,其中模拟数据是在一定的时间间隔内连续取值的(如声音),而数字数据则是离散取值的。模拟信号是一种连续变化的电磁波,依据频率的不同,可在各种介质上传输。数字信号是电压脉冲序列串。数字信号传输在成本方面要优于模拟信号传输,且不易受噪声干扰,主要缺陷是衰减较严重,这种衰减会使传输中的信号所包含的信息失真甚至丢失。

模拟数据和数字数据都可以表示成模拟信号或数字信号进行传输。

通常,模拟数据是时间的函数,占用一定的频段,故它可以直接转换成占用相同频段的电磁信号。数字数据可以采用调制解调器把二进制电压脉冲序列调制在一个载频上,将其变换成模拟信号。调制后的信号分布在以载频为中心的一段频率范围内,可以在适合载波传输的介质上传播,例如早期常用的调制解调器是把数字信号表示成音频信号,以便在常用的音频电话线路中传输。在传输线路的另一端,调制解调器再对该信号进行解调,还原成数字数据信号。

数字数据可以方便地转换成数字信号,例如直接用两个电压状态的二进制形式表示,不过,为了改善传输特性,往往会对二进制数据重新进行编码。模拟数据通过采用编/译码器可以表示成数字信号。编/译码器对模拟信号进行采样、编码,处理变换成二进制位流信号,而在传输线路的另一端,位流信号又还原成模拟数据。

综上所述,任何一种形式的数据均可通过编码或调制变换成两类信号中的任何一类信号,图 1-11 更精确地说明了这个数据、信号间的转换过程。

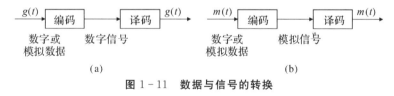

图 1-11 数据与信号的转换

1.2.2 通信方式分类

1. 通信交互方式

从通信的双方信息交互的方式来看,通信可分为以下三种基本方式:单工通信(又称单向通信)、半双工通信(又称双向交替通信)和全双工通信(又称双向同时通信),如图 1-12 所示。

(1)单工通信。在单工通信方式中,发送器和接收器之间只有一条通道,信号只能向一个方向传输,在任何时候都不能改变信号的传送方向。为了保证正确地传送报文信息,需要进行差错控制,即在接收端确认所收到的报文信息是否正确,通过反向信道告诉发送端,在反向信道上传送的信号称为监测信号(在图 1 - 12 中用虚线表示)。

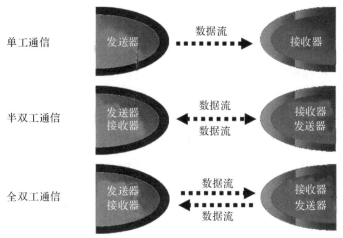

单工通信 发送器 ← 数据流 → 接收器

半双工通信 发送器接收器 ← 数据流 数据流 → 接收器发送器

全双工通信 发送器接收器 ← 数据流 数据流 → 接收器发送器

图 1 - 12　单工、半双工和全双工通信方式

(2)半双工通信。在半双工通信方式中,如图 1 - 12 所示,通信双方都可以发送和接收信息,即信息可以双向传送,但在同一时刻,信息只能向一个方向传送。当由一方发送变为另一方发送时,就必须改变信道方向。

(3)全双工通信。所谓全双工通信指同时作双向的通信,如图 1 - 12 所示。在全双工通信方式中,通信双方可以同时发送和接收信息,两个设备之间要求有两条性能对称的传输信道。

2. 基带传输与频带传输

在数据通信系统中,数据传输过程中可以用数字信号和模拟信号两种方式表示,它们在信道中的传输也分别对应基带传输和频带传输。人们将利用数据信道直接传输数字信号的传输方式叫做基带(Baseband)传输,而将利用模拟信道传输信号的传输方式叫做频带传输或宽带(Broadband)传输。计算机网络技术中采用的概念与此相同。

(1)基带传输。基带传输是一种最简单、最基本的传输方式。在上述讨论中已经指出,数字通信系统包括两个重要转换,即数据或信息与基带信号之间的转换和基带信号与信道信号之间的转换。在计算机之类的数字设备中,由数据或消息直接转换成的原始信号的形式通常为方波(矩形脉冲),即"1"和"0"分别用高(或低)电平或低(或高)电平表示。该方波未经频率变换。把方波固有的频带称为基带,方波信号称为基带信号。

与基带信号频谱相适应的信道称为基带信道,在基带信道上直接传送基带信号的方式称为基带传输。一般来说,由编码器将数据或信息变换为直接传输的数字基带信号。在发送端由编码器实现编码,在接收端由译码器实现译码,并还原成原发送的数据。

由于实际信道是不理想的(存在失真、噪声等因素),大多数基带传输系统都有一个处理基带波形过程,以便形成适合于信道传输的基带信号。一般的基带传输系统,如图 1 - 13 所示,由发送端信道信号形成器产生适合于信道传输的基带信号,从信道信号形成器输出的数字基带信号是典型的方波(矩形脉冲)信号。图 1-13 中接收端的滤波器用来接收信号和排除信道噪声和其他干扰,抽样判别器则是在噪声背景下用来判定和再生原始基带信号。

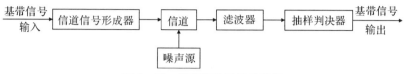

图 1-13　基带传输系统示意图

基带传输在基本不改变数字数据信号波形的情况下直接传输数字信号,具有速率高和误码率低等优点,在计算机网络通信中被广泛采用。

基带信号含有从直流到高频的频谱,占据了从低频到高频相当宽的频率范围,如果直接传送这种基带信号就要求信道具有从直流到高频的频率特性。因此,一条传输线路上任何时刻只能提供一条半双工基带信道,即基带传输将占用整个线路提供的频率范围。此外,由于线路中分布电容和分布电感的影响,基带信号容易发生畸变,传输距离受到影响,因此基带传输的距离都比较短。例如基带总线以太网,当数据传输速率为 10 Mb/s 时,传输距离则被限制在 1 km 之内。

(2)频带传输。由于基带传输的距离较短,在长距离传输时,主要采用频带传输的方式。频带传输就是将基带信号通过调制解调器变换为适合于信道上传输的信道信号进行传输。包括调制解调过程的传输系统称为频带传输系统,如图 1-14 所示,它包括了通信系统的两个转换,即数据与基带信号之间的转换和基带信号与信道信号之间的转换。在数据发送端,调制器的作用是将计算机中的数字信号转换成能在线路上传输的模拟信号,而在数据的接收端,解调器将线路上的模拟信号转换成能在计算机中识别的数字信号。

图 1-14　频带传输系统示意图

频带传输较基带传输最突出的优点是传输距离长,载波频率很高,但信道容量却是有限的。频带传输的另一个优点是可以利用现有的大量模拟信道(如模拟电话交换网)通信,价格便宜,容易实现。早期的电话交换网是用于传输语音信号的模拟通信信道,并且是曾经覆盖面最广的一种通信方式,为了利用模拟语音通信的电话交换网实现计算机的数字数据信号的传输,就必须首先用调制解调器将数字信号转换成模拟信号,家庭用户拨号上网也属于这一类通信。

3.并行通信与串行通信

根据数据基本单位的传输方式,在通信中存在并行通信和串行通信两种基本通信方式。

并行通信一般用于计算机内部各部件或近距离设备之间的数据传输。在计算机内部,各类数据总线、地址总线等都是并行通信,可以一次性并行传输 32 b 或 64 b 的数据,相应地被称为 32 位总线或 64 位总线。计算机和外部设备之间的并行通信一般通过计算机的并行端口(LPT),可同时实现 8 个数据位同时在两台设备之间传输,例如计算机和并行打印机之间的通信。并行通信通常实现复杂,只适合近距离通信,目前主要在设备内部应用,而设备外部通信则逐渐被各类串行通信方式所取代。

串行通信常用于设备之间的外部通信,实现简单,不需要复杂的同步机制,尤其适合远距离的通信。串行通信中,收发端一次只能发送或接收 1 个数据位,数据位依次串行地通过通信线路。当前网络通信中,无论是近距离的局域网,还是远距离的骨干网,设备之间都是采用串行通信方式。计算机通过 USB 方式连接附属设备,如鼠标、键盘、打印机等,也都属于串行通信。

由于在计算机内部总线上传输的是并行数据,而和外部设备通信时采用串行通信,计算机需要专用的通信适配器来负责并行数据和串行数据之间的转换,即在发送端将并行数据转换成串行数据,在接收端将串行数据转换成并行数据。在计算机局域网中,计算机由网络适配器(网卡)负责进行串行数据和并行数据的转换,8 位网卡一次转换 8 个数据位,16 位网卡一次转换 16 个数据位。

4. 同步通信与异步通信

同步是解决信号正确发送和接收的一个重要问题,无论是并行传输还是串行传输,都需要同步操作。并行传输中往往通过增加控制信号线来保证数据同步,串行传输中则不增加控制信号线,而通过严格的通信协议来解决。由于计算机网络通信中多为串行传输,下面主要介绍在串行传输中如何实现同步操作。

在串行通信中,同步是指通信双方收发数据序列必须在时间上取得一致,这样才能保证接收的数据与发送的数据一致。为此,通信双方必须遵循同一通信规程,使用相同的同步方式进行数据传输。在串行数据通信中,实际是以比特流的形式按位传输,多个比特(位)组合成字符,多个字符组合成报文。这里,同步是为了保证接收端接收的数据与发送端发送的数据一致,即需正确区分数据位、数据字节和报文,否则接收端收到的将是一串毫无意义的信号。为此,同步操作必须解决位同步、字符同步和块同步 3 个问题,其中位同步用于正确区分信号中的每个比特,字符同步用于正确区分信号中的每个字符,块同步用于正确区分信号块(报文)。

为了解决以上 3 个层次的同步问题,目前计算机网络中常采用两种方式:异步传输和同步传输。两种方式的根本区别是,发送端和接收端的时钟是独立的还是同步的。若发送端和接收端的时钟是独立的,则称之为异步传输;若时钟是同步的,则称之为同步传输。

(1)异步传输。在异步传输中,位同步通过协议事先约定的收发双方的传输速率基本一致来实现,字符同步通过起始位和终止位来实现,块(帧)同步则需要使用传送的特殊控制字符。

异步传输以字符为单位独立传输。在异步传输时,每个字符都要在前后加上起始位和终止位,起始位为"0"占据 1 位,终止位为"1"占据 1～2 位,以此表示一个字符的开始和结束。在起始位和终止位之间是 5～8 位的字符数据。

图 1-15 为包含 7 位信息位和 1 位校验位的异步传输实例,实际过程可描述如下:无数

据需要传输时,发送方发送连续的终止位"1"的信号,使传输线路一直处于高电平,即停止状态。发送字符时,发送端首先发送起始位"0",即低电平,接收方根据这时"1"至"0"的跳变可以判定是一个字符的开始。发送固定比特的 8 位字符数据(其中还包括 1 位校验位)以后,传输线路重新置"1",即高电平表示字符传输结束。

图 1-15　包含 7 位信息位的异步传输

异步传输中,每个字符的起始时刻任意,字符与字符间的时间间隔也是任意的,传送的数据中不需要包含时钟信号,因而实现起来较简单,价格便宜。但由于每个字符都要加上起始位和终止位,因而传输效率较低。同时,由于收发双方的传输速率总会有差异,为了保持数据正确接收,传输速率不会很高。

(2)同步传输。同步传输中,发送端以固定的时钟信号频率串行发送数据,接收方必须建立与发送方一样的时钟,即实现位同步,才能正确区分每一位。近距离传输时,通过增加一根时钟信号线来解决,称为外同步法。远距离传输时,常用的位同步方法是自同步法。例如,发送端采用曼彻斯特或微分曼彻斯特编码方法,使得数据信号中的每一比特中间都有跳变,接收端则可从接收到的数字信号的跳变中直接提取同步信号以实现位同步。

同步传输中,数据帧同步(即块同步)是通过在数据块前后加上帧头和帧尾标记来实现,接收端据此正确判定数据块(帧)的开始和结束。同步传输可以是面向字符的或面向比特的,下述介绍面向比特的同步传输。

在面向比特的同步传输中,数据块不是以字符流来处理,而是以比特流来处理。传输的数据是比特位构成的数据块(帧),其前后加上标志序列 FLAG 来标识数据块的开始与结束,从而实现了块同步,如图 1-16 所示。例如,曾经广泛应用的 HDLC(High-level Data Link Control,高级数据链路控制)协议就是一种面向比特的同步传输模式,采用的标志序列 FLAG 的比特序列是 01111110。同时为了避免在数据块中出现同样的 8 个二进制位的排列,发送方通过在发送的 5 个连续"1"后插入一个附加的"0"的方法来避免差错。

标志序列 FLAG		标志序列 FLAG
01111110	任意组合的位数据(帧)	01111110

图 1-16　面向比特的同步传输

相比于异步传输,同步传输一般具有较高的传输效率,但由于要传输同步信号,实现起来较为复杂。

1.2.3　通信相关的性能指标

在数据通信系统中,为了描述数据传输速率的大小和传输质量的好坏,往往需要使用所谓的比特率、波特率和带宽等技术指标。

1. 比特率与波特率

数据传输的有效性可以用波特率和比特率来描述。

(1)波特率。波特率(Baud Rate)最早是针对模拟信号传输过程中从调制解调器输出的调制信号,即每秒钟载波调制改变的次数,是一种调制速率,也称波形速率。在数字通信中,波特率也称为码元速率,是单位时间传输码元的个数。每个码元表示一个波形或电平,因此波特率也代表单位时间内传输波形或电平的个数,如图1-17所示。显然,波形持续的时间与所代表的码元时间长度一一对应。波形持续时间越短,单位时间内传输的波形数越多,传输的码元数越多,传输的数据也就越多。因此,可以用波特率来衡量数据传输的有效性。

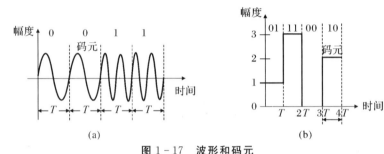

图1-17 波形和码元

设一个码元(波形或电平)持续的时间为 t_s,波特率为 R_s,则有

$$R_s = 1/t_s \tag{1-4}$$

(2)比特率。在数字通信中,把一个二进制位所携带的信息称为1比特(bit)的信息,作为最小的信息单位。所谓比特率,又称数据传输速率,是指单位时间(s)传送的比特数(或二进制位数),单位采用位每秒(b/s)或千位每秒(kb/s)表示。

如果一个信号有 N 个不同的波形或电平,即有 N 个状态,则每个波形或电平需要用 $\text{lb}N$ 个二进制位来表示。此时,每个码元包含 $\text{lb}N$ 个二进制位。设信号每个波形或电平持续时间为 t_s,比特率为 R_b,则单位时间传送的比特数为

$$R_b = (\text{lb}N)/t_s = R_s \text{lb}N \tag{1-5}$$

式(1-5)描述了波特率 R_s 和比特率 R_b 的关系。由于二进制数字信号只有两个电平,每个码元含1个比特位,故 $R_b = R_s$。但对于 $M(M>2)$ 进制的信号,$R_b > R_s$。一般,对 M 进制信号,波特率 R_s 和比特率 R_b 的关系为

$$R_b = R_s \cdot \text{lb}M \tag{1-6}$$

例如四进制数字信号,有4个不同的电平,如图1-17(b)所示,每个码元(波特)包含2个比特,可以是00,01,10,11,此时 $R_b = 2R_s$。在波特率相同的情况下,四进制数字信号的比特率是二进制数字信号的2倍。

在同一种系统中,波特率与比特率成正比,且波特率一般小于等于数据传输速率,因为一个波形往往编码为大于1位的数据。某些情况下波特率也会大于数据传输速率,如采用内带时钟的曼彻斯特编码,一半的信号变化用于时钟同步,另一半的信号变化用于传输二进制数据,此时波特率是数据传输速率的两倍。根据式(1-5)可知,在信号电平(或波形)持续时间 t_s 不变,即 R_s 不变的情况下,N 增加,即每个波形携带的二进制位的个数增加,则 R_b

越大,数据传输速率越高。据此,常用增加 N 来提高数据传输率。但是,t_s 不变,N 增加,每个二进制位的宽度减少,二进制信号带宽增加,这时 N 的增加要受到信道带宽的限制。因此,在一定信道条件下,数据传输速率不可以无限增加。

2. 误码率

误码率是指数字信号在传输中出错的概率,它是衡量数字通信系统传输可靠性的一个重要指标。设传输的二进制位的总数为 n。其中被传错的位数为 n_e,则误码率为

$$R_e = n_e/n \tag{1-7}$$

3. 带宽与数据传输速率

在数据通信中,人们一般用"带宽"与"数据传输速率"来衡量网络的传输能力。一般采用"带宽"表示信道传输信息的能力,信道上传输的是电磁波信号,某个信道能够传送电磁波的有效频率范围就是该信道的带宽。要进一步理解带宽的概念,我们不妨用人的听觉系统打个比方:人耳所能感受的声波频率范围是 20～20 000 Hz,低于这个范围的叫次声波,高于这个范围的叫超声波,人的听觉系统无法将次声波或超声波传递到大脑,所以用 20 000 Hz 减去 20 Hz 所得的值就好比是人类听觉系统的带宽。数据通信系统的信道传输的不是声波,而是电磁波(包括无线电波、微波、光波等),它的带宽就是所能传输电磁波的最大有效频率减去最小有效频率所得的值。

"数据传输速率"(比特率)表示信道传输信息的能力,即每秒传输的比特数。数据传输速率是指信道每秒所能传输的二进制比特数,记作 b/s(比特每秒)。常见单位还有 Kb/s,Mb/s,Gb/s 等,1 Kb/s=1 024 b/s,1 Mb/s=1 024 Kb/s,1 Gb/s=1 024 Mb/s。

虽然带宽与数据传输速率是两个完全不同的术语,但它们之间又有联系。理论分析证明,信道的传输速率是与信道带宽有直接联系的,即信道带宽越宽,数据传输速率越高,所以人们可以用"带宽"去取代"速率"。例如,人们常把网络的"高数据传输速率"用网络的"高带宽"去表述。因此"带宽"与"速率"在网络技术的讨论中几乎成了同义词。

信道的传输能力是有一定限制的,某个信道传输数据的速率有一个上限,叫做信道的最大传输速率(又叫信道容量)。无论采用何种编码技术,传输数据的速率都不可能超过这个上限。

4. 吞吐量、利用率、延迟与抖动

吞吐量是信道在单位时间内成功传输的信息量,单位一般为 b/s。例如某信道在 10 min 内成功传输了 8.4 Mb 的数据,那么它的吞吐量就是 8.4 Mb/600s=14 Kb/s。注意,由于传输过程中出错或丢失数据造成重传的信息量,不计在成功传输的信息量之内。

利用率包括信道利用率和网络利用率两种。信道利用率是吞吐量和最大数据传输速率之比,通常意味着信道实际用于传输数据的时间所占的百分比。网络利用率则是全网络的信道利用率的加权平均值。对于整个网络来说,信道利用率并非越高越好,因为网络延迟会随之增加。通常当网络利用率达到其容量的 50% 时,延迟就会增加一倍。

延迟(delay 或 latency)指从发送者发送第一位数据开始,到接收者成功地收到最后一

位数据为止,所经历的总时间。它又分为传输延迟、传播延迟等,传输延迟与数据传输速度和发送机/接收机处理速度有关,传播延迟与传播距离有关。

延迟不是固定不变的,它的实时变化叫做抖动(Jitter),抖动往往与机器处理能力、信道拥挤程度等有关。延迟和抖动都会对上层应用造成影响,有的应用对延迟敏感,如语音通信,有的应用对抖动敏感,如实时图像传输。

5. 差错率

差错率是衡量通信信道可靠性的重要指标,在计算机通信中最常用的是比特差错率和分组差错率。比特差错率是二进制比特位在传输过程中被误传的概率,在样本足够多的情况下,错传的位数与传输总位数之比近似地等于比特差错率的理论值。码元差错率(对应于波特率)指码元被误传的概率,分组差错率是指数据分组被误传的概率。

1.3 单设备间直接通信的主要问题

为保证通信能正确地完成,单个设备间进行点对点通信通常要完成以下几项主要任务。

(1)维护信号接口:主要负责数据与信号之间的相互转换,发送端把数据转换成信号后通过传输介质发送出去,接收端则在传输介质上接收信号并转换成数据。收发设备的信号接口则负责产生或接收符合通信协议规定格式的通信信号,通常接口标准包含四个特性,即机械特性、电气特性、功能特性和规程特性,例如信号的表示形式和信号强度等,一般属于协议层次中物理层的内容。对于无线设备间的通信,还需要考虑天线等因素。

(2)数据链路控制:用以建立通信链路并实现数据传输过程,例如呼叫与应答,流控制以防止缓冲区溢出丢失数据,通信中断的正确恢复,通信协议(例如报文格式)控制等。在进行数据传输之前,发送方需进行呼叫,接收方应做出应答,这称为"握手"。

(3)差错控制:通信系统需采取一系列措施来保证数据传输的正确性,例如差错检测和校正等。

1.3.1 数据与信号的转换

数据编码是将数据表示成适当的信号形式,以便于数据的传输和处理。计算机数据在传输过程中的数据编码类型主要取决于它采用的通信信道所支持的数据通信类型。

由于信息和数据(二进制位)不能直接在信道上传输,必须先把携带信息的数据转换成物理信号形式才能通过信道传送到目的节点,如图 1-18 所示。信息在计算机内部通过信息编码表示成数据,信道传输时数据再通过数据编码转变成为数字信号放在信道上传输。有时为了需要,还可以通过调制把数字信号转变成适合传输媒介的模拟信号在信道上传输,数据的模拟信号编码与解码通常称为信号调制与解调。因此,数据转换成信号就产生 4 种不同的方式:模拟数据调制为模拟信号,模拟数据编码为数字信号,数字数据调制为模拟信号,数字数据编码为数字信号,如图 1-19 所示。除了模拟数据调制为模拟信号之外,其他三种都属于数字通信系统的范畴,是当前通信系统的主流模式,本节主要介绍后面 3 种转换方式。

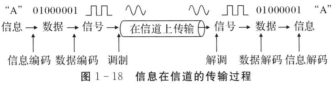

图 1-18　信息在信道的传输过程

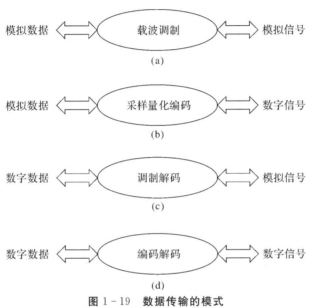

图 1-19　数据传输的模式

1.数字数据编码为数字信号

通常把二进制位流转换成数字信号的过程称为编码,解码是编码的逆过程。数字信号中某个离散值维持不变的最小时间单位称为码元长度。将信号以码元长度为单位分隔,每一段码元长度内的信号称为码元。码元是信号的基本单位,单位时间内传输的码元数量称为码元速率,也称波特率,用于衡量编码后数字信号速率。

数字信号是离散的不连续的电压或电流的脉冲序列,每个脉冲代表一个信号单元,也就是码元。对于二进制数据信号来说,用两种码元分别表示二进制数字符号"1"和"0",每个二进制符号与一个码元相对应。表示二进制数字信息的码元的形式不同,便产生出不同的编码方案。下面主要介绍单极性不归零码、单极性归零码、双极性不归零码、双极性归零码、曼彻斯特编码和差分曼彻斯特编码。

(1)单极性不归零码。在每一码元时间间隔内,有电流发出表示二进制的 1,无电流发出则表示二进制的 0,如图 1-20 所示。每一个码元时间的中心是采样时间,判决门限为半幅度电平,即 0.5。若接收信号的值在 0.5 与 1.0 之间,就判为 1,若在 0 与 0.5 之间就判为 0。每秒钟发送的二进制码元数称为码元速率,单位为波特(baud)。在二进制编码情况下,1 波特相当于信息传输速率为 1 b/s,此时码元速率等于信息速率。

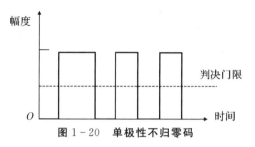

图1-20 单极性不归零码

(2)双极性不归零码。在每一码元时间间隔内,发送正电流表示二进制的1,发送负电流则表示二进制的0,如图1-21所示。正的幅值和负的幅值相等,所以称为双极性不归零码。这种情况的判决门限定为零电平:若接收信号的值在零电平之上,就判为1;若在零电平之下就判为0。

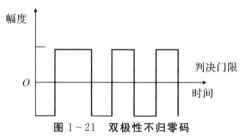

图1-21 双极性不归零码

以上两种编码信号是在一个码元全部时间内发出或者不发出电流,或者在全部码元时间内发出正电流或负电流,属于全宽码,即每一位码元占用全部的码元宽度,即不归零。如重复发送"1",就要连续发送正电流,如重复发送"0",就要连续不发送电流或者连续发送负电流。

(3)单极性归零码。在每一码元时间间隔内,当发送数据"1"时,发出正电流,但是正电流持续时间短于一个码元的时间,即发送了一个窄脉冲,如图1-22所示。当发送数据"0"时,仍然完全不发送电流。这种发送数据"1"是有一部分时间不发送电流,幅度将为零电平,故称为归零码。

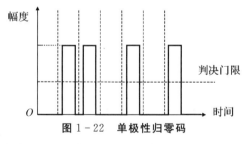

图1-22 单极性归零码

(4)双极性归零码。在每一码元时间间隔内,当发送数据"1"时,发出正的窄脉冲,如图1-23所示。当发送数据"0"时,发出负的窄脉冲。

双极性归零码的另一种形式称为交替双极性归零码。在发送过程中,发送"1"的窄脉冲的极性总是交替的,即若前一个"1"用正脉冲,则后一个"1"用负脉冲。发送"0"时,不发送脉冲。

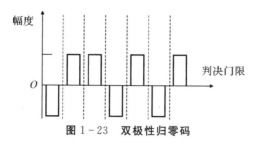

图 1-23 双极性归零码

（5）曼彻斯特编码。曼彻斯特编码也叫做相位编码，一种用电平跳变来表示 1 或 0 的编码，是目前广泛使用的编码方法之一，如图 1-24 所示。其变化规则很简单，即每个码元均用两个不同相位的电平信号表示，也就是一个周期的方波，但 0 码和 1 码的相位正好相反。位中间电平从低到高（向上）跳变表示"1"，位中间电平从高到低（向下）跳变表示"0"。在每位期间中央处变换电位状态，既表示了数据，又可以作为定时信号让收发双方进行同步，因此曼彻斯特编码信号又称做"自含钟编码"信号，发送曼彻斯特编码信号时无需另发同步信号。早期的以太网标准中就使用曼彻斯特编码。

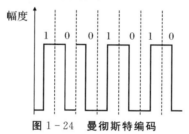

图 1-24 曼彻斯特编码

（6）差分曼彻斯特编码。差分曼彻斯特编码是对曼彻斯特编码的改进，也是一种双相码，码元中间的电平转换只作为定时信号，而不表示数据，如图 1-25 所示。数据的表示在于每一码元开始处是否有电平转换。在信号位开始时改变信号极性，表示逻辑"0"；在信号位开始时不改变信号极性，表示逻辑"1"。该编码在令牌环网中被使用。

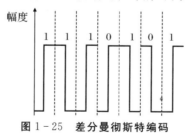

图 1-25 差分曼彻斯特编码

以上各种编码各有优缺点。通常，脉冲宽度越大，发送信号的能量就越大，这对于提高接收端的信噪比有利。同时脉冲宽度与传输频带宽度成反比关系，归零的脉冲比全宽码的窄，因此它们在信道上占用的频带就较宽，归零码在频谱中包含了码元的速率，也就是说发送频谱中包含有码元的定时信息。双极性码与单极性码相比，直流分量和低频分量减少了，如果数据序列中"1"和"0"的位数相等，那么双极性码就没有直流分量，交替双极性码也没有直流分量，这一点对于传输是有利的。曼彻斯特码和差分曼彻斯特码在每一个码元中均有跃变，也没有直流分量，利用这些跃变可自动计时，因而便于同步。

某种数字信号传输二进制位流的传输速率取决于该数字信号的离散值的数量和码元长度。码元长度越短，该数字信号要求的信道带宽越高。离散值数量越大，相邻离散值之间的差越小，还原失真数字信号的难度越高。因此，某种数字信号传输二进制位流的传输速率与传输数字信号的信道的带宽和收发器的数字信号处理能力有关。在数据通信中，选择什么样的数据编码要根据传输速度、信道带宽、线路质量以及实现价格等因素综合考虑。

2. 数字数据调制为模拟信号（模拟数据编码方法）

调制是将正弦波信号（或余弦波信号）转换成表示二进制位流的模拟信号的过程。解调是从调制后的模拟信号中还原出二进制位流的过程。

早期计算机网络的远程通信采用频带传输，频带传输的基础是载波，它是频率恒定的连续模拟信号。使用模拟信号传输数字数据时，需要借助于调制解调器装置，把由计算机或由计算机外部设备发出的基带脉冲信号调制成适合远距离传输的模拟信号，即把数字信号（基带脉冲）转换成模拟信号，使其变为适合于模拟线路传输的信号。

调制是用基带脉冲对载波波形的某些参量进行控制，使这些参量随基带脉冲变化；经过调制的信号称为已调信号。已调信号通过线路传输到接收端，在接收端通过解调恢复为原始基带脉冲。采用调制解调器也可将信号转换成较高频率的信号或把较高频率的信号转换成音频信号。所以调制的另一个目的是便于线路复用以便提高线路利用率。

将计算机中的数字数据在网络中用模拟信号表示，也就是要进行波形变换，或者严格地讲，是进行频谱变换，将数字信号的频谱变换成适合于在模拟信道中传输的频谱。任何载波信号有3个特征：振幅(A)、频率(F)和相位(P)，因此调制时可以从幅度、频率和相位3个维度进行调制，基本的调制方法有振幅键控调制技术、移频键控调制技术和移相键控调制技术。

(1)幅移键控法(ASK)。幅移键控法也称为调幅，它是通过改变载波信号幅度来表示数字信号"1""0"。将不同的数据信息(0和1)调制成不同幅度但相同频率的载波信号，如图1-26所示，例如，将高幅值信号表示为"1"，低幅值信号表示为"0"。

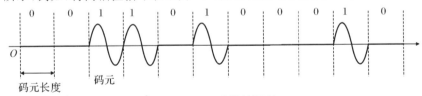

图1-26 幅移键控调制

(2)频移键控法(FSK)。频移键控法也称调频，这种方法通过改变载波信号频率来表示数字信号"1""0"，即载波的频率随基带数字信号而变化，将不同的数据信息(0和1)调制成相同幅度但不同频率的载波信号，如图1-27所示，用高频信号表示"1"，低频信号表示"0"。

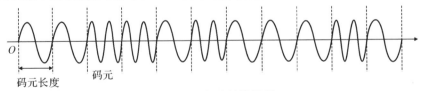

图1-27 频移键控调制

这种调制方式实现容易,技术简单,抗干扰能力较强,比 ASK 方式的编码效率高,是目前较常用的调制方法之一。

(3)相移键控法(PSK)。相移键控法也称调相,是把振幅和频率定义为常数,通过改变载波信号的相位值表示数字信号"1""0",即载波的初始相位随基带数字信号而变化,如图 1-28 所示。例如,二进制位"1"对应于信号相位 $0°$,而"0"对应于相位 $180°$,或者发生相位变化表示 1,否则表示 0。

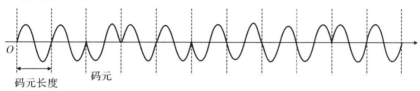

码元长度　码元

图 1-28　相移键控调制

PSK 方式具有较强的抗干扰能力,并且可用于多相的调制,即采用除 $0°$ 或 $180°$ 以外其他相位来进行信号调制以提高编码效率,通常比 FSK 方式编码效率更高。

3. 模拟数据转换成数字信号

随着数字化的逐步普及,模拟数据往往需要转换成数字信号才能在计算机设备中进行处理和传输,这样有利于消除模拟传输过程中的噪声分量,提高传输质量。由于数字信道和数字传输系统的广泛应用,早期广泛应用的模拟通信系统也逐步被数字通信系统代替,例如目前语音通信中利用光纤数字信道作为电话网络的长途干线已成为主要方式。脉冲编码调制(PCM)技术是把模拟信号转换成数字信号的最基本的方法之一,其理论基础是采样定理,通过对模拟信号进行幅度采样,使连续信号变为时间轴上的离散信号,转换的过程通常包括采样、量化和编码 3 个步骤。

(1)采样。采样是通过某种频率的采样脉冲将模拟信息的值取出,把时间、幅度连续的模拟信号转变为时间离散、幅度连续的信号,即时间离散化。根据采样定理,当采样频率 f_s 大于等于原始信号最高频率分量 f_m 的 2 倍,即 $f_s \geqslant 2f_m$ 时,采样值可以包含原始信号的所有信息,也就是采样后的信号可以不失真地还原为原始信号。一般采样频率 f_s 愈高则精度愈高,但如果过高,会过多地增加计算量和数据量。

(2)量化。量化是把幅度连续信号转换为幅度离散信号,即幅度离散化,也就是分级的过程。通过规定一定的量化级,对采样得到的离散值进行"取整"量化,可以得到离散信号的具体数值。脉冲幅度经量化后,它的取值就不再是连续的了,而是以一定时间差距出现的有限个数值。一般所取的量化级越高,表示离散信号值的精度越高。

(3)编码。编码是按照一定的规律,把时间、幅度离散的信号用一一对应的二进制或多进制代码表示。如果有 N 个量化级,那么每次取样将需要 $\log_2 N$ 个二进制数码。目前在语音数字化脉冲编码调制系统中,通常分为 128 个量级,即用 7 位二进制数来表示它。每个采样值的二进制码组称为码字,其位数称为字长。

图 1-29 为采用 8 级量化对正弦信号的编码过程。对模拟信号 $f(t)$ 在 $T_1, T_2, T_3, T_4,$ T_5, T_6 时刻采样得到的值分别为 4.2,6.9,2.8,1.1,5.1,6.2,按 8 个量级四舍五入量化后

得整值分别为 4,7,3,1,5,6。采用 3 位二进制编码后,其编码分别是 100,111,011,001,101,110。在发送端,经过这样的变换过程,就把模拟信号转换成二进制编码脉冲序列,然后发送到信道上进行传输。接收端在接收到二进制编码脉冲序列后,首先进行译码,将二进制数码转换成为代表原来模拟信号的幅度不等的量化脉冲,再经过滤波(如低通滤波器)使幅度不同的量化脉冲恢复成原来的模拟信号。

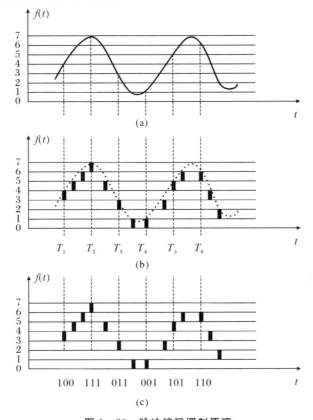

图 1-29 脉冲编码调制原理

(a)信号采样;(b)信号量化;(c)信号编码

人类语音信号标准的电话信号频率一般在 125～3 400 Hz。为了达到不失真地还原原始语音信号的目标,CCITT 规定利用数字信道传输电话语音信号时的采样频率为 8 000 Hz,量化级为 256,即每 125 μs 采样一次,采样值使用 $\log_2 256 = 8$ 位二进制数表示。

为了支持这样的语音信息实时传输,要求线路的数据传输速率至少为 8 000(采样/s)×8(b/采样)=64 000 b/s(或 64 Kb/s)。CCITT 定义这样的一个 64 Kb/s 的数据传输信道为一个 PCM 信道。

1.3.2 数据链路控制

链路(link)是从一个节点到相邻节点的一段物理线路(有线或无线),而中间没有任何其他的交换设备。相邻两个设备之间的通信,就是通过链路实现数据传输的过程。但是为了实现数据传输,还必须有一些必要的通信协议来控制这些数据的传输,若是把实现这些协议的硬件和软件加到链路上,就构成了数据链路(data link)。

数据链路可以粗略地理解为数据通道。在数据链路上一般都是采用分组的形式进行数据传输。传输过程中,相应的通信协议应实现以下几种功能来控制传输过程。

(1)链路连接的建立与拆除。发送端与接收端之间想要在链路上正常传输数据,通常需要遵循特定的程序,并确定相关的参数,例如链路状态检测、链路类型支持、最大传送单元、差错检测方法等。在通信线路质量较差的年代,链路维护相关的协议设计往往比较复杂,以保证数据能够正常传输,例如高级数据链路控制 HDLC(High-level Data Link Control)。随着通信技术的发展,现在有线传输链路的通信质量大大改善,传输差错很少出现,通信链路维护协议就简化了很多。针对不同应用需求,链路维护协议的实现也各不相同,有些甚至不需要明确的链路建立与拆除过程。目前使用得最广泛的数据链路层协议是点对点协议PPP(Point-to-Point Protocol),在 1994 年已成为互联网的正式标准,其主要包含链路控制协议 LCP(Link Control Protocol),用于建立、配置和测试数据链路连接。

这里以 PPP 协议为例来说明数据链路建立与拆除的过程,如图 1-30 所示。PPP 链路的起始和终止状态永远是"链路静止"(Link Dead)状态,这时在设备之间有线缆连接,并不存在物理层的连接,即没有信号传输。当设备发起呼叫时,启动连接建立过程,双方可以通过线路发送和接收信号,PPP 进入"链路建立"(Link Establish)状态。此时双方依据链路控制协议 LCP 开始协商链路参数,如最大帧长、鉴别协议等,一旦协商成功,双方就建立了LCP 链路,接着进入"鉴别"(Authenticate)状态。鉴别状态主要是为了鉴别通信双方的身份,通常是基于安全性的考虑。通过鉴别后,链路就进入"链路打开"(Link Open)状态,双方开始正常数据通信。数据传输结束后,可由一方发出请求终止链路连接,在收到对方的确认后,转到"链路终止"状态,如果链路出现故障,也会从"链路打开"状态转到"链路终止"状态。当设备发现线路上无信号传输时,则回到"链路静止"状态。

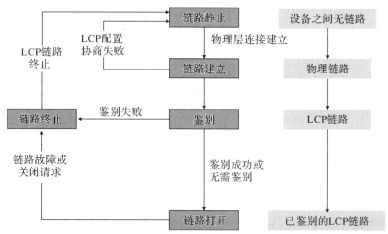

图 1-30　PPP 协议链路状态图

无线链路由于存在信号干扰、衰减等因素,相比于有线通信,信道状况往往更不稳定,因此通信链路管理协议也会复杂一些,例如蓝牙通信、Zigbee 通信、WIFI 通信等。

(2)帧定界和帧同步。在当前普遍应用的数字通信系统中,数据通常以分组为传输单元进行传输,这种数据传输单元通常称为帧。不同的传输协议中,帧的长短和格式也有差别,但无论如何必须对帧进行定界,即标明帧的开始和结束位置。

以 PPP 协议为例,如图 1-31 所示,PPP 帧分为首部、数据部分和尾部三部分。PPP 是面向字节的,所有的 PPP 帧的长度都是整数字节。

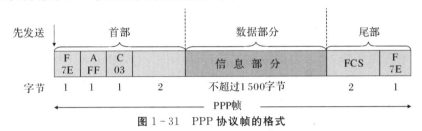

图 1-31　PPP 协议帧的格式

PPP 帧的首部分为 4 个字段。标志字段 F＝0x7E(符号"0x"表示后面的字符是用十六进制表示。十六进制的 7E 的二进制表示是 01111110),作为帧定界符表示帧的开始。地址字段 A 置为 0xFF,控制字段 C 通常置为 0x03,这两个字段实际上并不起作用。协议字段表示数据部分的类型,例如为 0x0021 时,表示信息字段为 IP 数据报。

PPP 帧的信息字段,存放要传输的数据部分,长度可变,最大不超过 1 500 B。

PPP 帧的尾部为 2 个字段。帧检验序列 FCS(Frame Check Sequence)表示对帧内容的检验,接收端可以据此判断是否有传输错误。标志字段 F＝0x7E 表示帧的结束。

(3)顺序控制。这里主要是指发送端和接收端对帧收发顺序的控制。在信道质量较差的链路,比如无线传输链路,为了保证数据能够被接收方准确接收,通常会对帧进行编号。发送端按编号顺序发送帧,接收端按顺序接收帧,如果检验后没有差错,就给发送端进行确认。发送端如果没收到确认,则进行重传该帧。

1.3.3　差错控制

1.差错原因与类型

信号在物理信道传输的过程中,由于线路本身电气特性造成的随机噪声的影响,信号在线路上产生反射造成的回波效应,相邻线路之间的信号干扰,以及各种外界因素(例如外界强电流磁场的变化、电源的波动等)都会引起信号的失真。信号失真的结果使得接收方接收的信息与发送方发送的信息不一致,可能是二进制数字 0 变成 1 或者 1 变成 0,从而造成传输差错。传输差错处理的目的是保证信息传输的正确性。

传输过程中的差错是不可避免的,未经差错处理的数据也不能直接被应用。数据通信过程中的差错处理包括差错检测和差错纠正两部分。

为了有效地提高传输质量,一种方法是改善通信系统的物理性能,使误码的概率降低到满足要求的程度;另一种方法是差错控制。传输过程中为了提高传输的准确性,采用了专门检验错误的方法。这些方法的任务在于发现所产生的错误,并指出出现错误的信号或者校正错误。差错控制是指在数据通信的过程中,采用可靠、有效的编码以减少或消除计算机通信系统中的传输差错或将传输中产生的错码检测出来,并加以纠正的方法,其目的在于提高传输质量。差错控制是数据通信中常用的方法。

出错原因:二进制位流从发送端到接收端经历的每一个步骤都有可能出错。如编码或调制电路,数字或模拟信号经过信道传播过程,解码或解调电路等。经过信道传播的电信号(数字或模拟信号)由于受到电磁干扰,导致信道两端的信号形态不一致。为了在指定带宽的信道上取得较高的数据传输速率,对于数字传输系统,往往通过增加幅度的离散值的数量来提高每一位码元表示的二进制数位数。对于模拟传输系统,往往通过增加信号的状态数来提高每一位码元表示的二进制数位数。这种情况下,数据传输过程会对信道干扰、解码或解调电路的处理能力提出较高要求,也会增加出错的概率。

2.差错控制原理与方式

差错控制的核心是差错控制编码。其原理是通过对信息序列进行某种变换,使原来彼此独立、没有相关性的信息码元序列,经过变换产生某种相关性,接收端据此来检查和纠正传输序列中的差错。要纠正计算机通信系统中的传输差错,首先必须检测出错误。

差错控制的基本思想是:在数据传输中将发送端要传送的 k 个码元信息序列,以一定的规则产生 r 个冗余码元,使原来信息序列中不相关的码元,通过这些加入的冗余码变为相关的码元,然后把由冗余码与信息码组成的序列,送往信道。接收端收到的信息码与冗余码要符合上述规则,并根据这一规则进行检验,从而发现错误,其中冗余码元又称为检错码。

纠正错误的方法有两种:①反馈重传法,即接收端将传输正确与否的信息作为应答反馈给发送端,对于传输有误的数据,发送端必须重新发送,直至传送正确为止;②前向纠错法,即接收端发现接收的数据有错时,不是通过重传进行纠正,而是自动纠正其错误。在数据通信系统中,利用检错纠错编码进行差错控制的方式主要有以下 4 种。

(1)前向纠错。又叫正向纠错,也叫自动纠错,这种方式是发送端采用某种在解码时能纠正一定程度传输差错的较复杂的编码方法,使接收端在收到的信码中不仅能发现错码,还能够纠正错码。采用前向纠错方式时,不需要反馈信道,也无需反复重发而延误传输时间,对实时传输有利,但是纠错设备比较复杂。

(2)检错重发。又叫自动请求重发,即在发送端采用能发现一定程度传输差错的简单编码方式对所传信息进行编码,加入少量监督码元,在接收端则根据编码规则对收到的编码信号进行检查,一旦检测出错码,即向发送端发出询问信号,要求重发。发送端收到询问信号时,立即重发出现传输差错的那部分信息,直到正确接收为止。所谓发现差错是指在若干接收码元中知道有一个或一些是错误的,但不一定知道错误的准确位置。这种检错方式目前在计算机网络通信中广泛采用。

(3)反馈校验。反馈校验法是发送端不进行纠错编码,接收端收到信息码后,不管有无差错一律通过反向信道反馈到发送端,在发送端与原信息码比较,如有差错则将有差错的部分重发。这种方式的优点是,不需要插入监督码,设备简单,缺点则是实时性差,需要额外的反馈信道。

(4)混合纠错。混合纠错的方式是指少量纠错在接收端自动纠正,差错较严重,超出自行纠正能力时,就向发送端发出询问信号,要求重发。因此混合纠错是前向纠错和反馈纠错两种方式的混合。

对于不同类型的信道,应采用不同的差错控制技术。对于信道质量良好的有线通信来说,出现传输错误的概率已经很微小,为了提高传输效率,很多情况下只进行差错检测而不进行差错纠正。计算机网络中普遍采用的检错重发策略,由高层协议 TCP 协议负责,但只在端到端之间进行(不包含中间节点),而在路径中的每一段传输中,通常只进行检错而不对错误进行纠正,检测出错的数据直接丢弃。但如果传输路径中存在无线链路,由于出现传输错误的概率较大,通常在无线链路的两端会同时进行差错检测和纠正,例如在蓝牙通信中采用前向纠错方式,Wi-Fi 中则采用检错重发方式。

3. 检错编码

(1)检错码。如果传输的只是数据,接收端是无法根据接收到的表示数据的二进制位流判别数据传输过程中是否出错,如接收端接收到二进制位流 10110010 时,无法得知发送端发送的二进制位流不是 10110010。

为了让接收端能够检测出表示数据的二进制位流是否传输出错。发送端发送的不仅仅是数据,而是数据 D 和附加信息 C,且 $C=f(D)$,f 为特定的函数。

接收端接收到数据 D 和附加信息 C 后,计算出 $f(D)$,并将 $f(D)$ 与附加信息 C 进行比较,如果相同,表示数据传输正确,如果不同,表示数据传输出错。这种为了使接收端能够检测数据传输错误而添加的附加信息称为检错码,检错码不是数据的一部分。

计算检错码 C 的函数 f 最好具备以下特点:不同的数据 D 对应着不同的 C;C 的位数远小于 D 且固定;函数 f 计算过程简单。

完全具备以上特点的函数 f 是不存在的,目前选择计算检错码 C 的函数 f 时,通常需要在函数 f 的计算复杂性、检错码 C 的位数和传输出错检测能力这三方面进行综合平衡。

(2)检验和方法。检验和根据数据 D 计算检错码 C 的计算过程如下:将数据分为长度固定(一般是字节的整数倍)的数据段,然后根据反码运算规则累加分段后产生的每一段数据,再将累加结果取反作为检错码 C,这样计算出来的检错码 C 也称为检验和。在接收端,重新将数据分段,根据反码运算规则累加分段后产生的每一段数据,并将累加结果和检验和相加,再将相加结果取反,如果取反后的结果为全 0,表明数据在传输过程中没有出错,否则,判定数据传输出错。这种方法既简单,又能检测出连续多位二进制数出错。

检验和能够有效地检测出单段数据中的连续多位二进制数错误,但对于分布在多段数据中的二进制数错误,有可能无法检测出,如某段数据由于出错其值增1,而另一段数据由于出错其值又减1,导致累加结果不变。因此,检验和算法虽然简单、有效,在计算机网络中常常被用来作为检错技术,但有时为了提高传输网络的检错能力,需要和其他检错技术一起使用。

(3)循环冗余检验方法。循环冗余检验(Cyclic Redundancy Check,CRC),是一种在计算机网络中数据链路层协议普遍使用的检错技术。CRC 检验中,通常将需要传输的二进制数据表示成多项式的系数,$N+1$ 位数据可以表示成 N 阶多项式,如 8 位数据 11000011 可以表示成多项式:$1\times X^7+1\times X^6+0\times X^5+0\times X^4+0\times X^3+0\times X^2+1\times X^1+1\times X^0=$

$X^7+X^6+X^1+1$。

具体检错机制如下:假定传输的数据为 $M(X)$,找一个生成多项式 $G(X)$,生成多项式 $G(X)$ 中不为 0 的项的最高阶数为 r,并且保证阶数最低的那一项不为 0,如 $r=4$ 的 $G(X)=X^4+X+1$。得到多项式 $X^rM(X)$,使得 $R(X)$ 为 $X^rM(X)/G(X)$ 得到的余数。用 $R(X)$ 作为数据 $M(X)$ 的检错码,检错码的位数为 r 位。

接收端判别数据是否传输出错的过程如下:使得 $T(X)=X^rM(X)-R(X)$,如果 $T(X)/G(X)$ 的余数为 0,表示数据传输过程中没有出错,如果 $T(X)/G(X)$ 的余数不是 0,表明数据传输过程中出错。可以证明:通过精心挑选最高阶数为 r 的生成多项式 $G(X)$,循环冗余检验可以检测出所有奇数位二进制数错,所有长度 $\leqslant r$ 的连续位错,和大多数长度 $\geqslant r+1$ 的连续位错。

目前 Internet 中数据传输常用的检错码是检验和与循环冗余检验,其中 CRC 的检错能力远大于检验和。

1.4　应用:单设备间直接通信系统

随着通信技术和网络技术的发展融合,终端设备之间并非以直接建立数据链路进行通信,而是通过各种形式的网络中间设备(主要为交换设备、路由设备等)逐段转发来间接完成通信。但是就网络传输中间每一段通信而言,仍然可以看作是单设备间进行的直接通信,例如一段光纤线路直接连接的通信端点。单纯由两个设备依靠直接通信所组成的应用系统,虽然在有线通信领域应用已经越来越少,然而,在一些基于点对点模式的无线通信系统中还有很多应用。因此本节主要选取了光纤通信、蓝牙通信、红外通信与近场通信等几种常见的点对点直接通信样式,依次介绍下述其主要组成、基本原理和应用特点。

1.4.1　光纤通信系统

1.光纤传输系统组成

光纤传输系统是由发送设备、传输线路和接收设备 3 大部分构成。其中电发射机的作用是对来自信息源的信号将进行模/数转换,并做多路复用处理。光发射机(例如激光器 LD 或发光二极管 LED)的作用是实现电/光转换,即把电信号调制成光信号,送入光纤,传输至远方。光接收机(例如光电二极管 PIN 或 APD)的作用是实现光/电转换,即把来自光纤的光信号还原成电信号,经放大、整形、复原后,送至电接收机,完成数字信号的分接以及数/模转换。

光纤线路传输有两种方式,一种是双纤单向传输方式,另一种是单纤双向传输方式。目前最常用的是双纤单向传输方式,该方式的光纤传输系统主要用于骨干(长途)网、本地网以及光纤接入网。

对于长距离的光纤传输系统,还需要中继器,如图 1-32 所示,其作用是将经过长距离光纤衰减和畸变后的微弱光信号放大、整形、再生成具有一定强度的光信号,继续送向前方,以保证良好的通信质量。传统的光纤中继器采用光-电-光形式,即将接收到的光信号,用光电检测器变换为电信号,经放大、整形、再生后再将电信号变换成光信号重新发出。近年来,适合作为光中继器的光放大器(如掺铒光纤放大器)也已逐渐投入商用,不用再进行信号的光电转换了。

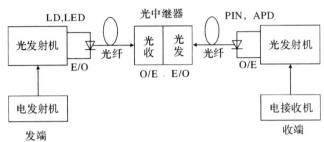

图 1-32　光纤传输系统示意图

2. 光纤(光缆)线路的基本器件

光器件是光纤通信系统的重要组成部分。光器件可分为有源器件和无源器件两大类。光发射机采用的发光器件,如半导体激光器 LD、发光二极管 LED 等,光接收机采用的光检测器件,如 PIN、APD 等,以及光放大器,如掺铒光纤放大器 EDFA、拉曼光纤放大器、半导体光放大器 SOA、光波长转换器等属于有源器件。光纤连接器、光分路耦合器、光开关、波分复用器、光滤波器、光衰减器、光隔离器、光环形器和光偏振控制器等属于无源器件。

(1)光纤连接器。光纤连接器又称光纤活动连接器,它是实现光纤(光缆)与光纤(光缆)之间、光纤(光缆)与光纤系统或仪表、光纤(光缆)与其他无源光器件之间的可拆卸连接。光纤连接器的种类有:FC/FC 平面型、FC/PC 球面型、FC/APC 斜八度型、PC/SC 直插式方头型、ST-Q9 式和多芯阵列式,

从定义式可知,回波损耗越大越好,以减少反射光对光源和系统的影响。在实际中应注意了解应用场所对光纤活动连接器的回波损耗等级的要求,如传送模拟电视信号的光纤链路可能要求回波损耗大于 60 dB,一般的光数字传输系统要求大于 40 dB 就可以。

重复性是指活动连接器多次插拔后插入损耗的变化,用 dB 表示。互换性是指不同厂家光纤连接器互换时插入损耗的变化,也用 dB 表示。这两项是表明连接器实用化的重要指标。

(2)光分路耦合器。光分路耦合器的功能是把一个输入的光信号分配给多个输出,或把多个光信号输入组合成一个输出。光分路耦合器大多与波长无关,与波长有关的专称为波分复用器/解复用器。

(3)光衰减器。光衰减器在光纤通信、光信息处理、光学测量和光计算机中都是不可缺少的一种光无源器件,其功能是在光信息传输过程中对光功率进行预定量的光衰减。光衰减器实现光功率衰减的工作原理主要有以下 3 种:①位移型衰减器,其主要利用两纤对接发生一定的横向或轴向位移,使光能量损失;②反射型衰减器,其主要利用调整平面镜角度,使

两纤对接的光信号发生反射溢出损失光能量;③衰减片型衰减器,主要利用具有吸收特性的衰减片制作成固定衰减器或可变衰减器。

(4)光缆接头盒。光缆接头盒是将两根或多根光缆连接在一起,并具有保护光缆接头功能的部件,是光缆线路工程建设中必须采用的,而且是非常重要的器材之一,光缆接头盒的质量直接影响光缆线路的质量和使用寿命。

3.光纤的连接方式

当前,光纤主要应用在大型的局域网中用作主干线路,主要有以下 3 种连接方式。

(1)活动连接:将光纤接入连接头并插入光纤插座,连接头要损耗 10%～20% 的光,但是重新配置系统很容易。

(2)应急连接:用机械方法将光纤接合,方法是小心地将两根切割好的光纤的一端放在一个套管中,然后钳起来。该方法的特点是连接迅速可靠,但长期使用会不稳定,衰减也会大幅度增加,只能短时间的应急用,这种连接方式会损失大约 10% 的光。

(3)永久性连接:将两根光纤的连接点融合在一起,融合方法形成的光纤和单根光纤是相同的,但也有所衰减。

4.光纤的传输特性

光纤施工对传输特性将产生直接的影响。传输特性是施工中主要测量的内容,由于受现场环境条件限制以及施工对于带宽一般影响不大的特点,施工中一般只测损耗。

(1)损耗。光纤的损耗又称为衰减。光信号在光纤中传输,随着距离延长,光的强度随之不断减弱。光纤产生损耗的原因很多,从材料、熔炼、拉丝、套塑到施工、运行的每一个环节都会产生损耗。其类型有固有损耗、外部损耗和应用损耗等。

按工程习惯,将光纤的损耗、损耗常数统称为损耗,用符号 d 表示。其单位可用长度损耗 dB 或单位长度损耗 dB/km 两种表示方式。

(2)色散。光纤不仅因有损耗使光信号传输受到限制,同时光信号传输还受到色散(多模光纤习惯称为带宽)的限制,即光脉冲沿光纤传输,脉冲宽度将随着距离的增长而展宽,使传输距离和传输速率受到限制。

引起脉冲展宽(色散)的因素很多,主要有:多模光纤中的模式畸变、材料色散和结构色散,其中模式畸变是主要因素;单模光纤主要受材料色散的影响。由于光纤的模式畸变远比材料色散的影响大得多,因此,单模光纤的带宽比多模光纤的带宽大得多。

5.通信光缆

光缆是以一根或多根光纤或光纤束制成,其结构符合光学特性、机械特性和环境特性。

(1)光缆的分类。光缆的种类较多,其分类方法也很多,不如电缆分类那样简单、明确,下述介绍一些习惯的分类。

1)根据传输性能、距离和用途,光缆可分为市话光缆、长途光缆、海底光缆和用户光缆。

2)按光纤的传输模式可分为多模光缆和单模光缆;按光纤套塑方法可分为紧套光缆、松套光缆、束套光缆和带状多芯单元光缆。

3)按光纤芯数多少可分为单芯光缆、双芯光缆、四芯光缆、六芯光缆、八芯光缆、十二芯光缆和二十四芯光缆等。

4)按加强件配置方法可分为中心加强构件光缆(如层绞光缆、骨架光缆等)、分散加强构件光缆(如束管两侧加强光缆、扁平光缆)和护层加强构件光缆(如束管钢丝轻铠光缆、PE护外层加一定数量的细钢丝即 PE 细钢丝综合外护层光缆)。

5)按敷设方式可分为管道光缆、直埋光缆、架空光缆和水底光缆。

6)按护层材料性质可分为聚乙烯护层普通光缆、聚氯乙烯护层阻燃光缆和尼龙防蚁防鼠光缆等。

7)按传输导体、介质状况可分为无金属光缆、普通光缆(包括有铀铜导线作远供或联络用的金属加强构件、金属护层光缆)和综 88)合光缆(指用于长距离通信的光缆和用于区间通信的对称四芯组综合光缆,它主要用于铁路专用网通信线路)。

按结构方式可分为扁平结构光缆、层绞式结构光缆、骨架式结构光缆、铠装结构光缆(包括单、双层铠装)和高密度用户光缆等。

根据用途,目前通信用光缆可分为以下几种:

1)室(野)外光缆——用于室外直埋、管道、槽道、隧道、架空及水下敷设的光缆。

2)软光缆——具有优良的曲挠性能的可移动光缆。

3)室(局)内光缆——适用于室内布放的光缆。

4)设备内光缆——用于设备内布放的光缆。

5)海底光缆——用于跨越海洋敷设的光缆。

6)特种光缆——除上述几类之外,作特殊用途的光缆。

(2)通信光缆的型号。光缆的种类较多,同其他产品一样,有具体的型式和规格。目前光缆型号由它的型式号和规格代号构成。

1)光缆型式代号。光缆型式由 5 部分的代号组成,其代号的排列位置如图 1-33 所示。

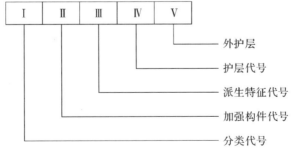

图 1-33　光缆型式代号组成

光缆各型式代号及其意义,如表 1-1 所示,其中外护层可包含垫层、铠装层和外被层的某些部分或全部,但是并非所有的光缆都具备独立的外护层。

表 1-1　光缆型式代号及其意义

Ⅰ分类代号	Ⅱ加强构件代号	Ⅲ派生特征代号	Ⅳ护层代号
GY:通信用室(野)外光缆 GR:通信用软光缆 GJ:通信用室(局)内光缆 GS:通信设备内光缆 GH:通信用海底光缆 GT:通信用特殊光缆	无符号:金属加强构件 F:非金属加强构件 G:金属重型加强构件 H:非金属重型加强构件	D:光纤带状结构 G:骨架槽结构 B:扁平式结构 Z:自承式结构 T:填充式结构	Y:聚乙烯护层 V:聚氯乙烯护层 U:聚氨酯护层 A:铝、聚乙烯黏结护层 L:铝护套 G:钢护套 Q:铅护套 S:钢、铝、聚乙烯综合护套

2)光缆的规格代号。光缆的规格代号由 5 部分 7 项内容组成,其代号的排列位置如图 1-34 所示。

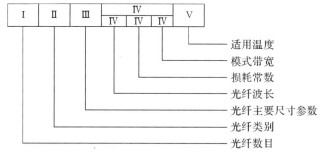

图 1-34　光缆的规格代号

光缆的规格代号各部分含义如表 1-2 所示。

表 1-2　光缆规格代号及其意义

Ⅰ光纤数目	Ⅱ光纤类别	Ⅲ光纤主要尺寸参数	Ⅳ光纤传输特性代号			Ⅴ适用温度的代号
			a 波长代号	Bb 损耗常数	Cc 模式带宽	
用阿拉伯数字表示光缆内光纤的实际数目	J:二氧化硅多模渐变型光纤; T:二氧化硅系多模突变型光纤; Z:二氧化硅系多模准突变型光纤; D:二氧化硅系单模光纤; X:二氧化硅纤芯塑料包层光纤; S:塑料光纤	用阿拉伯数(含小数点数)和以 μm 为单位表示多模光纤的芯径及包层直径、单模光纤的模场直径及包层直径	1:使用波长在 0.85 μm 区域 2:使用波长在 1.31 μm 区域 3:使用波长在 1.55 μm 区域	其数字依次为光缆中光纤损耗常数值(dB/km)的个位和十位数字	其数字依次为光缆中光纤模式带宽分类数值(MHz·km)的千位和百位数字,单模光纤无此项	A:适用于 $-40℃\sim+40℃$; B:适用于 $-30℃\sim+50℃$; C:适用于 $-20℃\sim+60℃$; D:适用于 $-5℃\sim+60℃$

注意:同一光缆适用于两种及以上波长,并具有不同传输特性时,应同时列出各波长的规格代号,用"/"划开(例如 1.30/2.08)。

3)光缆型号表示示例。

型号:GYGZL03.12J50/125(21008)C+5×4×0.9。

含义:一根金属重型加强构件、自承式、铝护套、聚乙烯护套的通信用室外光缆,包括 12 根芯径/包层直径为 50/125 μm 的二氧化硅系列多模梯度型光缆和 5 根用于远供及监测的铜线径为 0.9 mm 的芯线;在 1.3 μm 波长上光纤的损耗常数不大于 1.0 dB/km,模式带宽不小于 800 MHz·km;光缆的适用温度范围为 −20~+60℃。

(3)通信光缆的结构。根据不同的用途和不同的使用环境,光缆种类很多,但不论光缆的具体结构如何,都是由缆芯、加强元件和护层组成。

缆芯由光纤芯线组成,分为单芯和多芯两种。单芯型是由单根经二次涂覆处理后的光纤组成;多芯型是由多根经二次涂覆处理后的光纤组成,它又可分为带状结构和单位式结构。

加强元件,为了使光缆便于承受敷设安装时所加的外力,在光缆中要加一根或多根加强元件位于中心或分散在四周,加强元件可用钢丝或非金属的纤维、增强塑料等材料制成以加强光缆的抗压和抗拉力。

光缆的护层主要是对已经成缆的光纤芯线起保护作用,避免由于外部机械力和环境影响造成对光纤的损坏。因此要求护层具有耐压、防潮、防湿、重量轻、耐化学侵蚀、阻燃性能好等特点。光缆的护层可分为内护层和外护层。内护层一般用聚乙烯或聚氯乙烯;外护层可根据敷设条件而定,可采用由铝带和聚乙烯组成的 LAP 外护套加钢丝铠装等。

(4)野战光缆。野战光缆是专门为野战和复杂环境下需快速布线或反复收放使用条件下使用而设计的无金属光缆,具有重量轻、方便携带、抗张力、抗压力、强重比高、柔软性好、易弯曲、耐油、耐磨、阻燃和适用温度范围广等特点。

野战光缆主要用于野战综合通信系统中的交换节点间、交换节点到用户中心的群路信息传输及作为无线接力设备的引接设备的传输线,也可作为传输手段用于抗干扰及电磁屏蔽特别严格的场合。

目前野战光缆的种类主要有单芯野战光缆、二芯野战光缆、四芯野战光缆、六芯野战光缆等。其主要结构特点:采用高强度耐疲劳光纤,确保野战光缆在各种恶劣使用条件下的可靠性和寿命;特殊的涂覆层和二次被覆的复合结构,可吸收机械和环境应力,光缆的附加损耗小;强度极高重量轻、强重比高;圆形护套结构紧凑,特别适用于反复收放的场合;阻燃型高强度、高韧性聚氨酯(PU)弹性体护套,氧指数高,阻燃性好,耐油和化学腐蚀,抗撕裂,柔韧性好,弹性强,应力缓冲性好,耐磨耐压护套;野战光缆两端可预装快速活动连接器。

1.4.2　蓝牙通信系统

"蓝牙"(Bluetooth)一词源于十世纪的一位国王 Harald Bluetooth 的绰号。以此为蓝牙命名的想法最初是 Jim Kardach 于 1997 年提出的,意指蓝牙将把通信协议统一为全球标准。

1. 发展概述

1998 年 5 月,爱立信、诺基亚、东芝、IBM 和英特尔公司 5 家著名厂商,在联合开展短程无线通信技术的标准化活动时提出了蓝牙技术,其宗旨是提供一种短距离、低成本的无线传输应用技术。这 5 家厂商还成立了蓝牙特别兴趣小组,以使蓝牙技术能够成为未来的无线通信标准。

目前,SIG 成员已经超过了 2 500 家,几乎覆盖了全球各行各业,包括通信厂商、网络厂商、外设厂商、芯片厂商、软件厂商等,甚至消费类电器厂商和汽车制造商也加入了 SIG。

2010 年 7 月,蓝牙技术联盟(Bluetooth SIG)宣布正式采纳蓝牙 4.0 核心规范,并启动对应的认证计划。蓝牙 4.0 将传统蓝牙、低功耗蓝牙和高速蓝牙技术合而为一。蓝牙 4.0 的标志是低功耗蓝牙无线技术规范。蓝牙 4.0 最重要的特性:功耗低、极低 3ms 低延迟、100 m 以上的超长传输距离、AES-128 加密等诸多特色。

2013 年 12 月,蓝牙技术联盟发布了蓝牙 4.1,主要是为了实现物联网,迎合可穿戴连接,对通信功能的改进。在传输速度的方面,蓝牙 4.1 在蓝牙 4.0 的基础上进行升级,使得批量数据可以以更高的速度传输,但这一改进仅仅针对兴起的可穿戴设备,而不可以用蓝牙高速传输流媒体视频。在网络连接方面,蓝牙 4.1 支持 IPv6,使有蓝牙的设备能够通过蓝牙连接到可以上网的设备上,实现 Wi-Fi 相同的功能。另外,蓝牙 4.1 支持"多连一",即用户可以把多款设备连接到一个蓝牙设备上。

2015 年 1 月,蓝牙技术联盟发布蓝牙核心规格 Bluetooth 4.2,其三大特性是:实现物联网、更智能、更快速。在传输性能方面,蓝牙 4.2 标准将数据传输速度提高了 2.5 倍,主要由于蓝牙智能数据包的容量相比此前提高了 10 倍,同时降低传输错误率。

2. 蓝牙的技术特点

(1)全球范围使用。蓝牙工作在 2.4 GHz 的 ISM 频段,全球大多数国家 ISM 频段的范围是 2.4~2.483 5 GHz,使用该频段无须向各国的无线电资源管理部门申请许可证。

(2)可同时传输语音和数据。蓝牙采用电路交换和分组交换技术,支持异步数据信道、三路语音信道或异步数据和同步语音同时传输的信道。

(3)可以建立临时性的对等连接。蓝牙设备根据其在网络中的角色,可以分为主设备(Master)与从设备(Slave)。蓝牙设备建立连接时,主动发起连接请求的为主设备,响应方为从设备。

微微网是蓝牙最基本的一种网络,由一个主设备和从设备所组成的点对点的通信是最简单的微微网,如图 1-35 所示。几个微微网在时间和空间上相互重叠,进一步组成了更加复杂的网络拓扑结构,成为散射网(Scatternet)。不同的微微网之间的跳频频率各自独立,互不相关,其中每个微微网可由不同的跳频序列来标识,参与同一微微网的所有设备都与此微微网的跳频序列同步。

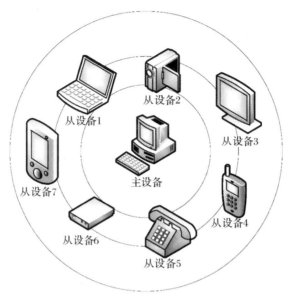

图 1-35　蓝牙主从设备示意图

（4）具有很好的抗干扰能力。采取了跳频（Frequency Hopping）方式来扩展频谱（Spread Spectrum），将 2.402～2.48 GHz 的频段分成 79 个频点，每两个相邻频点间隔 1 MHz。数据分组在某个频点发送之后，再跳到另一个频点发送，而对于频点的选择顺序则是伪随机的，每秒频率改变 1 600 次，每个频率持续 625 μs。

（5）体积小，低成本，低功耗。蓝牙设备通常体积很小，而且成本不高，便于集成到各种设备中，使得设备在集成了蓝牙技术之后只需增加很少的费用。蓝牙设备在通信连接（Connection）状态下，有 4 种工作模式：激活（Active）模式、呼吸（Sniff）模式、保持（Hold）模式和休眠（Park）模式。Active 模式是正常的工作状态，另外 3 种模式是为了节能所规定的低功耗模式。

（6）开放的接口标准。SIG 为了推广蓝牙技术的使用，将蓝牙的技术标准全部公开，全世界范围内的任何单位和个人都可以进行蓝牙产品的开发，只要最终通过 SIG 的蓝牙产品兼容性测试，就可以推向市场。

3. 蓝牙系统的组成

蓝牙系统由无线部分、链路控制部分、链路管理支持部分和主终端接口组成，如图1-36所示。

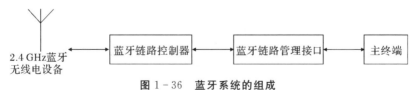

图 1-36　蓝牙系统的组成

蓝牙系统提供点对点连接方式或一对多连接方式，如图 1-37 所示。

在一对多连接方式中，多个蓝牙单元之间共享一条信道。共享同一信道的两个或两个以上的单元形成一个微微网。其中，一个蓝牙单元作为微微网的主单元，其余则为从单元。

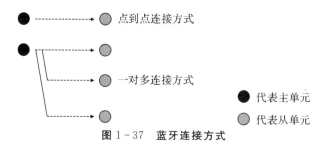

图 1-37　蓝牙连接方式

更多的从单元可被锁定于某一主单元,该状态称为休眠状态。在该信道中,不能激活这些处于休眠状态的从单元,但仍可使之与主单元之间保持同步。对处于激活或休眠状态的从单元而言,信道访问都是由主单元进行控制。

4.蓝牙体系结构

蓝牙协议体系中的协议由 SIG 分为 4 层:①蓝牙核心协议,包括 Baseband,LMP,L2CAP,SDP;②电缆替换协议 RFCOMM;③电话传送控制协议 TCSBinary,ATCommands;④选用协议,包括 PPP,UDP/TCP/IP,OBEX,vCard,vCal,IrMC,WAE,如图 1-38 所示。除上述协议层外,蓝牙规范还定义了主机控制器接口(HCI),它为基带控制器、连接管理器提供命令接口,并且可以通过它访问硬件状态和控制寄存器。

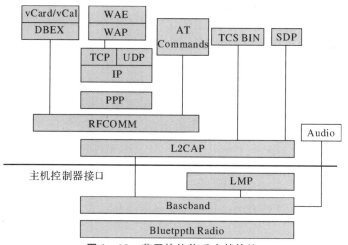

图 1-38　蓝牙协议体系中的协议

(1)基带协议(Baseband)。基带和链路控制层确保了微微网内各蓝牙设备单元之间由射频构成的物理连接。蓝牙提供了两种物理连接方式及其相应的基带数据分组:同步面向连接 SCO(Synchronous Connection Oriented)和异步无连接 ACL(Asynchronous Connection Oriented),而且在同一射频上可实现多路数据传送。

SCO 链路:单一主单元和单一从单元之间的一种点对点对称的链路,主单元采用按照规定间隔预留时隙(电路交换类型)的方式可以维护 SCO 链路。主单元可以支持多达 3 条并发 SCO 链路,而从单元则可以支持两条或者 3 条 SCO 链路。SCO 适用于音频及音频与数据的组合,所有音频与数据分组都附有不同级别的前向纠错(FEC)或循环冗余校验(CRC),而且可进行加密。通常用于 64 kbps 语音传输,且数据包永不重传。

ACL 链路:主单元和全部从单元之间点对多点的链路,通常只能存在一条 ACL 链路。在没有为 SCO 链路预留时隙的情况下,主单元可以对任意从单元在每时隙的基础上建立 ACL 链路,其中也包括从单元已经使用某条 SCO 链路的情况(分组交换类型)。ACL 只用于数据分组,对大多数 ACL 数据包来说都可以应用数据包重传。

(2)连接管理协议(Link Manager Protocol,LMP)。连接管理协议(LMP)负责蓝牙各设备间连接的建立。它通过连接的发起、交换、核实,进行身份验证和加密,通过协商确定基带数据分组大小;它还控制无线设备的电源模式和工作周期,以及微微网内蓝牙单元的连接状态。

(3)逻辑链路控制和适配协议(L2CAP)。逻辑链路控制和适配协议(L2CAP)位于基带层之上,向上层协议提供服务,可以认为它与 LMP 并行工作,它们的区别在于 L2CAP 为上层提供服务,与此同时,负荷数据从不通过 LMP 消息进行传递。

L2CAP 向上层提供面向连接的和无连接的数据服务,它采用了多路技术、分割和重组技术、群提取技术。

(4)服务发现协议(Service Discovery Protocol,SDP)。发现服务在蓝牙技术框架中起到至关重要的作用,它是所有使用模式的基础。使用 SDP,可以查询到设备信息、服务和服务类型,从而在蓝牙设备间建立相应的连接。

(5)电缆替代协议(Radio Frequency Communication,RFCOMM)。RFCOMM 是基于 ETSI07.10 规范的串行线仿真协议。电缆替代协议在蓝牙基带上仿真 RS-232 控制和数据信号,为使用串行线传送机制的上层协议(如 OBEX)提供服务。其主要目标是要在当前的应用中实现电缆替代方案。

使用 L2CAP 实现两个设备之间的逻辑串行链路的连接。一个面向连接的 L2CAP 信道能将两个设备中的两个 RFCOMM 实体连接起来。每个复用链路用数据链路连接标识符(Data Link Connection Identifier,DLCI)来标识。

(6)上层协议。点对点协议(Point to Point Protocal,PPP):在蓝牙技术中,PPP 位于 RFCOMM 上层,完成点对点的连接。

TCP/UDP/IP:TCP/UDP/IP 协议是由 IEEE 制定的,广泛应用于互联网通信的协议,在蓝牙设备中使用这些协议是为了与互联网连接的设备进行通信。蓝牙设备均可以作为访问 Internet 的桥梁。

对象交换协议(Object Exchange,OBEX):它是由红外数据协会(IrDA)制定的会话层协议,采用简单的和自发的方式交换目标。假设传输层是可靠的,OBEX 就能提供诸如 HTTP 等一些基本功能,采用客户机/服务器模式,独立于传输机制和传输应用程序接口(API)。除了 OBEX 协议本身以及设备之间的 OBEX 保留用"语法",OBEX 还提供了一种表示对象和操作的模型。OBEX 协议定义了"文件夹列表"的功能目标,用来浏览远程设备上文件夹的内容。

无线应用协议(Wireless Application Prtocol,WAP):无线应用协议(WAP)是由无线应用协议论坛制定的,它融合了各种广域无线网络技术,其目的是将互联网的内容以及电话业务传送到数字蜂窝电话和其他无线终端上。

串口协议子集:在两个设备上设置虚拟串口,并用蓝牙连接模拟两个设备间的串行电缆。任何继承性应用可以运行在任一设备上,使用虚拟串口,好像在两个设备间有真正的电缆连接一样。这一应用规范支持一个时隙数据包,仅需要一个时隙的分组,这样可以确保最大为 128 kbps 的数据速率,对更高速率的支持作为可选要求。

5. 蓝牙技术的应用

蓝牙无线技术的应用大体上可以划分为:替代线缆(Cable Replacement),因特网桥(Internet Bridge),临时组网(Adhoc Network)。

与其他短距离无线技术不同,蓝牙从一开始就定位于结合语音和数据应用的基本传输技术。最简单的一种应用就是点对点(Point-to-Point)的替代线缆,例如耳机和移动电话、笔记本电脑和移动电话、PC 和 PDA(数据同步)、数码相机和 PDA 以及蓝牙电子笔和电话之间的无线连接,如图 1 - 39 所示。

图 1 - 39　蓝牙点对点连接

1.4.3　红外通信系统

红外数据传输一般采用红外波段的近红外线,波长为 $0.75 \sim 25~\mu\text{mm}$,红外数据协会(Infrared Data Association,IrDA)限定所用的红外波长为 $850 \sim 900~\text{nm}$。由于红外线波长较短,对障碍物的衍射能力差,更适合应用在需要短距离无线通信的场合,进行点对点的直线数据传输。

IrDA 旨在建立通用的、低功率电源的、半双工红外串行数据互联标准,支持近距离、点到点、设备适应性广的用户模式。发送端将基带二进制信号调制为一系列的脉冲串信号,通过红外发射管发射红外信号。接收端将接收到的光脉转换成电信号,再经过放大、滤波等处理后送给解调电路进行解调,还原为二进制数字信号后输出。常用的调制方法有两种:通过脉冲宽度来实现信号调制的脉宽调制(Pulse Width Modulation,PWM)和通过脉冲串之间的时间间隔来实现信号调制的脉时调制(Pulse Position Modulation,PPM)。

红外通信距离只有几米,但设备可以实现小型化和低成本,适合应用在手机、电子商务、数字照相机、笔记本电脑、掌上电脑等产品中。IrDA 是一种视距传输技术,也就是两个具有 IrDA 端口的设备之间如果传输数据,中间就不能有阻挡物,这在两个设备之间是容易实现的,但在多个电子设备间就必须彼此调整位置和角度等。作为 IrDA 设备中的核心部件,红外线 LED 不是一种十分耐用的器件,对于不经常使用的扫描仪、数码相机等设备虽然游刃有余,但用于手机上网,可能很快就不堪重负了。

IrDA 标准包括 3 个强制性规范:

(1)物理层 IrPHY(The Physical Layer)制定了红外通信硬件设计上的目标和要求；

(2)连接建立协议层 IrLAP(Link Access Protocol)负责对连接进行设置、管理和维护；

(3)连接管理协议层 IrLMP(Link Management Protocol)负责对连接进行设置、管理和维护。

1.物理层 IrPHY(The Physical Layer)

(1)参数定义。IrDA 物理层定义了串行、半双工、距离 0～100 cm、点到点的红外通信规程,它包括调制、视角(接收器和发射器之间红外传输方向上的角度偏差)、视力安全、电源功率、传输速率以及抗干扰性等,以保证各种品牌、种类的设备之间物理上的互联。

该规范也保证了在某些典型环境下(如存在环境照明——太阳光或灯光及其他红外干扰)的可靠通信,并将参加通信的设备之间的干扰降到最低。

目前最新版本规范 113 支持两种电源:标准电源和低功率电源。

(2)脉冲调制的必要性。IrDA 红外通信通过数据电脉冲和红外光脉冲之间的相互转换实现无线数据的收发。因为接收装置需要把混在外界照明和干扰中的有用信号提取出来,所以尽可能地提高发送端的输出功率,才可能在接收端有较大信号电流和较高信噪比。

但是,红外发光二极管不能在 100% 时间段内全功率工作,所以发送端采用了脉宽为 3/16 或 1/4 比特的脉冲调制,这样,发光二极管持续发光功率可提高到最大功率的 4～5 倍。传输路径中不含直流成分,接收装置总在调整适应外界环境照明,接收到的只是变化的部分,即有用信号,所以脉冲调制是必要的。

(3)脉冲调制原理。UART 与编/解码电路之间的信号[1]是 UART 数据帧,它包含一个起始位,8 个数据位,一个停止位,如图 1－40 所示。在编/解码电路与红外转换电路之间的信号[2]是红外 IR 数据帧,它具有与串口相同的数据格式。其中在红外发送与 LED 驱动之间是 3/16 比特宽的脉冲信号,与探测接收和红外接收解码之间的信号基本一致。这样,信号[2]是红外信号[3]的电信号表示。

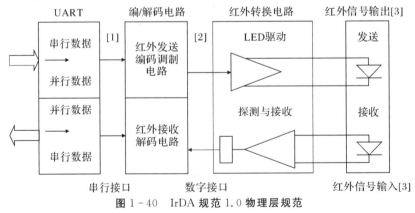

图 1－40　IrDA 规范 1.0 物理层规范

2.连接建立协议层(IrLAP)

连接建立协议层的定义与 OSI(Open System Interconnect Reference Model)开放式系统互连参考模型第二层——数据链路层相对应,是红外通信规范强制性定义层。

IrLAP 以现有的高级数据链路控制协议 HDLC(High-Level Data Link Control)和同步数据链路控制 SDLC(Synchronous Data Link Control)半双工协议为基础,经修订以适应红外通信需要。

IrLAP 为软件提供了一系列指南,如寻找其他可连接设备,解决地址冲突,初始化某一连接,传输数据以及断开连接。IrLAP 对不同的数据传输速率定义了以下 3 种帧结构:

(1)异步帧(速率在 916～115.2 kb/s 之间)。

(2)同步 HDLC 帧(速率为 0.576 Mb/s 和 1.152 Mb/s)。

(3)同步 4PPM 帧(速率为 4 Mb/s)。

速率在 115.2 kb/s(包括 115.2 kb/s)之内时,信号除使用 RZI 编码外,还被组织成异步帧,每一字节异步传输,具有一起始位,8 bit 数据位和一停止位。数据传输率在 115.2 kb/s以上时,数据以包含有许多字节的数据包——同步帧串行同步传输。同步帧的数据包由两个起始标记字,8 bit 目标地址,数据(8 bit 控制信息和其他 2 045 B 数据),循环冗余码校验位(16 bit 或 32 bit)和一个停止标记字组成。包括循环冗余码校验位在内的数据包由与 IrDA 兼容的芯片组产生。

3. 基于 IrDA 协议栈的红外通信

IrDA 是一套层叠的专门针对点对点红外通信的协议,图 1 - 41 为 IrDA 协议栈的结构图。

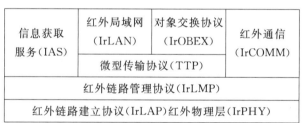

图 1 - 41　IrDA 协议栈的结构图

核心协议包括以下几种。

(1)红外物理层(Infrared Physical layer,IrPHY):定义硬件要求和低级数据帧结构以及帧传送速度。

(2)红外链路建立协议(Infrared Link Access Protocol,IrLAP):在自动协商好的参数基础上提供可靠的、无故障的数据交换。

(3)红外链路管理协议(Infrared Link Management Protocol,IrLMP):提供建立在IrLAP 连接上的多路复用及数据链路管理。

(4)信息获取服务(Information Access Service,IAS):提供一个设备所拥有的相关服务检索表。

依据各种特殊应用需求可选配如下协议:

(1)微型传输协议(Tiny Transport Protocol,TTP):对每通道加入流控制来保持传输顺畅。

(2)红外对象交换协议(Infrared Object Exchange,IrOBEX):文件和其他数据对象的交换服务。

(3)红外通信(Infrared Communication,IrCOMM):串、并行口仿真,使当前的应用能够在 IrDA 平台上使用串、并行口通信,而不必进行转换。

(4)红外局域网(Infrared Local Area NetWord,IrLAN):能为笔记本电脑和其他设备开启 IR 局域网通道。

4. 应用场景

在网络应用方面,红外通信可以实现点到点调制/解调器连接。在移动办公系统应用方面,现在大部分笔记本电脑和部分打印机等都配有红外通信接口设备,如图 1-42 所示。在红外无线数据传送中,室内环境的光源干扰会对系统的传输有很大的影响。

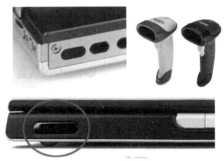

图 1-42   红外通信的应用场景

1.4.4   近场通信系统

术语"近场"是指无线电波的邻近电磁场。电磁场在从发射天线传播到接收天线的过程中相互交换能量并相互增强,这样的电磁场称之为远场。在 10 个波长以内,电磁场是相互独立的,即为近场,近场内电场没有较大意义,但磁场可用于短距离通信。

近场通信(Near Field Communication,NFC)是一种短距离的高频无线通信技术,允许电子设备之间进行非接触式点对点数据传输和交换数据。NFC 技术是在无线射频识别技术(RFID,Radio Frequency Identification)和互联技术二者整合基础上发展而来的,只要任意两个设备靠近而不需要线缆接插,就可以实现相互间的通信。

1. 发展概述

(1)发展历程。近场通信(NFC)是由 NXP(恩智浦公司)和索尼公司在 2002 年共同联合开发的新一代无线通信技术,并被欧洲电脑厂商协会(ECMA)和国际标准化组织与国际电工委员会(ISO/IEC)接收为标准。

2004 年 3 月 18 日为了推动 NFC 的发展和普及,NXP、索尼和诺基亚创建了一个非营利性的行业协会——NFC 论坛(NFC Forum),旨在促进 NFC 技术的实施和标准化,确保设备和服务之间协同合作。NFC 论坛负责制定模块式 NFC 设备架构的标准,以及兼容数据交换和除设备以外的服务、设备恢复和设备功能的协议。目前,NFC 论坛在全球拥有超过140 个成员,包括全球各关键行业的领军企业,如万事达卡国际组织、松下电子工业有限公司、微软公司、摩托罗拉公司、NEC 公司、瑞萨科技公司、三星公司、德州仪器制造公司和VISA 国际组织等。2006 年 7 月复旦微电子成为首家加入 NFC 联盟的中国企业,之后清华同方微电子也加入了 NFC 论坛。

NFC 技术最初只是 RFID 技术和网络技术的简单合并,现在已经演变成一种具有相应标准的短距离无线通信技术,发展态势相当迅速。由于近场通信具有天然的安全性,因此,NFC 技术被认为在手机支付、移动(电子)票务、数据共享等领域具有很大的应用前景。方兴未艾的物联网和移动互联网则赋予了 NFC 技术更多的前景,比如电子标签识别和点对点付款。通过安装电子标签,任何物品都是数字化的,只需要将 NFC 设备(如手机)靠近物品即可通过网络获取物品的相关信息。和普通的手机支付不同,点对点付款是指两个人直接用 NFC 设备(如手机)进行交易,比如 A 要给 B 付款,两个人把设备直接连上就可以完成转账。

(2)NFC 的技术特点。NFC 技术使用 13.56 MHz 电磁波,采取独特的信号衰减技术,使得有效距离约 10 cm 左右,具有距离近、带宽高、能耗低等特点。相比于 RFID 技术,NFC 可提供各种设备间轻松、安全、迅速而自动的双向通信,因此 RFID 更多地被应用在生产、物流、跟踪、资产管理上,而 NFC 则在门禁、公交、手机支付等领域内发挥着巨大的作用。NFC 与现有的非接触智能卡技术兼容,目前已经成为越来越多主要厂商支持的正式标准。

与无线世界中的其他连接方式相比,NFC 由于其通信距离非常近、射频范围小的特点,其通信更加安全,具有天然的安全性、私密性以及连接建立的快速性。与蓝牙、红外传输方式相比,NFC 也有其独特的地方,如表 1-3 所示。红外通信要求设备在 30°以内且不能移动,而 NFC 比红外更快、更可靠而且简单得多。与蓝牙通信相比,NFC 面向近距离通信,适用于交换财务信息或敏感的个人信息等重要数据,而蓝牙适用于较长距离数据通信。

表 1-3 NFC、蓝牙与红外通信系统的对比

	NFC	蓝牙	红外
网络类型	点对点	单点对多点(WPAN)	点对点
频率	13.56 MHz	2.4~2.5 GHz	红外波段
使用距离	<0.2 m	约为 10 m,低能耗模式时约为 1 m	≤1 m
速度	106 kb/s,212 kb/s,424 kb/s 规划速率可达 1 Mb/s 左右	2.1 Mb/s,低能模式时约为 1.0 Mb/s	约为 1.0 Mb/s
建立时间	<0.1 s	6 s,低能耗模式时为 1 s	0.5 s
安全性	具备,硬件实现	具备,软件实现	不具备,使用 IRFM 时除外
通信模式	主动-主动/被动	主动-主动	主动-主动
标准化机构	ISO/IEC	Bluetooth SIG	IrDA
网络标准	ISO 13157 等	IEEE 802.15.1	IRDA1.1
成本	低	中	低

2. NFC 基本原理

NFC 设备主要包括 3 部分:读取设备、电子标签和天线。读取设备一般由微控制器组成,实现 13.56 MHz 频带的无线短距离通信。电子标签则分为有源标签和无源标签,由特殊的线圈线路构成。通信时,一般首先由阅读器产生射频场,电子标签从射频场中耦合得到能量后,反馈给阅读器应答信息;然后阅读器将要发送的信息经调制后发送给电子标签,电子标签则通过负载调制再将相应信息回传给阅读器。

(1)NFC 的通信模式。在一对一的通信中,根据设备在建立连接中的角色,把主动发起连接的一方称为发起设备,另一方称为目标设备。按照通信的发起方不同,通信模式可分为主动模式和被动模式两种,在主动模式下通信双方均产生射频场,而被动模式下只有发起设备产生射频场。

1)主动模式。如图 1-43 所示,发起设备与目标设备处于对等状态,不存在主从关系,通信时双方都需要产生射频场。发起设备传送数据时,产生射频场,而目标设备此时需关闭自己的射频场并进入侦听状态,接收传输数据。数据传输结束时,发起设备关闭自己的射频场,转为侦听状态,此时目标设备可产生射频场并向发起设备传送数据。主动模式下,通信双方都是有源设备,都能产生自己的射频场,因而通信距可稍远一些,适合点对点的数据传输。

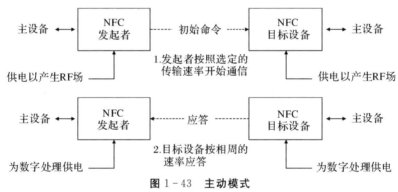

图 1-43　主动模式

2)被动模式。如图 1-44 所示,启动 NFC 通信的设备称为 NFC 发起设备(主设备),在整个通信过程中提供射频场(RF Field),并选择一种传输速率(106 kb/s、212 kb/s 和 424 kb/s 三种)进行数据发送。在这一过程中,NFC 目标设备(从设备)不必产生射频场,而是从发起设备的射频场中获取能量,然后使用负载调制(Load Modulation)技术,即可以相同的速率将数据传回发起设备。

由于被动模式下目标设备不需要产生射频场,大量移动 NFC 设备主要以被动模式操作,这样可以大幅降低功耗,延长电池寿命。在具体应用过程中,NFC 设备可以在发起设备和目标设备之间转换自己的角色。利用这项功能,有源设备也可以借助发起设备的射频场能量在被动模式下充当目标设备进行通信,以节省能量。

图 1-44　被动模式

(2)3 种工作模式。适应不同的应用场景,NFC 技术根据通信对象类型,可分为点对点模式(P2P Mode)、读卡器模式(Reader/Writer Mode)和卡模拟模式(Card Emulation Mode)。

1)点对点模式。在这一模式下,可以将两个具备 NFC 功能的设备连接,实现点对点数据传输,通信距离一般在 20 cm 以内,通信可以是双向的,也可以是单向的。发起设备发起通信,与目标设备建立链路进行数据传输,其中 NFC 标准化规范定义了射频接口的调制、编码、传输速度、帧格式及初始化等。基于该模式,具有 NFC 功能的数码相机、PDA、计算机、手机之间,都可以进行无线互连,实现数据交换,典型应用有协助快速建立蓝牙连接、交换手机名片和数据通信等。

2)读卡器模式。在读卡器模式下,NFC 设备主要用于对电子标签(Tag)的非接触式读取,也可以给标签写入特定信息。在该模式中,NFC 设备作为读卡器,使用 13.56 MHz 载波振幅调制与 NFC 标签(Tag)进行通信,通过载波的振幅变化导致 Tag 感应线圈的电压随之改变,Tag 使用解码电路对信号进行解码。Tag 与读卡器通信,则采用负载调制的方法,通过改变并联电容的开关来实现负载变化。基于该模型的典型应用包括电子广告读取和车票、电影院门票售卖等。

3)卡模拟模式。卡模拟模式,就是将具有 NFC 功能的设备模拟成一张非接触卡,相当于采用 RFID 技术的 IC 卡,如公交卡、门禁卡、银行卡等。在此种方式下,充当卡片的 NFC 设备属于被动组件,自己并不产生射频场,因此即使 NFC 设备没电也可以在无源的情况下正常工作,此时是通过读卡器的射频场来进行供电。卡模拟模式主要用于商场、交通等非接触移动支付应用中,用户只要将手机靠近读卡器,并输入密码确认交易或者直接接收交易即可。

3. NFC 技术标准

飞利浦、索尼、诺基亚最早推出了 NFC 的标准化规范 NFCIP-1(Near Field Communication Interface and Protocol),并逐渐被众多标准化组织接受,同时符合 ECMA 340 与 ETSI TS102 190 V1.1.1 以及 ISO/IEC 18092 标准,2004 年 4 月被批准为国际标准。这些标准详细规定了物理层和数据链路层的组成,具体包括 NFC 设备的工作模式、传输速度、调制方案、编码等,以及主动与被动 NFC 模式初始化过程中,数据冲突控制机制所需的初始化方案和条件。这些标准还定义了传输协议,其中包括协议启动和数据交换方法等。标准规定了 NFC 的工作频率是 13.56 MHz,在低速传输时都采用 ASK 调制,数据传输速度可以选择 106 kb/s、212 kb/s 或者 424 kb/s,传输速度取决于工作距离,工作距离最远可为 20 cm,在大多数应用中,实际工作距离不会超过 10 cm。

(1)帧结构。不同的传输速率具有不同的帧结构。在 106 kb/s 的速率下存在以下 3 种帧结构:短帧、标准帧和检测帧。短帧用于通信的初始化过程,由起始位、7 位指令码和结束位三部分顺序组成;标准帧用于数据的交换,由起始位、n 字节指令或数据和结束位顺序组成;检测帧用于多个设备同时进行通信的冲突检测。

速率 212 kb/s 和 424 kb/s 的帧结构相同,由前同步码、同步码、载荷长度、载荷和校验码顺序组成。前同步码由至少 48 b 的"0"信号组成;同步码有两个字节,第一个字节为"B2"

（十六进制），第二个字节为"4D"（十六进制）；载荷长度由一个字节组成，载荷由 n 个字节的数据组成；校验码为载荷长度和载荷两个域的 CRC 校验值。

（2）NFC 编码技术。NFC 标准规定了 NFC 编码技术包括信源编码和纠错编码两部分。

不同的应用模式对应的信源编码的规则也不一样。对于模式 1，信源编码的规则类似于密勒（Miller）码。具体的编码规则包括起始位、"1""0"、结束位和空位。对于模式 2 和模式 3，起始位、结束位以及空位的编码与模式 1 相同，只是"0"和"1"采用曼彻斯特（Manchester）码进行编码，或者可以采用反向的曼彻斯特码表示。

纠错编码采用循环冗余校验法。所有的传输比特，包括数据比特、校验比特、起始比特、结束比特以及循环冗余校验比特都要参加循环冗余校验。由于编码是按字节进行的，因此总的编码比特数应该是 8 的倍数。

（3）NFC 通信链路管理。NFC 设备的默认状态均为目标状态，作为目标设备不产生射频场，保持静默以等待来自发起者的指令。通信时，应用程序能够控制设备主动从目标状态转换为发起状态，然后开始冲突检测，即防止干扰其他正在通信的 NFC 设备和同样也工作在此频段的电子设备。标准规定所有 NFC 设备必须在初始化过程开始后，首先检测周围的射频场，判定外部射频场是否存在的阈值为 0.187 5 A/m，只有在没有检测到外部射频场时，才激活自身的磁场。

应用程序确定通信模式和传输速率后，开始建立连接并传输数据，结束后关闭连接，如图 1-45 所示。协议激活阶段，负责发起设备和目标设备间属性请求和参数选择的协商。数据交换协议阶段，采用半双工工作方式，以数据块为单位进行传输，包含错误处理机制。协议关闭阶段，在数据交换完成后，发起设备执行协议关闭过程，包括撤销选中和释放连接。撤销选中过程停止目标设备，释放分配的设备标识符，并恢复到初始化状态。释放连接使发起设备和目标设备均恢复到初始化状态。

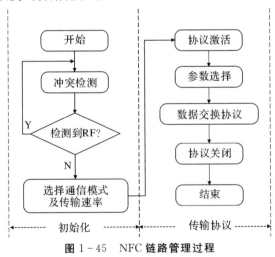

图 1-45 NFC 链路管理过程

NFC 通过一个芯片、一根天线和一些软件的组合，能够实现各种设备在几厘米范围内的通信，具有成本低廉、方便易用和更富直观性等特点，这让它在某些领域显得更具潜力。

在支付类业务中,目前业界关注的焦点是手机支付,即以手机为载体,以 NFC 技术为手段,集成相应的安全芯片及账户,帮助用户完成消费过程。在近场通信的非支付业务中,广告、信息查询等非支付业务能够带给电信运营商大量的流量及收入。在欧美、日本等国家和地区,基于 NFC 近场通信技术实现的电子广告、信息查询等业务已经逐渐发展起来。

练 习 题

一、判断题

1.信道是信号传播通道,它以传输媒体和中继通信设施为基础。　　　　　(　　)

2.数字信号是一种离散的脉冲序列,其取值仅在时间上离散,在幅度上是连续的。　(　　)

3.屏蔽双绞线提高了抗干扰能力,一般具有较高的数据传输速率。　　　(　　)

4.并行通信常用于设备之间的外部通信,实现简单,不需要复杂的同步机制,尤其适合远距离的通信。　　　　　　　　　　　　　　　　　　　　　　　　　(　　)

5.循环冗余检验,是一种在计算机网络中数据链路层协议普遍使用的检错技术。　(　　)

二、单项选择题

1.下列不属于数字通信系统突出特点的是(　　)。

A 差错控制　　　　B 保密通信好　　　C 抗干扰能力强　　　D 带宽占用低

2.(　　)是衡量通信信道可靠性的重要指标。

A 差错率　　　　　B 吞吐量　　　　　C 利用率　　　　　　D 比特率

3.下列数字信号编码方式中,(　　)可不需要另发同步信号。

A 单极性不归零码　　　　　　　　B 单极性归零码

C 双极性归零码　　　　　　　　　D 曼彻斯特编码

4.下列选项中,(　　)不是蓝牙通信的主要特点。

A 低功耗　　　　　B 高带宽　　　　　C 抗干扰　　　　　　D 低成本

5.NFC 通信中,(　　)下通信双方设备都需要产生电磁场。

A 读卡器模式　　　B 卡模拟模式　　　C 主动模式　　　　　D 被动模式

三、填空题

1.按照信号取值范围是否连续,信号可分为_____和_____两种。

2.通信系统的基本模型主要包含 5 个基本组件:发送设备、_____、_____、_____和接收设备。

3.香农定理表明,存在随机热噪声的信道中,信道最大传输速率取决于信道_____和_____,与信号的编码或调制技术无关。

4.从通信的双方信息交互的方式来看,可分为以下 3 种基本方式:单工通信、_____和_____。

5.为了保证接收端接收的数据与发送端发送的数据一致,同步操作必须解决位同步、_____和_____3 个问题。

6.模拟数据转换成数字信号通常包括 3 个步骤:采样、_____和_____。

四、简答题

1.什么是信息、数据和信号？它们之间有什么区别和联系？

2.常见传输介质有哪些？各有什么特点？

3.基带传输和频带传输有什么区别？结合实际,讨论一下在日常网络通信中采用的都是什么传输方式？

4.数据通信中,波特率和比特率各代表什么意思？

5.两个设备之间通信需要解决哪些主要问题？

6.结合实际,列举日常工作生活中遇到的单设备间直接通信的应用,试分析其通信机制。

7.通过查阅资料,学习实现如何用双绞线直接连接两台电脑实现数据传输,并分析其用到的协议。

第2章 多设备区域组网

2.1 多终端组网需要解决的问题

2.1.1 信道共享技术

信道共享技术又称为多点接入(multiple access)技术,包括随机接入和受控接入,如图 2-1 所示。从层次上讲,信道共享是由数据链路层的媒体接入控制 MAC 子层来完成的。在计算机网络中使用的信道共享技术可以分为 3 种:随机接入、受控接入和信道复用。

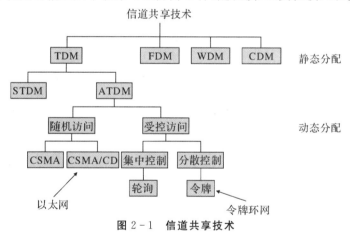

图 2-1 信道共享技术

1.随机接入

使用随机接入技术的信道上,所有的用户都可以根据自己的意愿随机地向信道上发送信息。当两个或两个以上的用户都在共享的信道上发送信息的时候,就产生了冲突(collision),它导致用户的发送失败。随机接入技术主要就是研究解决冲突的网络协议。随机接入实际上就是争用接入,争用胜利者可以暂时占用共享信道来发送信息。随机接入的特点是:站点可随时发送数据,争用信道,易冲突,但能够灵活适应站点数目及其通信量的变化。典型的随机接入技术有 ALOHA,CSMA,CSMA/CD。

2.受控接入

受控接入的特点是各个用户不能随意接入信道而必须服从一定的控制,又可分为集中式控制和分散式控制。集中式控制的主要方法是轮询技术，又分为轮叫轮询和传递轮询，轮叫轮询主机按顺序逐个询问各站是否有数据，传递轮询主机先向某个子站发送轮询信息，若该站完成传输或无数据传输，则向其临站发轮询，所有的站依次处理完后，控制又回到主机。分散式控制的主要方法有令牌技术，最典型的应用有令牌环网，其原理是网上的各个主机地位平等，没有专门负责信道分配的主机，在环状的网络上有一个特殊的帧，称为令牌，令牌在环网上不断循环传递，只有获得的主机才有权发送数据。

3. 信道复用

信道复用是指多个用户通过复用器（multiplexer）和分用器（demultiplexer）来共享信道，信道复用主要用于将多个低速信号组合为一个混合的高速信号后，在高速信道上传输。其特点是需要附加设备，并集中控制，其接入方法是顺序扫描各个端口，或使用中断技术。

在通信子网上，虽然有多种不同的拓扑结构，但对于资源子网的主机设备而言，它们往往只关心自己实际所使用的网络介质，虽然这些设备所构成的信息通道对上层来说往往不可见，其所构成的信息通道有以下两种结构：

（1）点对点信道（point-to-point channel）。点对点信道使用一对一的点对点通信方式，在通信的两点之间建立专用的通信链路完成信息的传输。这是一种最普遍的信道方式，在骨干网、ADSL接入网等都有应用，计算机网络中最常用点对点协议是PPP协议。

（2）广播信道（broadcast channel）。广播信道，使用一对多的广播方式传输信息。所谓广播的方式就是指通过向所有站点发送数据分组的方式传输信息。现实中，无线网络、共享信道局域网大多采用这种方式传播分组信息，例如常用的CSMA/CD协议。

2.1.2 网络拓扑与介质访问控制方法

网络拓扑（Network Topology）结构是指用传输介质互连各种设备的物理布局，或者指构成网络的成员间特定的物理的即真实的，或者逻辑的即虚拟的排列方式。如果两个网络的连接结构相同我们就说它们的网络拓扑相同，尽管它们各自内部的物理接线、节点间距离可能会有不同。在实际生活中，计算机与网络设备要实现互联，就必须使用一定的组织结构进行连接，这种组织结构就叫做"拓扑结构"。网络拓扑结构形象地描述了网络的安排和配置方式，以及各节点之间的相互关系，通俗地说，"拓扑结构"就是指这些计算机与通信设备是如何连接在一起的。

网络的拓扑结构有很多种，主要有星型结构、环型结构、总线结构、树型结构、网状结构、蜂窝状结构以及混合型结构等。在局域网中最基本的网络拓扑结构有3种：总线结构、环型结构和星型结构。

1. 总线结构

总线拓扑结构所有设备连接到一条连接介质上。由一条高速公用总线连接若干个节点所形成的网络即为总线型网络，每个节点上的网络接口板硬件均具有收、发功能，接收器负责接收总线上的串行信息并转换成并行信息送到PC工作站；发送器是将并行信息转换成串行信息后广播发送到总线上，总线上发送信息的目的地址与某节点的接口地址相符合时，该节点的接收器便接收信息。由于各个节点之间通过电缆直接连接,所以总线型拓扑结构中所需要的电缆长度是最小的,但总线的负载能力有限,并且总线长度又有一定限制,一条总线只能连接一定数量的节点。优点是总线结构所需要的电缆数量少,线缆长度短,易于布线和维护。多个节点共用一条传输信道,信道利用率高。缺点是总线形网常因一个节点出现故障(如结头接触不良等)而导致整个网络不通,因此可靠性不高。

2. 环型结构

环型拓扑结构是节点形成一个闭合环。环型网中各节点通过环路接口连在一条首尾相连的闭合环形通信线路中,环上任何节点均可请求发送信息。传输媒体从一个端用户到另一个端用户,直到将所有的端用户连成环型。数据在环路中沿着一个方向在各个节点间传输,信息从一个节点传到另一个节点。

这种结构显而易见消除了端用户通信时对中心系统的依赖性。每个端用户都与两个相邻的端用户相连,因而存在着点到点链路,但总是以单向方式操作,于是便有上游端用户和下游端用户之称。优点是信息流在网中是沿着固定方向流动的,两个节点仅有一条道路,简化了路径选择的控制;环路上各节点都是自举控制,控制软件简单。缺点是信息源在环路中是串行地穿过各个节点,当环中节点过多时,势必影响信息传输速率,使网络的响应时间延长;环路是封闭的,不便于扩充;可靠性低,一个节点故障,将会造成全网瘫痪;维护难,对分支节点故障定位较难。

3. 星型结构

星型拓扑结构是一个中心,多个分节点。多节点与中央节点通过点到点的方式连接。中央节点执行集中式控制策略,因此中央节点相当复杂,负担比其他各节点重得多。优点是结构简单,连接方便,管理和维护都相对容易,而且扩展性强。网络延迟时间较小,传输误差低。中心无故障,一般网络没问题。缺点是中心故障,网络就出问题,同时共享能力差,通信线路利用率不高。

根据不同的网络拓扑结构,可以设计出不同的介质访问控制方法,以此实现对信道的复用技术。常见的有线局域网介质访问控制方法有 CSMA/CD(冲突检测的载波侦听多路访问方法)、令牌总线和令牌环。

(1)CSMA/CD。CSMA/CD 的工作原理是:每一个节点发送数据前先侦听信道是否空闲,若空闲,则立即发送数据。若信道忙碌,则等待一段时间至信道中的信息传输结束后再发送数据;若在上一段信息发送结束后,同时有两个或两个以上的节点都提出发送请求,则判定为冲突。若侦听到冲突,则立即停止发送数据,等待一段随机时间,再重新尝试。这一系列步骤可以简单总结为:先听后发,边发边听,冲突停发,随机延迟后重发。

CSMA/CD 的优点是原理比较简单,技术上易实现,网络中各工作站处于平等地位,不需集中控制,不提供优先级控制。而缺点是网络负载增大时,发送时间增长,发送效率急剧下降。

(2)令牌总线。令牌总线是在总线拓扑结构中利用"令牌"(令牌是一个二进制数的字节,它由"空闲"与"忙"两种编码标志来实现,既无目的地址,也无源地址)作为控制节点访问公共传输介质的确定型介质访问控制方法,如果某节点有数据帧要发送,它必须等待空闲"令牌"的到来。当此节点获得空闲令牌之后,将令牌标志位由"闲"变为"忙",然后传送数据。

令牌总线方法的优点是各工作站对介质的共享权力是均等的,可以设置优先级,也可以不设;有较好的吞吐能力,吞吐量随数据传输速率增高而加大,联网距离较 CSMA/CD 方式大。缺点是控制电路较复杂、成本高,轻负载时线路传输效率低。

(3)令牌环。令牌环的工作原理是使用一个称之为"令牌"的控制标志,当无信息在环上传送时,令牌处于"空闲"状态,它沿环从一个工作站到另一个工作站不停地进行传递。当某一工作站准备发送信息时,就必须等待,直到检测并捕获到经过该站的令牌为止,然后将令牌的控制标志从"空闲"状态改变为"忙"状态,并发送出一帧信息。其他的工作站随时检测经过本站的帧,当发送的帧目的地址与本站地址相符时,就接收该帧,待复制完毕再转发此帧,直到该帧沿环一周返回发送站,并收到接收站指向发送站的肯定应答信息时,才将发送的帧信息进行清除,并使令牌标志又处于"空闲"状态,继续插入环中。当另一个新的工作站需要发送数据时,按前述过程,检测到令牌,修改状态,把信息装配成帧,进行新一轮的发送。

其优点是能提供优先权服务,有很强的实时性,在重负载环路中,"令牌"以循环方式工作,效率较高。缺点是环维护复杂,实现比较困难。

4. 树型结构

树型结构是星型结构的扩展,它由根节点和分支节点所构成。树型结构的优点是:结构比较简单,成本低,扩充节点方便灵活。树型结构的缺点是:对根节点的依赖性大,一旦根节点出现故障,将导致全网不能工作,电缆成本高。

目前各单位的园区网络通常使用树型结构进行网络部署,是局域网中实际使用较多的一种拓扑结构。

5. 网状结构与混合型结构

网状结构是指将各网络节点与通信线路连接成不规则的形状,每个节点至少与其他两个节点相连,或者说每个节点至少有两条链路与其他节点相连。大型互联网骨干节点间的连接一般都采用这种结构。

网状结构的优点:可靠性高。因为有多条路径,所以可以选择最佳路径,减少时延,改善流量分配,提高网络性能,但路径选择比较复杂。网状结构的缺点:结构复杂,不易管理和维护;线路成本高;适用于大型广域网。

混合型结构是由以上几种拓扑结构混合而成的,如环星型结构,它是令牌环网和 FDDI (Fiber Distributed Data Interface)网常用的结构。

2.1.3 IEEE 802 体系结构

IEEE 802 又称为 LMSC(LAN/MAN Standards Committee,局域网/城域网标准委员会),是 IEEE 802 LAN/MAN 标准委员会制定的局域网、城域网技术标准,致力于研究局域网和城域网的物理层和 MAC 层中定义的服务和协议,对应 OSI 网络参考模型的最低两层(即物理层和数据链路层)。其中最广泛使用的有以太网、令牌环、无线局域网等。这一系列标准中的每一个子标准都由委员会中的一个专门工作组负责。

1. 802.1x

IEEE802 LAN/WAN 委员会为解决无线局域网网络安全问题,提出了 802.1X 协议。后来,802.1X 协议作为局域网端口的一个普通接入控制机制在以太网中被广泛应用,主要解决以太网内认证和安全方面的问题。

802.1X 协议是一种基于端口的网络接入控制协议(port based network access control protocol)。"基于端口的网络接入控制"是指在局域网接入设备的端口这一级对所接入的用户设备进行认证和控制。连接在端口上的用户设备如果能通过认证,就可以访问局域网中的资源;如果不能通过认证,则无法访问局域网中的资源。

802.1X 系统为典型的 Client/Server 结构,如图 2 - 2 所示,包括 3 个实体:客户端(Client)、设备端(Device)和认证服务器(Server)。

图 2 - 2　802.1X 认证系统的体系结构

(1)客户端是位于局域网段一端的一个实体,由该链路另一端的设备端对其进行认证。客户端一般为一个用户终端设备,用户可以通过启动客户端软件发起 802.1X 认证。客户端必须支持局域网上的可扩展认证协议(Extensible Authentication Protocol over LAN, EAPOL)。

(2)设备端是位于局域网段一端的另一个实体,对所连接的客户端进行认证。设备端通常为支持 802.1X 协议的网络设备,它为客户端提供接入局域网的端口,该端口可以是物理端口,也可以是逻辑端口。

(3)认证服务器是为设备端提供认证服务的实体。认证服务器用于实现对用户进行认证、授权和计费,通常为远程认证拨号用户服务(Remote Authentication Dial-In User Service,RADIUS)服务器。

2. 802.3

Ethernet 和 802.3 并不是一回事,虽然我们经常混用这两个术语。802.3 是一种支持 IEEE 802.1 网络架构的技术。

IEEE 802.3 是一个工作组,该工作组编写了电气和电子工程师协会(IEEE)标准集合,该工作组定义了有线以太网的物理层和数据链路层的介质访问控制(MAC)。这通常是具有一些广域网(WAN)应用的局域网(LAN)技术。通过各种类型的铜缆或光缆在节点和基础设施设备(集线器、交换机、路由器)之间建立物理连接。

802.3 以太网工作组　该工作组定义 CSMA/CD(载波监听多路访问/冲突检测)方法如何工作在各种媒体,如同轴电缆、双绞线电缆和光纤媒体上。最初的传输速率是 10 Mbps,但最新的应用已经在数据级(data-grade)双绞线电缆上达到 100Mbps 的传输率。

3.802.11

802.11 无线 LAN 工作组,该工作组正在定义用于无线网络的标准。它致力于媒体的标准化,如扩频无线电通信、窄带无线电通信、红外技术及电力线传输。该委员会也为网络计算的无线接口制订标准,在这个标准中,用户可借助笔式计算机、个人数字助理(PDA)以及其他便携设备与计算机系统相连。

4.802.12

802.12 请求优先级工作组,该工作组使用 Hewlett-Packard 和其他供应商开发的请求优先级接入方法定义了 100 Mbit/s 以太网标准。该接入方法使用中央集线器控制对电缆的接入并支持多媒体信息的实时传送。

5.802.14

802.14 电缆调制解调器工作组,该工作组专门制定用于传统电缆电视网络数据传输的标准。参考体系结构规定了一个混合光纤/同轴试验场,其半径从首端算起为 80 km。该工作组正在致力于传送以太网和 ATM 通信。

6.802.15

802.15 无线个人区域网(WPAN)工作组,该工作组正在开发用于个人区域网的标准,个人区域网是短距离无线网络,如蓝牙、超宽带(UWB)。

2.2 有线局域网

2.2.1 搭建第一个网络

在发明网络之前,个人计算机之间是独立工作的,没有网卡、网线或协议栈,主要使用磁盘、CD 和其他东西来传输数据。

在计算机网络发明以后,各个计算机之间可以通过网络连接在一起,如图 2-3 所示。最小的网络单元由网线、网卡和协议栈组成。网线起着物理介质的作用,以传输比特流/电信号。网卡将转换数据,例如,它将计算机存储的数据转换为网线的比特流/电信号。协议栈作为一种通信语言,可以在通信过程中实现数据分析、地址寻址和流控制。

图 2-3　两个主机的连接

如果终端之间的距离太远,一旦超过网线物理传输距离的上限,数据就会开始丢失。如图 2-4 所示,中继器是物理层的设备,可以中继和放大信息以实现设备的远距离传输。集线器是一种多接口中继器,也是一个物理层设备。它可以中继和放大信息,从任何接口接收的数据都将被发送到所有其他接口。

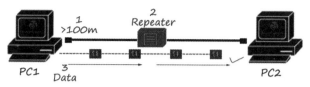

图 2 - 4　通过中继器相连

可以把交换机比喻成一个"聪明"的中继器。因为中继器只是对所接收的信号进行放大,然后直接发送到另一个端口连接的电缆上,主要用于扩展网络的物理连接范围。而交换机除了可以扩展网络的物理连接范围外,还可以对 MAC 地址进行分区,隔离不同物理网段之间的碰撞(也就是隔离"冲突域"),如图 2 - 5 所示。

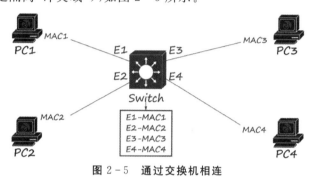

图 2 - 5　通过交换机相连

至此,就能够构造一个小型的局域网了。

1.设备的选择(中继器和网线)

当我们需要将多个计算机设备连接到一起时,首先需要考虑连接两台设备的媒介,以及交通媒介的网络设备。想想机房里的那么多计算机是如何连接在一起的吧!每一台主机后面都会连上一根网线,这些网线会在机房的某个角落汇集在一起,那里放着一个柜子,里面会有一台扁扁的长方体设备,也就是所谓的"交换机"。将所有的网线都插在这台交换机上,实验室中的计算机就组成了一个局域网。现在我们需要学习网线和交换机的相关知识。在此之前,需要了解什么叫做中继器。

中继器(RP repeater)是连接网络线路的一种装置,常用于两个网络节点之间物理信号的双向转发工作。中继器主要完成物理层的功能,负责在两个节点的物理层上按位传递信息,完成信号的复制、调整和放大功能,以此来延长网络的长度。由于存在损耗,在线路上传输的信号功率会逐渐衰减,衰减到一定程度时将造成信号失真,因此会导致接收错误。中继器就是为解决这一问题而设计的。它完成物理线路的连接,对衰减的信号进行放大,保持与原数据相同。一般情况下,中继器的两端连接的是相同的媒体,但有的中继器也可以完成不同媒体的转接工作。从理论上讲中继器的使用是无限的,网络也因此可以无限延长。事实上这是不可能的,因为网络标准中都对信号的延迟范围作了具体的规定,中继器只能在此规定范围内进行有效的工作,否则会引起网络故障。

试想,如果每个设备只有一个对外接口,那么意味着只能建立一对点对点的通信。为了能够让通信"一对多",需要将信号复制广播,于是,产生了集线器(HUB):把一个端口的信息重复广播到其他 7 个端口上(假设是 8 口 HUB)。所以 HUB 也可以叫做 multiport repeater。广播会产生冲突,HUB 都有碰撞检测功能,有碰撞基本上就是避让,一个人说完了,另一个人再说,所以效率低。

现在,我们有了集线器,但是这带来一个问题,多个集线器连接在一起,由于是广播通信,互相冲突,所以我们现在需要一种设备,能够有效隔离子网。让广播通信仅仅在于一个局部:网桥。网桥只有两个端口。随着网络设备的发展,逐渐产生了多个端口的"网桥",但是由于网桥是数据链路层的广播通信——一个桥上多个通信将产生冲突。为了能够实现多对多的通信,于是产生了交换机。

交换机工作于 OSI 参考模型的第二层,即数据链路层。交换机内部的 CPU 会在每个端口成功连接时,通过 ARP 协议学习它的 MAC 地址,保存成一张 ARP 表。在今后的通信中,发往该 MAC 地址的数据包将仅送往其对应的端口,而不是所有的端口。因此,交换机可用于划分数据链路层广播,即冲突域;但它不能划分网络层广播,即广播域。

2. 寻址问题(MAC 地址)

MAC 地址(Media Access Control Address),直译为媒体存取控制位址,也称为局域网地址(LAN Address),以太网地址(Ethernet Address)或物理地址(Physical Address),它是一个用来确认网络设备位置的位址。在 OSI 模型中,第三层网络层负责 IP 地址,第二层数据链路层则负责 MAC 地址。MAC 地址用于在网络中唯一标示一个网卡,一台设备若有一或多个网卡,则每个网卡都需要并会有一个唯一的 MAC 地址。

网络中每台设备都有一个唯一的网络标识,这个地址叫 MAC 地址或网卡地址,由网络设备制造商生产时写在硬件内部。MAC 地址是 48 位的(6 个字节),通常表示为 12 个 16 进制数,每 2 个 16 进制数之间用冒号隔开,如 08:00:20:0A:8C:6D 就是一个 MAC 地址。其前 3 字节表示 OUI(Organizationally Unique Identifier),是 IEEE 的注册管理机构给不同厂家分配的代码,区分不同的厂家。后 3 字节由厂家自行分配。

3. 以太网技术与 IEEE 802.3

以太网中介质访问控制(MAC)子层构成数据链路层的下半部,直接和物理层相邻,是与传输介质相关的一个子层。MAC 子层的主要功能是完成依赖于物理介质的介质访问控制功能,并在发送数据时,将从上一层接受的数据加上适当的首部和尾部(见图 2-6),组装成带 MAC 地址的和差错检测字段的 MAC 子层的协议数据单元 MAC 帧,在接收数据时拆帧,并完成地址识别和差错检测。

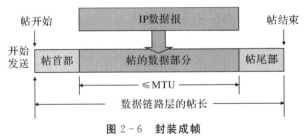

图 2-6 封装成帧

在局域网中,可以通过改变 MAC 子层来适应不同的传输介质和介质访问方法,使局域网能够适应多种传输介质。因此,IEEE 802 标准制定了多种 MAC 协议,如 IEEE 802.3 CSMA/CD、IEEE 802.5 令牌环、IEEE 802.4 令牌总线等等。MAC 协议不同,各 MAC 帧的确切定义不一样,但 MAC 帧的格式大致都相似,以太网 DIX V2 标准定义的 MAC 帧格式如图 2-7 所示。

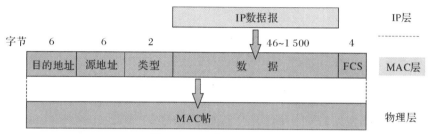

图 2-7　以太网 MAC 帧

需要注意的是,在帧的首部,目的地址和源地址均指的是 MAC 地址。

2.2.2　交换式以太网

1.广播与冲突

(1)冲突域(物理分段)。连接在同一导线上的所有工作站的集合,或者说是同一物理网段上所有节点的集合或以太网上竞争同一带宽的节点集合。这个域代表了冲突在其中发生并传播的区域,这个区域可以被认为是共享段。在 OSI 模型中,冲突域被看作是第一层的概念,连接同一冲突域的设备有 HUB,Reperter 或者其他进行简单复制信号的设备。也就是说,用 HUB 或者 Repeater 连接的所有节点可以被认为是在同一个冲突域内,它不会划分冲突域。而第二层设备(网桥,交换机)第三层设备(路由器)都可以划分冲突域的,当然也可以连接不同的冲突域。简单的说,可以将 Repeater 等看成是一根电缆,而将网桥等看成是一束电缆。

(2)广播域。接收同样广播消息的节点的集合。如:在该集合中的任何一个节点传输一个广播帧,则所有其他能收到这个帧的节点都被认为是该广播帧的一部分。由于许多设备都极易产生广播,所以如果不维护,就会消耗大量的带宽,降低网络的效率。由于广播域被认为是 OSI 中的第二层概念,所以像 HUB,交换机等第一,第二层设备连接的节点被认为都是在同一个广播域。而路由器,第三层交换机则可以划分广播域,即可以连接不同的广播域。

2.交换机的功能(地址学习、转发和过滤、消除循环)

交换机的主要功能包括物理编址、网络拓扑结构、错误校验、帧序列以及流控。交换机还具备了一些新的功能,如对 VLAN(虚拟局域网)的支持、对链路汇聚的支持,甚至有的还具有防火墙的功能。

(1)地址学习。以太网交换机了解每一端口相连设备的 MAC 地址,并将地址同相应的端口映射起来存放在交换机缓存中的 MAC 地址表中。

（2）转发和过滤。当一个数据帧的目的地址在 MAC 地址表中有映射时,它被转发到连接目的节点的端口而不是所有端口(如该数据帧为广播/组播帧则转发至所有端口)

（3）消除循环。当交换机包括一个冗余回路时,以太网交换机通过生成树协议避免回路的产生,同时允许存在后备路径。

交换机除了能够连接同种类型的网络之外,还可以在不同类型的网络(如以太网和快速以太网)之间起到互连作用。如今许多交换机都能够提供支持快速以太网或 FDDI 等的高速连接端口,用于连接网络中的其他交换机或者为带宽占用量大的关键服务器提供附加带宽。

3.应用:用交换机搭建园区网(性能指标、接入层、汇聚层和核心层)

人们平时工作里常见的网络硬件有很多,比如说网卡、中继站、集线器、桥连接器、交换机、路由器等。那么如何利用各种网络设备组建一个园区的局域网呢? 要实现这一目标,需要考虑以下问题。

（1）为什么我们的网络需要路由器、交换机或防火墙?

（2）一个可用的网络需要部署多少个网络设备?

（3）网络硬件的发展有什么规律可循?

（4）了解这些规律后,怎么能更好的提升工作效率?

一个最简单的网络只需要通过交换机用网线把多台计算机连接起来即可。但是当网络中的主机数量和数据量变大以后,作为中心节点的交换机可能会产生性能瓶颈,无法满足需求。因此,对于一个小型的局域网,需要分层次的设计,可以使用二层架构、单核拓扑,需要交换机、路由器和服务器。其中,路由器用于将该局域网与互联网进行连接,而服务器可以提供 Web、文件、数据库等服务支持,如图 2-8 所示。

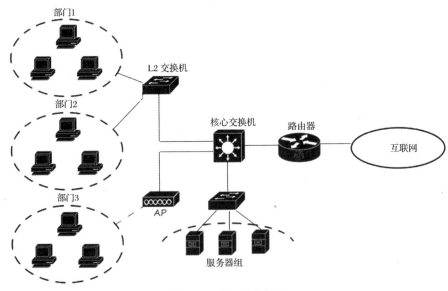

图 2-8　园区网架构图

但是对于一个真正的园区网,这样的网络架构也难以满足性能需求。最常见的园区网架构,如大中型企业网络/校园网络,采用接入－汇聚－核三层架构和双核组网。根据网络需求,分为用户区、内部服务区、外部服务区、管理区、Internet 区等,它们通过核心交换机和防火墙连接并隔离。

互联网使用多出口连接,通过路由器实现拨号和 NAT,通过流量控制设备实现负载均衡/上网行为管理,通过防火墙实现安全隔离。

2.2.3　虚拟局域网(VLAN)

由一台或几台集线器组成的一个广播域可以称为是一个扁平网络。相互连接的终端会接收网络发来的所有广播帧。随着连接终端数量的增加,广播数量也会增加,网络状况也就越混杂。这种情况下,需要采用虚拟局域网(VLAN, Virtual LAN)技术把整个扁平网络进行逻辑分段。一个 VLAN 对应一个广播域,不同 VLAN 的广播域互相隔离(见图 2－9),因此能够控制广播域内的广播通信规模。

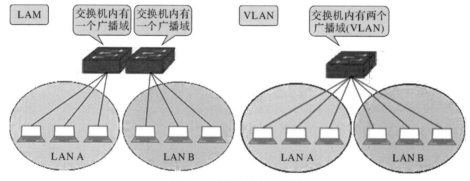

图 2－9　VLAN 与广播域

VLAN 是一组逻辑上的设备和用户,这些设备和用户并不受物理位置的限制,可以根据功能、部门及应用等因素将它们组织起来,相互之间的通信就好像它们在同一个网段中一样,由此得名虚拟局域网,由于交换机端口有两种 VLAN 属性,其一是 VLANID,其二是 VLANTAG,分别对应 VLAN 对数据包设置 VLAN 的 ID 和允许通过的 VLANTAG(标签)数据包,不同 VLANID 端口,可以通过相互允许 VLANTAG,构建 VLAN。VLAN 是一种比较新的技术,工作在 OSI 参考模型的第 2 层和第 3 层,一个 VLAN 不一定是一个广播域,VLAN 之间的通信并不一定需要路由网关,其本身可以通过对 VLANTAG 的相互允许,组成不同访问控制属性的 VLAN,当然也可以通过第 3 层的路由器来完成的,但是,通过 VLANID 和 VLANTAG 的允许,VLAN 可以为几乎局域网内任何信息集成系统架构逻辑拓扑和访问控制,并且与其他共享物理网路链路的信息系统实现相互间无扰共享。VLAN 可以为信息业务和子业务、以及信息业务间提供一个相符合业务结构的虚拟网络拓扑架构并实现访问控制功能。与传统的局域网技术相比较,VLAN 技术更加灵活,它具有以下优点:

(1)限制广播域:可以控制广播活动,广播域被限制在一个 VLAN 内,节省了带宽,提高了网络处理能力。

(2)增强局域网的安全性:不同 VLAN 内的报文在传输时相互隔离,即一个 VLAN 内的用户不能和其他 VLAN 内的用户直接通信,提高网络的安全性。

(3)提高了网络的健壮性:故障被限制在一个 VLAN 内,本 VLAN 内的故障不会影响其他 VLAN 的正常工作。

(4)灵活构建虚拟工作组:用 VLAN 可以划分不同的用户到不同的工作组,同一工作组的用户也不必局限于某一固定的物理范围。减少网络设备的移动、添加和修改的管理开销,网络构建和维护更方便灵活。

1. VLAN 的类型

(1)基于端口的 VLAN。基于端口的 VLAN 是在交换机的端口上设置 VLAN ID ,拥有相同 VLAN ID 的多个端口构成一个 VLAN 。通常交换机在初始状态下,所有端口默认 VLAN ID = 1(即 VLAN 1),管理员可以在登陆交换机后,使用配置指令对任意一个端口的 VLAN ID 进行设置。比如修改当前交换机某一个端口为 VLAN ID = 2 ,那这个端口就属于 VLAN 2 。这是划分 VLAN 最简单也是最有效的方法,实际上就是某种交换端口的集合,管理员只要管理和配置交换端口,而不管交换端口连接什么设备。

(2)标签 VLAN(见图 2 - 10)。Tag Vlan 是基于交换机端口的另外一种类型,主要用于跨交换机的相同 VLAN 内主机之间的直接访问,同时对于不同 VLAN 中的主机进行隔离。当 VLAN 需要跨越多个交换机时,会使用中继端口(trunk port)的标签 VLAN(tag VLAN)。tag VLAN 通过中继端口完成数据帧的接收和发送,其中数据帧需要添加 4 字节 IEEE 802.1Q 定义的头部信息(即 VLAN 标签信息)。为数据帧添加标签的过程叫做 tagging 。当 tagging 完成后,数据帧的最大长度从 1 518 bit 变成 1 522 bit,其中有 12 bit 的 VLAN ID 信息,也就是说,最多支持的 VLAN 数是 4 096 个。

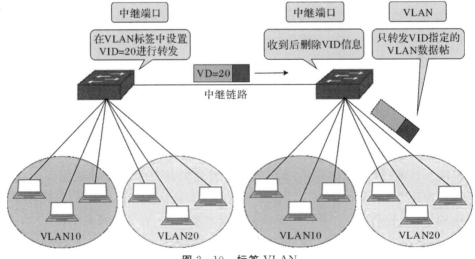

图 2 - 10 标签 VLAN

在以太网中,数据帧中 TPID 的值是 0x8100 。如果源地址后面的值不是 0x8100 ,那么就不是 TPID 信息,而是识别成"长度/类型"。当"长度/类型"的值为 0x05DC 以下时,表示数据帧的长度;在 0x0600 以上时,表示数据帧的类型。数据帧类型的值分别是:IPv4 是 0x0800,ARP 是 0x0806,IPv6 是 0x86DD 等。不支持 IEEE 802.1Q 的交换机,由于无法识别 TPID ,会将 0x8100 视为数据帧类型,但是不存在 0x8100 类型的数据帧,交换机会作为错误帧直接丢弃。

使用标签 VLAN(tag VLAN)向其他交换机传递 VLAN ID 时,首先设置中继端口(trunk port)。trunk port 能够属于多个 VLAN ,与其他交换机进行多个 VLAN 的数据帧收发通信。两台交换机 trunk port 之间的链路叫做中继链路(trunk link)。与 trunk port 和 trunk link 对应的,是接入端口(access port)和接入链路(access link)这两个概念(见图 2-11)。access port 只属于一个 VLAN ,access link 也仅传输一个 VLAN 数据帧。

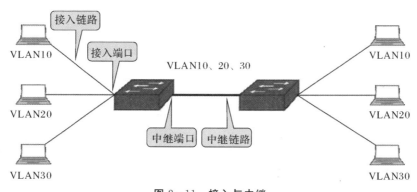

图 2-11　接入与中继

本征 VLAN(native VLAN)用于中继端口(trunk port)。如果数据帧在进入 trunk port 前,是没有标记的,那么 trunk port 会给它打上 native VLAN 的标记,这个数据帧就以 native VLAN 的身份传输。如果数据帧在进入 trunk 前,已经打上标记了,且 trunk port 允许这个 VLAN ID 通过,这个数据帧就通过。trunk port 不允许通过的 VLAN 数据帧会直接丢弃。交换机默认使用 VLAN ID 为 1 的 VLAN 作为 native VLAN 。native VLAN 是可以自定义的,通常是使用 VLAN 1 以外的 VLAN 作为本征 native VLAN ,作为管理 VLAN 。

(3)静态 VLAN 和动态 VLAN。通过输入交换机命令,将一个交换机端口固定分配给某个 VLAN ,这种 VLAN 划分方式叫做静态 VLAN 。相对的,根据连接端口的终端或用户信息自动分配某个 VLAN 的方式叫做动态 VLAN 。具体来说,就是交换机根据终端的 MAC 地址来分配,或者基于 802.1X 的认证来决定端口属于哪个 VLAN 。在动态 VLAN 中,无论终端与哪台交换机连接,都会获取固定的同一个 VLAN 。通过交换机内部的数据库,可以实现基于 MAC 地址的认证,但大部分情况下,动态 VLAN 的实现都是使用 RA-DIUS 服务器,如图 2-12 所示。

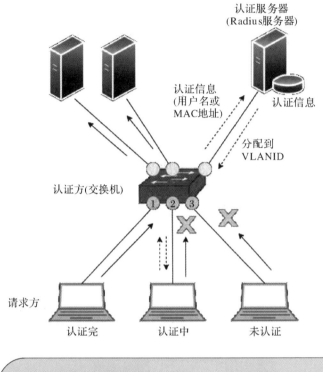

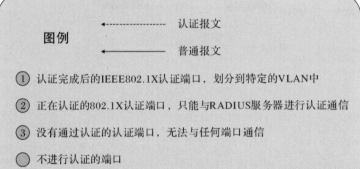

图 2-12 基于 RADIUS 服务器的动态 VLAN

2.VLAN 的通信

在二层交换机上设置多个 VLAN 后,单台交换机内,数据帧只能在相同 VLAN 内转发,不能在不同 VLAN 之间转发。当需要在多个 VLAN 之间转发数据时,一般会使用 trunk link 连接路由器,通过路由器或三层交换机进行 VLAN 之间的路由选择,如图 2-13 所示。利用路由器进行 VLAN 之间的通信与普通的多网络通过路由器相连是相同的,如果路由器支持 IEEE802.1Q,那么也可以通过设置 Trunk 端口进行连接。

三层交换机是二层交换机的升级产品,它既有交换机的全部功能,又有路由器的部分功能,一台设备就实现局域网内的数据高速转发。二层交换机通过使用 VLAN 分隔广播域,位于同一个 VLAN 下的终端才能进行数据帧交互。对于不同 VLAN 的终端有通信需求时,就必须使用路由功能,也就是需要额外添加路由器。二层交换机和路由器组合使用,才能完成跨 VLAN 的通信,但使用三层交换机就不需要其他网络设备,能够直接完成不同 VLAN 之间的通信。

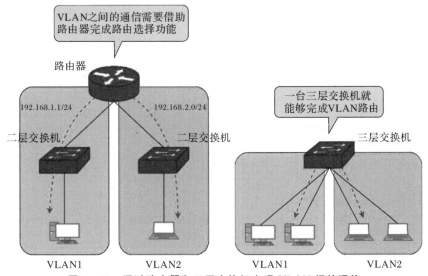

图 2-13　通过路由器和三层交换机实现 VLAN 间的通信

现在,内部网络核心交换机都是使用三层交换机。三层交换机用于由以太网构成的 Intranet 内部转发分组,而路由器作为连接互联网和 Intranet 内网之间的网关来使用。三层交换机是在二层交换机的基础上,增加了路由选择功能的网络设备,能够基于 ASIC 和 FPGA 实现网络功能和转发分组。二层交换机能够基于数据链路层的 MAC 地址,进行数据帧或 VLAN 的传输功能。三层交换机能够基于网络层的 IP 地址,实现路由选择以及分组过滤等功能。三层交换机一般只支持以太网的数据链路层协议和 IP 网络的网络层协议。路由器的物理层和数据链路层除了 IEEE 802 标准以外,还支持其他各种协议,包括 ATM、SDH、串口等。网络层和传输层也一样,支持 TCP/IP 协议簇以外的协议簇,比如 IPX、AppleTalk 等。这些功能都是由运行在 CPU 上的软件来完成,对比三层交换机,速度会慢不少,但是也有很多功能必须由路由器 CPU 来处理,比如远程接入、安全功能等。

三层交换机的构成要素有:控制平面、数据平面、背板和物理接口,如图 2-14 所示。高端路由器和防火墙也是同样的架构。三层交换机把硬件设备内部分成两个区域,即以路由选择、管理功能为主的控制平面和以数据转发功能为主的数据平面,从而实现高速转发分组的系统架构。当硬件内部结构分为控制平面和数据平面时,分组的传输需要使用 FIB(转发信息库)和邻接表的信息。三层交换机将 FIB 和邻接表合并成一个表项,这个表项叫做 FDB(转发数据库),注册在内存中并通过硬件处理完成高速检索。这种利用 FIB 和邻接表信息的 IP 分组传输方式叫做特快转发。路由器使用 CPU 完成分组转发,而三层交换机使用 ASCI 代替 CPU,分组的转发更快。

除了二层交换机之外,三层以上功能的交换机统称为多层交换机。拥有 IP 路由选择等网络功能、能够通过访问控制列表来对传输层的 TCP 端口编号进行访问控制的三层交换机,也叫做四层交换机。能够支持到 TCP 层级访问控制的交换机叫做四层交换机。能够基于 HTTP 和 HTTPS 这里应用层参数进行负载均衡等操作,这类交换机叫做七层交换机。有些厂家将处理到应用层的网络设备和路由器区分开来,作为不同类型的产品。但所谓的多层交换机,也就是基于 ASIC 和 FPGA 的硬件处理,高速进行各层业务处理的网络设备。

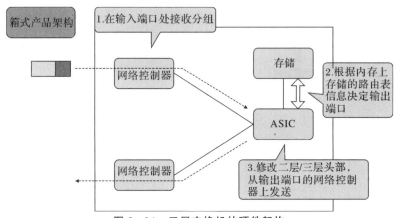

图 2-14 三层交换机的硬件架构

2.2.4 实践:VLAN 的配置

1.交换机基础配置

【任务背景】

对交换机进行基础配置。

【任务内容】

使用华为 eNSP(Enterprise Network Simulation Platform)网络设备仿真平台对交换机进行基础配置。

【任务目标】

了解交换机的基本配置方法,并基于 eNSP 进行仿真配置。

配置交换机常用的方法有 3 种:

1)控制台方式:用控制台连接到交换机上,用终端仿真软件配置交换机。

2)Telnet 方式:在网络中的计算机上通过 Telnet 登录交换机,然后进行配置。

3)Web 方式:用浏览器登录交换机,利用 Web 网页提供一个交互式配置界面。

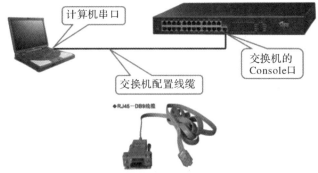

图 2-15 控制口的连接

新交换机(未使用过的交换机)只能使用控制台方式,Telnet 方式一般用于对交换机进行维护。通常需要在主机安装远程终端软件,如 SecureCRT。交换机开机以后,通过远程终端进行相应的配置连接就能够进入到交换机的控制台窗口,输入配置命令即可对交换机进行配置。

以华为以太网交换机 S6700 为例,telnet 配置交换机指令:

```
[HUAWEI]user-interface vty 0 4                    //进入虚拟终端
[HUAWEI-ui-vty0-4]authentication-mode password    //设置口令认证模式
//配置登录密码为 xmws123
[HUAWEI-ui-vty0-4]set authentication password cipher xmws123
//配置 VTY 用户界面的级别为 3
[HUAWEI-ui-vty0-4]user privilege level 3
```

【实现步骤】

使用华为 eNSP(Enterprise Network Simulation Platform)网络设备仿真平台进行网络模拟。如图 2-16 所示。

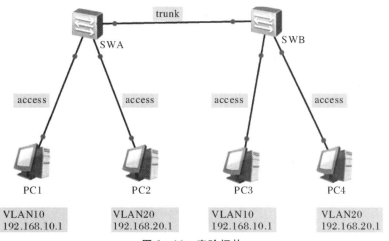

图 2-16　实验拓扑

(1)根据图 2-16 画出网络拓扑图(注意端口连线,这边选择用的哪个端口,对应下面代码就进入哪个端口配置)。

(2)开启主机设备并双击主机,按照图 2-16 更改每个主机的 IP 地址,子网掩码,网关。

(3)进行交换机的基础配置,华为交换机有多种配置模式,常用的有用户模式、接口配置模式、VLAN 接口配置模式。

1)[HUAWEI](用户模式):登录到交换机时就会自动进入该模式,此模式下只能够查看设备的信息,完成很多配置工作,包括命名交换机、检查配置文件、重新启动交换机等。

2)[HUAWEI-Ethernet1/0/1](接口配置模式):配置某个/多个物理接口信息。

3)[HUAWEI-Vlan-interfacex](VLAN 接口配置模式):配置 VLAN 接口信息。

模式配置具体指令如表 2-1 所示。

表 2-1 模式配置指令表

模 式	特 征	进入模式指令
用户模式	[HUAWEI]	默认模式
接口配置模式	[HUAWEI-Ethernet1/0/1]	interface ethernet 1/0/1
vlan 配置模式	[HUAWEI-Vlan-interfacex]	interfacevlanif vlan-id

每一个模式均可以通过"quit"指令退回到上一级模式。

在用户模式下,通过命令"sysname sw1"可以将交换机的名称设置为"sw1"。

交换机本身无法设置 IP 地址,但是可以对交换机的默认 VLAN 接口设置 IP 地址,通常用来作为交换机的管理 IP,如在远程管理模式下就可以利用该管理 IP 连接交换机。以配置 vlan20 接口的 IP 地址"10.1.0.1"、子网掩码"255.255.255.0"为例,具体配置指令如下:

[HUAWEI] interface vlanif 20

[HUAWEI-Vlanif20] ip address 10.1.0.1 255.255.255.0

其中,指令 interface vlanif 20 指定将要配置的 IP 起作用的接口为 vlan20。

2. VLAN 划分

实验要求:有四台主机 PC1～PC4,根据图 2-16 通过两台交换机相连,要求 PC1 和 PC3 能够连通,PC2 和 PC4 能够连通,除此之外都无法互相连通。

(1)开启交换机 SWA,并双击 SWA,写指令,配置结果如图 2-17 所示。

[SWA]vlan 30   //单个创建 vlan 子网

[SWA]vlan batch 10 20   //批量创建 vlan 子网

[SWA]dis vlan   //查看 vlan 是否配置成功

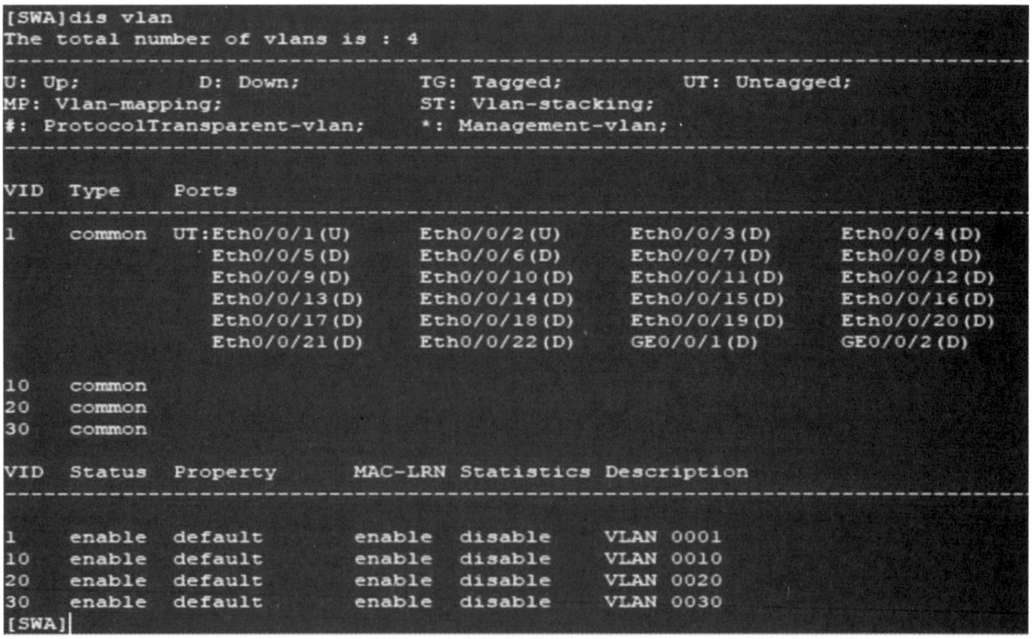

```
[SWA]dis vlan
The total number of vlans is : 4

U: Up;           D: Down;            TG: Tagged;           UT: Untagged;
MP: Vlan-mapping;                    ST: Vlan-stacking;
#: ProtocolTransparent-vlan;        *: Management-vlan;


VID  Type     Ports

1    common   UT:Eth0/0/1(U)       Eth0/0/2(U)        Eth0/0/3(D)       Eth0/0/4(D)
                Eth0/0/5(D)         Eth0/0/6(D)        Eth0/0/7(D)       Eth0/0/8(D)
                Eth0/0/9(D)         Eth0/0/10(D)       Eth0/0/11(D)      Eth0/0/12(D)
                Eth0/0/13(D)        Eth0/0/14(D)       Eth0/0/15(D)      Eth0/0/16(D)
                Eth0/0/17(D)        Eth0/0/18(D)       Eth0/0/19(D)      Eth0/0/20(D)
                Eth0/0/21(D)        Eth0/0/22(D)       GE0/0/1(D)        GE0/0/2(D)

10   common
20   common
30   common

VID  Status  Property       MAC-LRN Statistics Description

1    enable  default        enable  disable    VLAN 0001
10   enable  default        enable  disable    VLAN 0010
20   enable  default        enable  disable    VLAN 0020
30   enable  default        enable  disable    VLAN 0030
[SWA]
```

图 2-17 查看 VLAN 配置结果

(2)配置 Access 端口。因为在 SWA 交换机中是 Ethernet 0/0/1 端口和 PC1 相连,所以设置 access 端口时候也需要注意进入相应端口进行配置。

```
[SWA]interface Ethernet 0/0/1                      //进入固定端口
[SWA-Ethernet0/0/1]port link-type access    //配置 Access
[SWA-Ethernet0/0/1]quit
[SWA]interface Ethernet 0/0/2                      //同理进入 SWA 的另一个连线端口
[SWA-Ethernet0/0/2]port link-type access
[SWA-Ethernet0/0/2]quit
```

同理把 SWB 配置 Access 端口。

```
[SWB]interface Ethernet 0/0/1      ♯ 进入固定端口
[SWB-Ethernet0/0/1]port link-type access      //配置 access
[SWB-Ethernet0/0/1]quit
[SWB]interface Ethernet 0/0/2                      //同理进入 SWA 的另一个连线端口
[SWB-Ethernet0/0/2]port link-type access
[SWB-Ethernet0/0/2]quit
```

可以使用 display current-configuration 查看一下 Access 端口是否配置成功,效果如图 2-18 所示。

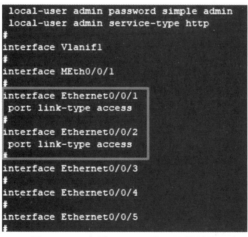

图 2-18 查看 Access 端口配置结果

(3)配置 Trunk 端口,配置结果如图 2-19 所示。

```
[SWA]interface GigabitEthernet 0/0/1
[SWA-GigabitEthernet0/0/1]port link-type trunk
[SWA-GigabitEthernet0/0/1]port trunk allow-pass vlan 10 20
```

SWB 同理:

```
[SWB]interface GigabitEthernet 0/0/1
[SWB-GigabitEthernet0/0/1]port link-type trunk
[SWB-GigabitEthernet0/0/1]port trunk allow-pass vlan 10 20
```

```
The total number of vlans is : 4
--------------------------------------------------------------------
U: Up;              D: Down;        TG: Tagged;         UT: Untagged;
MP: Vlan-mapping;                   ST: Vlan-stacking;
#: ProtocolTransparent-vlan;        *: Management-vlan;
--------------------------------------------------------------------


VID  Type     Ports
--------------------------------------------------------------------
1    common   UT:Eth0/0/3(D)      Eth0/0/4(D)      Eth0/0/5(D)      Eth0/0/6(D)
                 Eth0/0/7(D)      Eth0/0/8(D)      Eth0/0/9(D)      Eth0/0/10(D)
                 Eth0/0/11(D)     Eth0/0/12(D)     Eth0/0/13(D)     Eth0/0/14(D)
                 Eth0/0/15(D)     Eth0/0/16(D)     Eth0/0/17(D)     Eth0/0/18(D)
                 Eth0/0/19(D)     Eth0/0/20(D)     Eth0/0/21(D)     Eth0/0/22(D)
                 GE0/0/1(U)       GE0/0/2(D)

10   common   UT:Eth0/0/1(U)
              TG:GE0/0/1(U)

20   common   UT:Eth0/0/2(U)

              TG:GE0/0/1(U)

30   common

VID  Status   Property       MAC-LRN Statistics Description
--------------------------------------------------------------------
1    enable   default        enable  disable    VLAN 0001
10   enable   default        enable  disable    VLAN 0010
20   enable   default        enable  disable    VLAN 0020
30   enable   default        enable  disable    VLAN 0030
[SWA-GigabitEthernet0/0/1]
```

图 2-19　查看 Trunk 端口配置结果

配置完成,这时候在同一 VLAN 中的 PC 可以 ping 通,不在同一 VLAN 中的 PC 不能 ping 通。如图 2-20～图 2-22 所示,PC1 应该可以 ping 通 PC3(在同一 vlan 中),但是 ping 不通 PC2 和 PC4(不是同一 vlan)。

```
PC>ping 192.168.10.2

Ping 192.168.10.2: 32 data bytes, Press Ctrl_C to break
From 192.168.10.2: bytes=32 seq=1 ttl=128 time=63 ms
From 192.168.10.2: bytes=32 seq=2 ttl=128 time=78 ms
From 192.168.10.2: bytes=32 seq=3 ttl=128 time=62 ms
From 192.168.10.2: bytes=32 seq=4 ttl=128 time=63 ms
From 192.168.10.2: bytes=32 seq=5 ttl=128 time=47 ms

--- 192.168.10.2 ping statistics ---
  5 packet(s) transmitted
  5 packet(s) received
  0.00% packet loss
  round-trip min/avg/max = 47/62/78 ms
```

图 2-20　PC1 ping PC3 结果

```
PC>ping 192.168.20.1

Ping 192.168.20.1: 32 data bytes, Press Ctrl_C to break
From 192.168.10.1: Destination host unreachable
From 192.168.10.1: Destination host unreachable
From 192.168.10.1: Destination host unreachable
From 192.168.10.1: Destination host unreachable
From 192.168.10.1: Destination host unreachable

--- 192.168.10.0 ping statistics ---
  5 packet(s) transmitted
  0 packet(s) received
  100.00% packet loss
```

图 2-21 PC1 ping PC2

```
PC>ping 192.168.20.2

Ping 192.168.20.2: 32 data bytes, Press Ctrl_C to break
From 192.168.10.1: Destination host unreachable
From 192.168.10.1: Destination host unreachable
From 192.168.10.1: Destination host unreachable
From 192.168.10.1: Destination host unreachable
From 192.168.10.1: Destination host unreachable

--- 192.168.10.0 ping statistics ---
  5 packet(s) transmitted
  0 packet(s) received
  100.00% packet loss
```

图 2-22 PC1 ping PC4 结果

3. 添加端口到 VLAN 的两种方法

(1)方法一:以 SWA 为例。

```
[SWA]vlan 10
[SWA-vlan10]port Ethernet 0/0/1
[SWA-vlan10]quit
[SWA]vlan 20
[SWA-vlan20]port Ethernet 0/0/2
[SWA-vlan20]quit
```

(2)方法二:以 SWB 为例(常用,一般进入端口设置完 access/trunk 就直接设置 VLAN)。

```
[SWB]interface Ethernet 0/0/1
[SWB-GigabitEthernet0/0/1]port default vlan 10
[SWB-GigabitEthernet0/0/1]quit
[SWB]interface Ethernet 0/0/2
[SWB-GigabitEthernet0/0/2]port default vlan 20
[SWB-GigabitEthernet0/0/2]quit
```

2.3 无线局域网(WLAN)

在无线局域网 WLAN 发明之前,人们要想通过网络进行联络和通信,必须先用物理线缆——铜绞线组建一个电子运行的通路,为了提高效率和速度,后来又发明了光纤。当网络发展到一定规模后,人们又发现,这种有线网络无论组建、拆装还是在原有基础上进行重新布局和改建,都非常困难,且成本和代价也非常高,于是 WLAN 的组网方式应运而生。

WLAN 起步于 1997 年。当年的 6 月,第一个无线局域网标准 IEEE802.11 正式颁布实施,为无线局域网技术提供了统一标准,但当时的传输速率只有 1 ~ 2 Mbit/s。随后,IEEE 委员会又开始制定新的 WLAN 标准,分别取名为 IEEE802.11a 和 IEEE802.11b。IEEE802.11b 标准首先于 1999 年 9 月正式颁布,其速率为 11 Mbit/s。经过改进的 IEEE802.11a 标准,在 2001 年年底才正式颁布,它的传输速率可达到 54 Mbit/s,几乎是 IEEE802.11b 标准的 5 倍。尽管如此,WLAN 的应用并未真正开始,因为整个 WLAN 应用环境并不成熟。

无线局域网利用无线通信技术在一定的局部范围内建立的网络,是计算机网络与无线通信技术相结合的产物,它以无线多址信道作为传输媒介,提供传统有线局域网的功能,能够使用户真正实现随时、随地、随意的网络接入。一般来说,凡是采用无线传输介质完成数据传输,实现有线局域网功能的网络都可称为无线局域网。无线局域网是有线局域网的扩展和替换,是在有线局域网的基础上通过无线集线器、无线接入点(AP)、无线网桥、无线网卡等设备使无线通信得以实现,随着移动通信技术和网络技术的加速融合,无线局域网已经成为了局域网应用的一项主要技术。

1.无线局域网的优点

相对于有线网络而言,无线局域网具有安装便捷、使用灵活、利于扩展和经济节约等优点。具体归纳如下:

(1)移动性强。无线网络摆脱了有线网络的束缚,可以在网络覆盖的范围内的任何位置上网。无线网络完全支持自由移动,持续连接,实现移动办公。

(2)带宽流量大。适合进行大量双向和多向多媒体信息传输。在速度方面,802.11b 协议传输速度可提供可达 11 Mb/s 数据速率,而标准 802.11g 将网速提升 5 倍,其数据传输率将达到 54 Mb/s,基本满足了普通用户对接入网网速的要求。

(3)有较强的灵活性。无线网络组网灵活、增加和减少移动主机相当轻易。

(4)维护成本低。无线网络尽管在搭建时投入成本高些,但后期维护方便,维护成本比有线网络低 50% 左右。

2.无线局域网分类

无线局域网可分为两大类。第一类是有固定基础设施的,第二类是无固定基础设施的。所谓"固定基础设施"是指预先建立起来的、能够覆盖一定地理范围的一批固定基站。大家经常使用的蜂窝移动电话就是利用电信公司预先建立的、覆盖全国的大量固定基站来接通用户手机拨打的电话。

(1)有固定基础设施的无线局域网。802.11 标准规定无线局域网的最小构件是基本服务集(Basic service set,BSS),一个基本服务集 BSS 包括一个基站和若干个移动站,所有的站在本 BSS 以内都可以直接通信,但在和本 BSS 以外的站通信时都必须通过本 BSS 的基站。一个基本服务集 BSS 所覆盖的地理范围称为一个基本服务区(Basic Service Area,BSA),BSA 和无线移动通信的蜂窝小区相似,一个 BSA 的范围可以有几十米的直径。

(2)无固定基础设施的无线局域网。它又叫做自组网络(Ad-Hoc Network),这种自组网络没有上述基本服务集中的接入点 AP,而是由一些处于平等状态的移动站之间相互通信组成的临时网络。由于自组网络没有预先建好的网络固定基础设施(基站),因此自组网络的服务范围通常是受限的,而且自组网络一般也不和外界的其他网络相连接。无线 Ad Hoc 网络在民用和军用领域都有很好的应用前景。在民用领域,开会时持有笔记本计算机的人可以利用这种移动自组网络方便地交换信息,而不受笔记本计算机附近没有网线插头的限制。当出现自然灾害时,在抢险救灾时利用移动自组网络进行及时的通信往往也是十分有效的,因为这时事先已建好的固定网络基础设施(基站)可能已经遭到了破坏、无法使用。在军事领域中,由于战场上往往没有预先建好的固定接入点,但携带了移动站的战士就可以利用临时建立的移动自组网络进行通信。这种组网方式也能够应用到作战的地面车辆群和坦克群以及海上的舰艇群、空中的机群。由于每一个移动设备都具有路由器的转发分组的功能,因此分布式的移动自组网络的生存性非常好。

2.3.1　无线局域网标准

IEEE802.11 系列标准是 IEEE 制定的无线局域网标准,主要是对网络的物理层和介质访问控制层进行了规定。目前产品化的标准主要有 3 种,即 IEEE802.11a、IEEE802.11b 和 IEEE802.11g。

(1)IEEE802.11。无线局域网最初的标准是 IEEE802.11,该标准是 IEEE802 委员会于 1997 年公布的。它规定无线传输工作在 2.4 GHz 频带上,传输速率最高能达到 2 Mbs,传输距离为 100 m。主要用于解决客户机无线接入局域网的问题,业务仅限于数据存取。

IEEE802.11 标准定义了物理层和介质访问控制 MAC 协议规范。在物理层定义了数据传输的信号特征和调制方法,MAC 层定义了其访问控制方法为 CSMA/CA。

由于 IEEE802.11 的传输速率较低,传输距离有限,不能满足快速、远距离通信应用的需要,所以 IEEE802 委员会对该标准进行了补充与改善,1999 年 9 月相继推出了 IEEE802.

11b 和 IEEE802.11a 两个标准,之后又推出了 IEEE802.11g 标准。

(2)IEEE802.11b。IEEE802.11b 标准采用 2.4 GHz 频带和补偿编码键控(CCK)调制方式,物理层增加了 5.5 Mb/s 和 1 Mb/s 两个通信速率,传输速率可以根据环境干扰或传输距离的不同在 11 Mbps、5.5 Mb/s、2 Mb/s 和 1 Mb/s 之间自行切换,可以传输数据和图像,而且在 2 Mb/s 和 1 Mb/s 速率传输时与 IEEE802.11 兼容。其最大数据传输速度只有 11 Mb/s,虽然相对速度快了不少,但是要想收发送动态图像等大容量数据尚显不足。另外其设备的制造相对简单,IEEE 802.11b 标准的产品已广泛应用。

(3)IEEE802.11a。IEEE802.11a 采用正交频分复用(OFDM)的独特扩频技术和正交键控频移(QFSK)调制方式,大大提高了传输速率和信号质量。该标准工作在 5 GHz 频带上,物理层速率可达到 54 Mbs,可以提供 25 Mbs 的无线 ATM 接口和 10 Mbs 的以太网无线帧结构接口,支持语音、数据、图像业务。

由于使用 5 GHz 频带的电波,传输损失大,具有很难通过墙壁、芯片价格贵以及不兼容普及的 IEEE802.11b 等缺点。但其传输速率和有效传输距离均远远高于 IEEE802.11b,所以常用在传输速率要求较高、距离较远的场合,如楼宇之间的无线连接等。

(4)IEEE802.11g。IEEE802.11g 是一种混合标准,调制采用 IEEE802.11b 中的 CCK 和 IEEE802.11a 中的 OMDF 两种方式。因此,IEEE802.11g 既可以在 2.4 GHz 频带提供 11Mb/s 的数据传输速率,也可以在 5 GHz 频带提供 54 Mb/s 的数据传输速率。IEEE802.1g 可工作在 2.4 GHz 频带,完全兼容 IEEE802.11b,但速度却是其 5 倍。

2.3.2　无线接入

无线接入是指从交换节点到用户终端之间,部分或全部采用了无线手段。在人口密集的城市或位置偏远的山区安装电话,在铺设最后一段用户线的时候面临着一系列难以解决的问题:铜线和双绞线的长度在 4～5 km 的时候出现高环阻问题,通信质量难以保证;山区、岛屿以及城市用户密度较大而管线紧张的地区用户线架设困难而导致耗时、费力、成本居高不下。无线接入技术是解决这个所谓的"最后一千米"的问题的有效方式。

无线接入技术与有线接入技术的一个重要区别在于可以向用户提供移动接入业务。典型的无线接入系统主要由控制器、操作维护中心、基站、固定用户单元和移动终端等几个部分组成。它通过无线介质将用户终端与网络节点连接起来,以实现用户与网络间的信息传递。无线信道传输的信号应遵循一定的协议,这些协议即构成无线接入技术的主要内容。

在通信网中,无线接入系统的定位是本地通信网的一部分,是本地有线通信网的延伸、补充和临时应急系统。

1.技术基础

无线接入的实现主要基于以下几种类型的技术:

(1)蜂窝技术。采用蜂窝技术的无线接入系统技术成熟,比较易于实现且覆盖范围比较大,比较适合于农村等地理位置偏远的地区使用。比较典型的有 450 MHz 系统,基于 GSM 和 CDMA 的系统,以及新一代的 4G、5G 通信技术等。

（2）点对点微波技术。这是一个传统的技术，对于距离超过 40 km 以上的分散用户可以采用基于该技术的系统。需要在较高的位置架设相互呼应的信息收发装置，且保证两者间无视线上的遮蔽。

（3）卫星技术。采用卫星覆盖的方式，只需在地面建立与固定网连接的关口站，即可在卫星辽阔的覆盖区通过架设卫星小站提供话音业务。对于特别偏远的地区以及偏远的山区，卫星技术的优越性是前面介绍的几种技术所无法比拟的。

2.技术分类

作为现今大力发展的无线接入技术，大体上可分为移动式接入和无线方式的固定接入两大类。

移动式接入技术主要指用户终端在较大范围内移动的通信系统的接入技术。这类通信系统主要包括：集群移动无线电话系统、蜂窝移动电话系统以及卫星通信系统。

固定式无线技术（Fixed Wireless Access，FWA），它是指能把从有线方式传来的信息（语音、数据、图像）用无线方式传送到固定用户终端或是实现相反传输的一种通信系统，也有人用 FRA（Fixed Radio Access）一词，还有人习惯与有线本地环路相对应，采用无线本地环路（Wireless Local Loop，WLL）的各字母。与移动通信相比，固定无线接入系统的用户终端是固定的，或者是在极小范围内。

3.特点分析

（1）安装便捷。无线局域网最大的优势就是免去或减少了网络布线的工作量，不需要破墙掘地、穿线架管，一般只要安装一个或多个接入点（Access Point，AP）设备，就可建立覆盖整个建筑或地区的局域网络。这一点在家庭无线网络的应用中体现的最为明显。

（2）使用灵活。无线局域网建成后，在无线网的信号覆盖区域内任何一个位置都可以接入网络。因此扩容可以因需求而定，方便快捷，也防止过量配置设备而造成浪费。而有线网络中，往往接口位置相对固定且数量受限。

（3）易于扩展。无线局域网有多种配置方式，能够根据需要灵活选择。这样，无线局域网就能胜任从只有几个用户的小型局域网到上千用户的大型网络，并且能够提供像"漫游"等有线网络无法提供的特性。

由于无线局域网具有多方面的优点，所以发展十分迅速。在最近几年里，无线局域网已经在医院、商店、工厂和学校等不适合网络布线的场合得到了广泛应用。而移动互联中的4G、5G 技术的不断进步，也让广大用户越来越离不开自己的手机。

2.3.3　WLAN 设备

1.常用 WLAN 设备（AP、交换机、无线路由、网卡等）

在组建无线局域网时，主要硬件设备有无线网卡、无线接入点（AP）、天线、计算机。

（1）无线网卡。与有线网络中的网卡的作用相同，其作为无线局域网的接口，能够实现无线局域网各客户机之间的通信。根据接口的不同，无线网卡主要有笔记本电脑专用的

PCMCIA 无线网卡、台式机专用的 PCI 无线网卡以及笔记本电脑和台式机都可以使用的 USB 无线网卡等。

（2）无线接入点（AP）。无线接入点也称无线集线器。无线 AP 中有一块无线网卡，负责接收和发送无线数据，同时，还能像有线集线器那样把各种无线数据收集起来进行中转。无线 AP 的主要作用有两个：一是作为无线局域网的中心点，供其他装有无线网卡的计算机通过它接入无线网；二是通过它为有线局间提供长距离无线连接，或为小型无线局域网提供长距离有线接入，从而实现延伸网络范围的目的。无线 AP 设备基本上都有一个以太网接口，可以实现无线网络与有线网络的互联。理论上，无线 AP 的覆盖范围是室内 100 m，室外 300 m。由于实际使用中有障碍物的阻挡，通常实际使用范围是室内 30 m，室外 100 m。目前，无线 AP 产品的功能得到了扩展，许多产品能实现无线网桥或无线路由器的功能。

（3）无线路由器。无线路由器（Wireless Router）好比将单纯性无线 AP 和宽带路由器合二为一的扩展型产品，它不仅具备单纯性无线 AP 所有功能如支持 DHCP 客户端、支持 VPN、防火墙、支持 WEP 加密等等，而且还包括了网络地址转换（NAT）功能，可支持局域网用户的网络连接共享。可实现家庭无线网络中的 Internet 连接共享，实现 ADSL、Cable modem 和小区宽带的无线共享接入

2.3.4　WLAN 组网模式

目前，无线局域网的连接方式主要有以下 4 种：无 AP 的独立对等无线网络、有 AP 的独立对等无线网络、接入有线网络的无线网络和无线漫游的无线网络。

1.无接入点独立对等无线网络

无接入点独立对等无线网络方式只使用无线网卡。因此，为每台计算机上插上无线网卡，就可以实现计算机之间的连接，构建成最简单的无线网络。这样，只需使用诸如 Windows 操作系统，就可以在无线网卡的覆盖范围内，不用使用任何电缆，实现计算机之间共享资源。在该方式中，各种计算机仅使用无线网卡，没有任何其他无线接入设备，是名副其实的对等无线网络。此种无线网络的有效传输距离即为该无线网络的最大直径，室内通常为 30 m 左右。另外，由于该方式中所有的计算机之间都共享连接带宽，而且 IEEE802.11b 无线产品的最高带宽只有 11 Mb/s，所以，只适用于接入计算机数量较少，并对传输速率没有较高要求的小型办公网络和家庭网络。

2.有接入点的独立对等无线网络

有接入点的独立对等无线网络方式与对等无线网络方式非常相似，所有的计算机中都安装有一块网卡。所不同的是，有接入点的独立无线网络方式中加入了一个无线访问点（AP）。无线访问点类似于以太网中的集线器，可以对网络信号进行放大处理，一个工作站到另外一个工作站的信号都可以经由无线 AP 放大并进行中继。因此，拥有无线 AP 的独立无线网络的网络直径将是无线网络有效传输距离的 2 倍，在室内通常为 60 m 左右。

该方式仍然属于共享式接入，虽然传输距离比无接入点无线网络增加了 1 倍，但所有计算机之间的通信仍然共享无线网络带宽。由于带宽有限，因此，该无线网络方式仍然只能适

用于一般不超过 20 台计算设备的小型网络。

3.接入有线网络的无线网络

在实际的组网工作中,并不是单纯地建立独立的无线网络,大多数都是在现有的有线局域网上加装无线网络设备,为现有的网络增加移动办公功能。无线局域网和有线局域网的互联很方便,只需要在有线网络中接入一个无线 AP,再利用此 AP 构建另一部分无线网络,从而将无线网络连接至有线网络。无线 AP 在无线工作站和有线网之间起网桥的作用,实现了无线与有线的无缝集成。既允许无线工作站访问网络资源,同时又为有线网络增加了可用资源。该方式适用于将大量的移动用户连接至有线网络,从而以低廉的价格实现网络直径的迅速扩展,或为移动用户提供更灵活的接入方式。

4.无线漫游的无线网络

将访问点作为无线基站与现有网络分布系统之间的桥梁,当用户从一个位置移动到另一个位置时,以及一个无线访问点的信号变弱或访问点由于通信量太大而拥塞时,可以连接到新的访问点,而不中断与网络的连接。与蜂窝移动电话非常相似,将多个 AP 各自形成的无线信号覆盖区域进行交叉覆盖,实现各覆盖区域之间无缝连接。所有 AP 通过双绞线与有线骨干网络相连,形成以固定有线网络为基础,无线覆盖为延伸的大面积服务区域。所有无线终端通过就近的 AP 接入网络,访问整个网络资源。蜂窝覆盖大大扩展了单个 AP 的覆盖范围,从而突破无线网络覆盖半径的限制。用户可以在 AP 群覆盖的范围内漫游,而不会和网络失去联系,中断通信。

(1)Ad-Hoc。人们经常提及的移动通信网络一般都是有中心的,要基于预设的网络设施才能运行。例如,蜂窝移动通信系统要有基站的支持;无线局域网一般也工作在有 AP 接入点和有线骨干网的模式下。但对于有些特殊场合来说,有中心的移动网络并不能胜任。比如,战场上部队快速展开和推进,地震或水灾后的营救等。这些场合的通信不能依赖于任何预设的网络设施,而需要一种能够临时快速自动组网的移动网络。Ad hoc 网络可以满足这样的要求。

Ad Hoc 源自于拉丁语,意思是“for this”引申为“for this purpose only”,即“为某种目的设置的,特别的”意思,即 Ad hoc 网络是一种有特殊用途的网络。IEEE802.11 标准委员会采用了“Ad hoc 网络”一词来描述这种特殊的自组织对等式多跳移动通信网络,Ad hoc 网络就此诞生。

Ad Hoc 结构是一种省去了无线中介设备 AP 而搭建起来的对等网络结构,只要安装了无线网卡,计算机彼此之间即可实现无线互联;其原理是网络中的一台计算机主机建立点到点连接,相当于虚拟 AP,而其他计算机就可以直接通过这个点对点连接进行网络互联与共享。

(2)Infrastructure。无线网络有两种建网模式,Ad-hoc 和 Infrastructure 模式。Infrastructure 是无线网与有线网通过一接入点来进行通信。而 Ad-hoc 模式则是带有无线设备的计算机之间直接进行通信(类似有线网络的双机互联)。

若无线网络中的计算机需要使用有线网络中的资源,则需要设置无线网络为 Infrastructure 模式(Infrastructure 模式的核心设备为无线接入点,一般为无线路由器,路由器将数据传送到配备有无线网卡的电脑上,这些装有无线适配器且以与路由器联通的电脑可在路由器工作半径内漫游,您可以安装多个这样的无线路由器来扩大漫游的范围)。若只需要与无线网络中其他的电脑共享资源,则可以用 Ad-hoc(点对点)模式。(Ad-hoc 模式使配有无线网卡的数据发送的电脑与数据接收的电脑直接进行通信,而无需使用无线路由器或接入点设备)。

2.3.5 应用:WLAN 组网方案

在 5G 时代,手机套餐中所含的流量越来越多,单位价格也越来越便宜,即便如此,也难以毫无顾忌地使用。家庭宽带,按带宽收费,流量不限,通过无线路由器将其转化为 Wi-Fi 信号,不但可供全家共享,连接各种智能家居也不在话下。无线路由器可以将家庭宽带从有线转换为无线信号,所有设备只要连接自家 Wi-Fi,就能愉快地上网了。除此之外,这些设备还组成了一个无线局域网,本地数据高速交换,不受家庭宽带的带宽限制,如图 2-23 所示。举个例子,很多人家里都有智能音箱,可以用来控制各种智能电器。当你说小 X 小 X,打开电视时,音箱实际上是通过局域网找到电视并发送指令的,并不需要连接互联网;而你如果让它播放新闻时,就必须要通过互联网来获取数据了。

图 2-23　无线路由器

一般来说,单台无线路由器可以满足普通中小户型家庭环境的网络需求。对于较复杂的户型(如大三房/四房等大平层、复式、别墅等),承重墙、隔墙、挡板等障碍物导致信号传输过程中衰减较大,单台路由器无法完全覆盖每个角落。

在家庭组网中,局域网又被称为内网,在路由器上用 LAN(Local Area Network)来表示,因此 Wi-Fi 信号也被称作 WLAN(Wireless LAN,无线局域网);而我们要访问的互联网,也被称作外网,在路由器上用 WAN(Wide Area Network)来表示。在内网中,每个设备的 IP 地址是不同的,这被称作私有地址;而所有设备上外网则共用同一个公有地址,由电信联通这样的宽带运营商分配。路由器,正是连接内网和外网的桥梁。上面说到的 IP 地址转换、数据包转发,就是路由器的路由功能。也就是说,路由器是家庭网络的枢纽,所有的设备的数据都必须经过它的转发才能彼此访问或者到达外部网络,颇有一夫当关,万夫莫开的意思,因此功能全面的路由器又被称作"家庭网关",如图 2-24 所示。

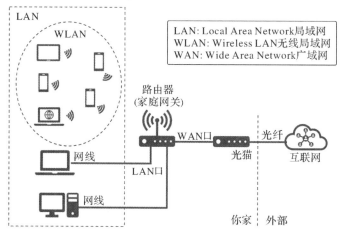

图 2-24　WLAN 组网示意图

无线路由器的工作模式众多,大体可分为路由模式和 AP 模式。AP 模式又可以细分为 AP 模式(套娃),中继模式,桥接模式及客户端模式。基于这些基本的工作模式,多个路由器之间可以形成 AP+AC,以及 Mesh 这两种组网方式,达到无缝覆盖,自动漫游的效果,如图 2-25 所示。

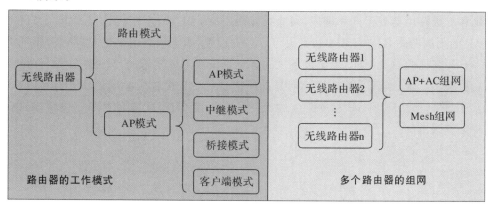

图 2-25　路由器的工作模式和组网示意

1. 家庭无线组网方案

无线 AP 可以被视为具有无线功能的交换机/路由器。随着无线城市和移动办公的发展趋势,无线产品在网络中所占的比例正在增加。以无线路由器为例,想要利用无线路由器进行组网(见图 2-26),最常见的用法是,路由器 WAN 口连接入户光猫,并设置拨号上网并提供各种路由及安全防护功能。此外,路由器上还可以配置多种上网管控策略,如 IP 地址,网址,应用访问的限制等。对应地,路由器的无线接入功能则负责发射 Wi-Fi 信号组成无线局域网 WLAN,进行全屋无线信号覆盖。接入 WLAN 和连接有线 LAN 口的多个设备位于同一个局域网内,拥有相同的网段,可以直接进行内网通信。

还可以把路由器用 WAN 口和上级路由器的 LAN 口连接起来,形成二级路由,就可以配置两个网段的内网,以及两个不同的 Wi-Fi 名称(配成一样的也行)。这种组网无法实现两个路由器之间的无缝漫游,一个 Wi-Fi 信号减弱并切换到另一个过程伴随 IP 地址的变化,网络中断感觉明显。

图 2-26 无线路由器组网

2. 中小型办公室无线网络解决方案

在办公楼中往往有多个房间,覆盖面积广,数据流量大,因此可以采用无线 AP 扩展网络。启用 AP 模式的路由器通过网线和上级路由器连接,仅有接入功能作为无线覆盖扩展(用作主力覆盖也可以),路由和 DHCP 等功能由上级路由器完成。因此接入 AP 的手机或者电脑和上级路由器处于同一网段,可直接互通(见图 2-27)。

AP 的无线网络名称(SSID)和密码可以独立设置,跟上级路由器的相同或者不同都行。如果 Wi-Fi 名称的设置不同,两个设备之间肯定是没法无缝漫游的,只能是一个信号太弱断开之后再连另一个,或者手动连接。但是即使把这些 AP 设置为相同的 SSID,看似只有一个 Wi-Fi 信号,但实际上 AP 和主路由的无线信号缺乏交互,配置和管理比较麻烦,也是无法实现无缝漫游的。

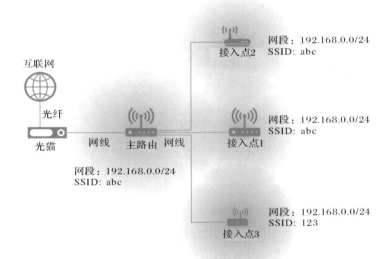

图 2-27 无线 AP 组网

3.大型场所无线网络解决方案

(1)AP组网。上述的 AP 功能完善,每个节点都要分别配置,相互独立工作,因此叫做"胖 AP(Fat AP)"。胖 AP 们没有统一的管理,各自的覆盖之间也无法漫游,在小型空间还能凑合用,在商场、机场这些超大空间,需要的 AP 数量极其庞大,就无法满足需求了。

这里可以把胖 AP 再进行拆分,只保留最基本的接入功能,将配置管理功能独立出来,组建为一个全新的设备:接入控制器(Access Controller,AC)。

AC 负责管理所有的 AP,只要在 AC 上进行统一配置,就可以自动同步到所有的 AP 节点,并且所有 AP 的工作状态都可以在 AC 上进行实时监控,维护起来也非常方便。这种状态的 AP 只需要实现无线接入,其他啥都不用管,因此叫做"瘦 AP(Fit AP)"。

在此基础上的精简的方案能够把路由器,AC 和 PoE 交换机合而为一,称之为"路由/AC/PoE 一体机",跟普通的家用交换机大小相当,成本也大幅降低。与此同时,上述方案也将 AP 也集成在传统的 86 型网线插座面板内,完全隐藏于无形,却达成了 Wi-Fi 无缝覆盖,信号强劲的最佳状态,如图 2-28 和图 2-29 所示。

AC+AP 的优点显著,但也有缺点。那就是所有的 AP 都需要使用网线和 AC 连接,这就要求在装修时就考虑好 Wi-Fi 组网,并布好网线。如果没有网线可达,还可以考虑中继模式。中继模式下的路由器和上级路由器之间并没有网线连接,只是单纯地接收上级路由器的无线信号,进行放大后再发出去,不做任何处理。因此中继模式下 AP 信号的 Wi-Fi 名称和密码都跟上级路由是一样的,所有的设备也都位于同一网段。对于用户来说,接入中继 AP 和主路由的效果是完全一样的,中继 AP 仅相当于一个扩展覆盖的管道,一切的处理都由主路由进行。桥接模式和中继模式比较类似,也是在没有网线的情况下,通过无线来连接两个路由器。两者的差异在于:中继模式工作于物理层,不能做任何设置,而桥接模式则工作于数据链路层,可以配置独立的 SSID。

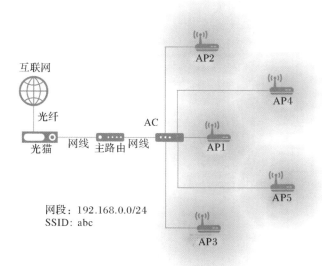

图 2-28 AP+AC 组网示意

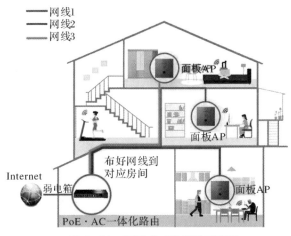

图 2-29　面板式 AP 组网示意图

（2）Mesh 组网。工作中继或者桥接模式的路由器，必须在主路由的覆盖范围内才能放大信号来进行上网。如果在主路由的信号很差的位置，放大之后虽然手机看到的 Wi-Fi 信号是满格的，但是网速依然很慢甚至可能很不稳定。并且，主路由是不知道下级中继或者桥接节点的存在的，它们之间也不存在管理和交互的关系，没法进行漫游，只能等待信号过差断开之后手机再重新连接另一个节点。

有没有方法能综合 AC＋AP 这样的有线组网，以及中继或者桥接这样的无线组网，并能智能管理这个网络，实现简化配置，无缝漫游的效果呢？这就要用到 Mesh 组网技术了。Mesh 又叫多跳网络，由多个地位相同的节点通过有线或者无线的方式相互连接，组成多条路径，最终连接到跟互联网相连网关。这样的网络存在一个控制节点来对所有节点进行管理和配置数据下发。路由器之间的有线连接叫做"有线回程"，对应地，无线连接就叫做"无线回程"。

图 2-30 是一个实际组网的案例，由主路由作为网关和控制节点，其余节点通过有线或者无线连到主路由，或者通过无线来相互连接。这样一来，弱覆盖的区域不论有没有网线，网络都可以灵活地按需扩展。

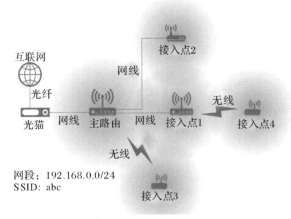

图 2-30　Mesh 组网示意

无论是 Mesh 组网还是 AC＋AP,都可以达到全屋覆盖和无线漫游的效果。Mesh 组网在全部使用有线回程的情况下,基本上等同于 AC＋AP。Mesh 组网更为灵活,可用无线回程,也可用有线回程,还可以混合使用,而 AC＋AP 则只能使用有线连接,需要提前规划布线。另外,AC＋AP 方案中的 AC 可以置于弱电箱,AP 使用面板式也不占空间,所有设备没有任何的网线和电源线外露,非常清爽美观。而 Mesh 方案则需拖着拉网线和电源线,美观性上要差得多。最后,AC＋AP 需要购置至少一台路由/AC/PoE 一体机和两台 AP 才有意义,如果要支持千兆网口和 Wi-Fi6,这些设备都不便宜;而 Mesh 组网则亲民多了,两台路由的价格远低于 AC＋AP。

在选择组网方案时,可以根据上述两方案的特点综合考虑。

2.3.6 其他无线通信方式

1. 激光通信

激光通信是指用激光束作为信息载体进行空间(包括大气空间、低轨道、中轨道、同步轨道、星际间、太空间)通信。激光空间通信与微波空间通信相比,波长比微波波长明显短,具有高度的相干性和空间定向性,它的特点如下:大通信容量、低功耗、体积小、质量轻、高度的保密性、激光空间通信具有较低的建造经费和维护经费。

2. 红外线

无导向的红外线被广泛用于短距离通信,电视、录像机使用的遥控装置都利用了红外线装置。红外线不能穿透坚固的墙壁,这意味着一间房屋里的红外系统不会对其他房间里的系统产生串扰。正是由于这个原因,红外线成为室内无线网的候选对象。在实际应用中,由于红外线具有很高的背景噪声,受日光、环境照明等影响较大,一般要求的发射功率较高,而采用现行技术,特别是 LED,很难获得高的比特速率(>10 Mb/s)。

3. 蓝牙

蓝牙是一种支持设备短距离通信(一般 10 m 内)的无线电技术。能在包括移动电话、PDA、无线耳机、笔记本电脑、相关外设等众多设备之间进行无线信息交换。利用蓝牙技术,能够有效地简化移动通信终端之间的通信,成功地简化设备与 Internet 之间的通信,从而使数据传输更加迅速高效,为无线通信拓宽道路。蓝牙采用分散式网络结构以及快跳频和短包技术,支持点对点及点对多点通信,工作在全球通用的 2.4 GHz ISM(即工业、科学、医学)频段。其数据速率为 1 Mbps,采用时分双工传输方案实现全双式传输。

蓝牙作为一个全球开放性无线应用标准,通过把网络中的数据和语音设备用无线链路连接起来,使移动电话、便携式电脑以及其他便携式通信设备在近距离内实现无缝的资源共享,从而实现快速灵活的通信。因此,蓝牙是一种支持设备短距离通信的无线电技术,使各种便携式通信设备在没有电线或光纤相互连接的情况下,能在近距离范围内具有互通、互用、互操作的性能。

(1)蓝牙的优点。蓝牙的载频选用全球通用的 2.45 GHz 工业、科学和医疗(ISM)频带,其收发器采用跳频扩谱技术,大大减少了其他不可预测的干扰源对通信造成的影响。除此之外,蓝牙还采用鉴权和加密等措施来提高通信的安全性,与其他工作在相同频段的系统相比,蓝牙跳频更快,数据包更短,性能更稳定。

(2)网络拓扑结构。蓝牙支持点到点和点到多点的连接,可采用无线方式将若干蓝牙设备连成一个微微网,多个微微网又可互连成特殊分散网,形成灵活的多重微微网的拓扑结构,从而实现各类设备之间的快速通信。

2.4　网络互连技术应用

2.4.1　物联网

物联网是新一代信息技术的高度集成和综合运用,对新一轮产业变革和经济社会绿色、智能、可持续发展具有重要意义。因其具有巨大增长潜能,已是当今经济发展和科技创新的战略制高点,成为各个国家构建社会新模式和重塑国家长期竞争力的先导。

1.物联网的定义

物联网是新一代信息技术的重要组成部分,也是"信息化"时代的重要发展阶段。其英文名称是:"Internet of things(IoT)"。顾名思义,物联网就是物物相连的互联网。这有两层意思:其一,物联网的核心和基础仍然是互联网,是在互联网基础上的延伸和扩展的网络;其二,其用户端延伸和扩展到了任何物品与物品之间,进行信息交换和通信,也就是物物相息。物联网通过智能感知、识别技术与普适计算等通信感知技术,广泛应用于网络的融合中。物联网是互联网的应用拓展,与其说物联网是网络,不如说物联网是业务和应用。2016年,工业和信息化部发布《物联网发展规划(2016—2020)》,对我国在物联网领域的成就进行阶段性总结,并对未来的发展方向做了指导性规划。

1991年美国麻省理工学院(Massachusetts Institute of Technology,MIT)的 Kevin Ashton 教授首次提出物联网的概念。1999年 MIT 建立了"自动识别中心",提出"万物皆可通过网络互联",阐明了物联网的基本含义。早期的物联网是依托射频识别(Radio Frequency Identification,RFID)技术的物流网络。2005年11月,国际电信联盟(ITU)发布《ITU 互联网报告2005:物联网》,引用了"物联网"的概念。物联网的定义和覆盖范围有了较大的拓展,不再只是指基于 RFID 技术的物联网。2009年欧盟执委会发表了欧洲物联网行动计划,描绘了物联网技术的应用前景,提出欧盟政府要加强对物联网的管理,促进物联网的发展。2009年1月28日,IBM 首次提出"智慧地球"概念,建议新政府投资新一代的智慧型基础设施。当年,美国将新能源和物联网列为振兴经济的两大重点。2009年8月,温家宝总理在无锡视察时提出"感知中国",无锡市率先建立了"感知中国"研究中心,中国科学院、运营商、多所大学在无锡建立了物联网研究院。其后,物联网被正式列为国家五大新兴战略性产业之一,写入十一届全国人大三次会议政府工作报告。2005年11月17日,ITU 正式提出"物联网"概念。"物联网"颠覆了人类之前物理基础设施和 IT 基础设施截然分开的传统思维,将具有自我标识、感知和智能的物理实体基于通信技术有效连接在一起,使得政府管理、生产制造、社会管理,以及个人生活实现互联互通,被称为继计算机、互联网之后,世界信息产业的第三次浪潮。目前,国际上公认的物联网定义是:通过射频识别(RFID)、红外感应器、全球定位系统、激光扫描器等信息传感设备,按约定的协议,把任何物品与互联网相连接,进行信息交换和通信,以实现对物品的智能化识别、定位、跟踪、监控和管理的一种网络。

2.物联网的发展历程

(1)物联网发展第一阶段:物联网连接大规模建立阶段,越来越多的设备在放入通信模块后通过移动网络、WiFi、蓝牙、RFID、ZigBee 等连接技术连接入网。在这一阶段网络基础设施建设、连接建设及管理、终端智能化是核心。

(2)物联网发展第二阶段:大量连接入网的设备状态被感知,产生海量数据,形成了物联网大数据。在这一阶段,传感器、计量器等器件进一步智能化,多样化的数据被感知和采集,汇集到云平台进行存储、分类处理和分析。该阶段主要在 AEP 平台、云存储、云计算、数据分析等。

(3)物联网发展第三阶段:初始人工智能已经实现,对物联网产生数据的智能分析和物联网行业应用及服务将体现出核心价值。Gartner 预测,2020 年物联网应用与服务产值将达到 2 620 亿美元,市场规模超过物联网基础设施领域的 4 倍。该阶段物联网数据发挥出最大价值,企业对传感数据进行分析并利用分析结果构建解决方案实现商业变现。这一阶段主要在于物联网综合解决方案提供商、人工智能、机器学习厂商等。

3.物联网的架构

标准的物联网系统可以大致分为感知识别层、网络构建层、管理服务层和综合应用层等。

(1)感知识别层:感知识别层位于物联网四层模型的最底端,是所有上层结构的基础。在这个层面上,把成千上万个传感器或阅读器安放在物理物体上,比如氧气传感器、压力传感器、光强传感器、声音传感器等,形成一定规模的传感网。通过这些传感器,感知这个物理物体周围的环境信息;当上层反馈命令时,通过单片机、简单或者复杂的机械可使物理物体完成特定命令。

(2)网络构建层:网络是物联网最重要的基础设施之一。网络构建层负责向上层传输感知信息和向下层传输命令。这个层面就是利用互联网、无线宽带网、无线低速网络、移动通信网络等各种网络形式传递海量的信息。

(3)管理服务层:管理服务层主要解决数据如何存储(数据库与海量存储技术)、如何检索(搜索引擎)、如何使用(数据挖掘与机器学习)、如何不被滥用(数据安全与隐私保护)等问题。简言之,这个层面就是把收集到的信息进行有效整合和利用,是物联网的精髓所在。

(4)综合应用层:物联网产业链的最顶层,是面向客户的各类应用。传统互联网经历了以数据为中心到以人为中心的转化,典型应用包括文件传输、电子邮件、万维网、电子商务、视频点播、在线游戏和社交网络等;而物联网应用以"物"或者物理世界为中心,涵盖我们现在常听到比较新鲜的高级词汇,比如物品追踪、环境感知、智能物流、智能交通、智能电网等。

4.物联网的主要技术

"物联网技术"的核心和基础仍然是"互联网技术",是在互联网技术基础上的延伸和扩展的一种网络技术;其用户端延伸和扩展到了任何物品和物品之间,进行信息交换和通信。在物联网应用中有 5 项关键技术。

(1)网络通信技术。网络通信技术包含很多重要技术,其中 M2M 技术最为关键。"M2M"是"Machine-to-Machine"的缩写,用来表示机器对机器之间的连接与通信。从功能和潜在用途角度看,M2M 引起了整个"物联网"的产生。

(2)传感器技术。传感器是摄取信息的关键器件,它是物联网中不可缺少的信息采集手段。目前传感器技术已渗透到科学和国民经济的各个领域,在工农生产、科学研究及改善人民生活等方面,起着越来越重要的作用。

(3)射频识别技术,该技术利用射频信号通过空间电磁耦合实现无接触信息传递并通过所传递的信息实现物体识别。由于 RFID 具有无需接触、自动化程度高、耐用可靠、识别速度快、适应各种工作环境、可实现高速和多标签同时识别等优势,因此 RFID 在自动识别、物品物流管理有着广阔的应用前景。

(4)嵌入式系统技术。嵌入式系统技术是一种综合了计算机软硬件、传感器技术、集成电路技术、电子应用技术为一体的复杂技术。经过数十年的演变,以嵌入式系统为特征的智能终端产品随处可见。如果把物联网用人体做一个简单比喻,传感器相当于人的眼睛、鼻子、皮肤等感官,网络就是神经系统用来传递信息,嵌入式系统则是人的大脑,在接收到信息后要进行分类处理。

(5)云计算。云计算是一种按使用量付费的模式,这种模式提供可用的、便捷的、按需的网络访问,进入可配置的计算资源共享池(资源包括网络,服务器,存储,应用软件,服务),这些资源能够被快速提供,只需投入很少的管理工作,或与服务供应商进行很少的交互。

5.军用物联网

军事物联网就是将军事设施、战斗装备、武器装备、战斗人员与军用网络结合,从而实现物与物、人与物、人与人互联的智能化、信息化网络。从概念上说,网络中的每个要素(如武器装备、单兵、指挥员、后勤物资等)都是网络节点,所有要素通过物联网技术融合在军事信息网中,将军事行动转为由信息辅助决策,再由决策指挥行动。军事物联网将物联网的物联深化发展为物控,这是物联网应用在军事领域的必然方向,符合军事信息化建设实际需要。

战场态势感知是未来军事物联网的应用之一。战场态势感知是指对战场空间内敌、我、友各方的兵力部署、武器配备和战场环境(如地形、气象水文、电磁干扰强度)等信息的实时掌控。除了传统意义上的侦查、跟踪、监视外,战场态势感知最大的特点在于信息资源的公开性。双方在平等获取环境信息的情况下,其信息获取技术水平至关重要。经由战场态势感知的除了我方态势外,还有友方态势和敌方态势,将态势传输给决策系统后,决策系统将根据两方的态势情况,生成当前的综合态势图,并预测未来的态势。战场态势感知较广泛的应用是单兵态势,通过单兵负载无线通信设备,相比传统的车载、机载和星载的方式,增加了灵活性,扩展了探测范围并降低了成本。如单兵携带无线通信设备潜入战场后,通过无线设备自组网络互相通信,同时将战地信息数据发送至汇聚节点,经由汇聚节点进行数据融合和数据分析后,将战场态势发送给战地指挥所,或者经由光纤/卫星将态势同步至指挥员大厅。同时,汇聚节点可以将不同战地区域的单兵上传的信息互相转发,使得各区域协同作战。

军事物流也是军事物联网的应用方向。军事物资经由采购、运输、储存、包装、维护保养、配送等环节,最终抵达用户,从而实现其空间转移的全过程。和民用物流相比,军事物流有着它的特征性:①多样性。随着生产力发展,军用物资的种类日新月异,同时随着作战规模的扩大、作战地域的扩展及作战力量的增强,军事物流呈现种类多、数量大、运输范围广、储存条件复杂、管理人员技术要求高等特点。②军事性。为军事服务,属于军事活动的范畴,这也是它区别于民用物流的重要特征。③突发性。在日常训练情况下,部队的物资运输供给量相对稳定,但是在自然灾害、大型军事演习等情况下,局部范围内的军事物流运输便具有突发性特点。

利用物联网,首先可以保证物资在库管理阶段的信息透明,利用电子标签,可以实时地掌握库存和使用情况,机动的进行补货和维修,并对有限期限的物品进行监控管理。其次,在物资的运输管理阶段,实时地对物资的运输状态和物理环境进行监控,实现资源动态保障。还可利用定位功能,根据实时路况优化运输路线,保证物资以最短时间运输到目的地。最后,在入库管理阶段,利用电子标签和通信网络完成物资的验收、信息录入和数据传输。

未来军事物联网面联的挑战有:①安全问题。当所有设备都智能化、网络化,边界概念将会被进一步削弱。如何保证军事物联网在应用时的安全问题,是一个亟待突破的障碍。针对这个问题,首先利用指纹、声控、视网膜、密码等物理安全手段;其次通过安全路由、密钥管理、加解密算法、端到端认证等手段,并且针对跨网架构的网络要确立安全的衔接机制。②标准化问题。目前各种传感识别种类多样,仅 RFID 就有 250 多种,各类协议标准的统一将是一个漫长而艰巨的过程。在 2010 年,"中国物联网标准联合工作组"成立,对于加快物联网的标准化、深化物联网的应用,具有非常重要的意义。③数据处理技术。物联网的基础是巨大的感知传感网络,将获取的数据进行聚合,最后为决策系统提供依据。这些都需要数据融合技术、数据挖掘技术、云计算、数据压缩技术、人工智能理论及智能信号处理技术等作为支撑。

2.4.2　云计算

随着军事现代化的快速发展,战争早已突破了传统模式,并发展成为陆、海、空、天、电等多位一体的全方位立体战争。在这种战场条件下,如何高效、可靠控制信息权必然成为获取战场胜利的关键因素。而随着战场数据规模的爆发式增长、数据类型的不断丰富,军事综合电子信息系统如何实时、近实时收集分析各类战场信息,是获取制信息权的有效技术支撑,但现有计算平台的局限性使得其计算服务不能弹性扩展,造成数据存取、数据计算分析等存在一定瓶颈。将多种资源通过网络提供用户使用的云计算(Cloud Computing)使解决上述瓶颈问题成为可能,有军事专家预言,未来云计算将成为新时代中没有硝烟的信息战略博弈,将主导新信息时代的战争。

1. 云计算基本概念

云计算是并行计算、分布式计算、网格计算、网络存储、虚拟化等传统计算机技术和网络技术发展融合的产物,云计算是将 IT 资源整合、抽象后提供给用户的一种产业模式及技术体系的总称。发展之初,云计算暂时没有统一标准的定义。业界普遍将云计算划分为各类"X as a Service"业务的集合。在总结了包括上述理解思路在内的各种云计算定义和描述的基础上,NIST 的 Peter Mell 和 Tim Grance 在 2009 年 4 月提出了一个得到广泛认同和支持的云计算定义。NIST 定义:云计算是一种按使用量付费的模式,这种模式提供可用的、便捷的、按需的网络访问,进入可配置的计算资源共享池(资源包括网络、服务器、存储、应用软件、服务),这些资源能够被快速提供,只需投入很少的管理工作,或与服务供应商进行很少的交互。

从 NIST 的定义及后续发展可知,云计算本质是一种可以通过网络便捷地按需访问可配置的共享计算资源池的模式,即通过大规模低成本运算单元通过 IP 网络相连而组成的计算系统,提供包括网络、服务器、存储、应用和服务等在内的各种计算和存储服务。尽管云计算产生于传统计算机技术,但与传统计算技术相比,云计算表现出了虚拟化支持程度高、能力动态可伸缩、服务按需动态定制、共享强大的计算与存储资源、能力的高可靠性等特点。云计算技术的高性能、低成本、可平滑扩展等优势,为计算机 IT 技术提供了新的技术手段,孕育了大量的新的业务模式。当前已不仅是降低建设和维护成本的重要手段,更为技术发展、业务创新和管理创新带来了新的契机。

2. 云计算相关技术

云计算模式的重点是将各类资源作为服务提供给用户,主要包括三种服务模式:基础设施即服务(Infrastructure as a Service,IaaS),平台即服务(Platform as a Service,PaaS)和应用即服务(Software as a Service,SaaS)。IaaS 将硬件设备资源封装成服务提供给用户,PaaS 将开发运行环境封装为服务提供给用户,SaaS 多是将某些特定的应用软件功能封装成服务。采用云计算可以快速响应不断变化的需求,更有利于资源优化利用和网络空间安全的集中管控。在这三种模式中,上层服务模式的专用性更强,所提供的服务更具有针对性。在实际云计算部署模式中,涉及的关键技术有以下几种:

(1)云管理平台。云平台是云计算快速发展应用的产物,目前广泛使用的开源云平台主要有 OpenStack、CloudStack、Eucalyptus 和 OpenNebula 四种。从功能完整性,扩展性以及后期的维护压力与技术支持等因素考虑,OpenStack 最为成熟。它主要包含 Nova、Swift 和 Glance 3 个模块,分别作用于计算、存储和管理。OpenStack 已在全球大型公有云和私有云的企业中验证其有效性,获得了包括 Intel、微软、惠普、红帽等在内的众多科技厂商支持,具有强大的技术后盾,并在电信、互联网、教育等行业取得许多成功案例。

(2)大数据处理框架。大数据处理框架是云计算能够处理多种复杂数据的重要支持,目前应用最为广泛的是 Hadoop 和 Spark。两者的整个计算过程类似,首先通过 Map 操作将待处理数据分配到不同节点中,完成计算后,通过 Reduce 操作对计算结果进行收集。Spark 最显著的特点是将中间结果存储在内存中,Hadoop 将中间结果存储到 HDFS 文件系统,因此 Spark 大幅降低了访存时间。

（3）内存数据库。内存数据库是云计算高效处理多类数据的重要支撑,目前广泛应用的是 Memcached 和 Redis 两种。和 MySql 等传统数据库相比,内存数据库借助云计算提供的丰富存储资源,将内存中数据周期性持久化,而不需要每次从磁盘中存取数据,从而大幅提升了数据存放速度。其中,Redis 在 3.0.0 版本后支持构建分布式集群,能够自动实现数据的分片及对每个分片的数据备份,大幅提升了数据可靠性。

3.云计算的军事应用

随着军事建设的不断深入,对信息系统功能性要求、整体性要求以及集中化要求日益迫切。同时,现有军事信息系统规模日益庞大,给建设和维护带来巨大的压力。此外建设周期长,对于突发性需求难以及时满足,影响到整个军事系统的发展。伴随云计算等新兴技术的发展,军事信息系统从"网络中心"向"数据中心"、"知识中心"演变,形成弹性、动态、灵活的系统平台,从而使军事信息系统建设朝网络化、智能化方向演进。

云计算作为一种高效的、应对现代战争海量数据处理需求的技术,通过体系建设,可有效提升军事信息系统的信息存储、处理、加工的能力,强化军事系统的安全性、敏捷性、扩展性。云计算能够最大化实现规模效益,这正符合未来作战力量体系的专业化发展趋势。云计算有效集中各类资源,通过服务为各需求方提供相应的服务能力,将需求方从高难、低效、重复的维护性工作统一处理,提升专业计算资源的使用效率,云计算从根本上对军事信息系统的资源处理能力进行强化提升,是军队提升军事信息系统敏捷性的必然要求。通过云计算技术在军事系统中的应用,可带来以下诸多优点:

1)精简 IT 资源,降低运维成本。利用云数据中心统一资源管理,统一的运维管理平台,降低维护成本,从降成本中贡献净利润。

2)灵活应对业务和信息系统的需要,缩短业务上线周期云计算的虚拟资源建设的模式,可实现一次规划、多次部署、按需分配的业务使用模式,降低规划难度,规避建设风险,通过便利的扩减容机制,可随时调整军事信息系统内业务使用需求,以匹配业务或军事信息系统的变化。

3)利用云计算的高可靠性,确保核心业务的连续性通过云计算 HA、FT、热迁移功能,能够有效减少设备故障时间,确保核心业务的连续性,避免传统信息系统存在的单点故障导致的业务不可用的现象。

4)节能减排,优化资源利用。云计算技术具有易扩展、设备易替换的优点,云计算技术的应用可有效提高信息系统对资源使用的复用率,避免传统军事信息系统建设过程中存在的烟囱式发展现象,改善资源利用率低的现状。

云计算技术给信息系统建设,带来了颠覆性了技术变革。使得各类应用模式出现了颠覆性进展,云计算的技术有其适合信息化战争特点。目前,世界各军事强国均将云计算技术作为推进军队信息化转型的重要抓手,将其广泛应用于作战指挥、军事训练以及保密安全等领域。

（1）云计算与作战指挥。在当前军事信息系统建设过程中,满足信息化战争样式对信息系统的复合型需求,对信息的实时处理能力上提出了极高要求。军事信息应用系统在信息收集、信息管理、资源调度等各方面要求信息的高效处理和调度。云计算技术为信息化作战条件下的态势展示提供了更为有效的处理手段,动态、可视的态势展示手段依赖于战场气象、水文、地质等自然环境信息,基于感知友军、敌军的力量分布、火力配置、武器装备以及运动的状态进行信息的高度融合,为指挥员进行对敌协同作战决策提供信息支持。在基于云计算的数据处理环境中,各类传感器搜集到的战场数据信息通过网络汇总到"云端",依靠功能强大的云计算中心以及服务器组承担全部的计算任务,能够在瞬息之间完成对超大规模数据流量的处理,实现实时快速的战场情报融合、战场态势实时感知以及威胁等级实时评估等。

(2)云计算与军事训练。军事训练工作是军队在非战争状态下的主要任务,由于在不同时间、不同部门、依据不同要求逐步构建的军事训练系统存在互不连通、"烟囱"林立的现状,在信息交互与共享以及训练系统的互联、互通和互操作方面存在巨大的鸿沟。云计算手段的出现,为打破当前军事训练系统各自为战的局面提供了良好的契机。依托云计算,可以构建适合多军兵种、不同类型的军事训练内容体系"云",参与训练的部门利用计算机网络,就可以摆脱训练系统和标准不兼容的桎梏,随时、随地进入训练"云",在"云"中实现从基本技能训练到多兵种实兵对抗演习等各类训练内容。同时,分布在不同地域的军事单位可以摆脱地域的局限,依托云计算中心构建全景训练环境,摆脱传统的跨部门、跨兵种军事训练复杂、繁琐的组织运行模式,真正实现各类作战单元、各种作战要素的有机聚合,为一体化联合训练提供坚实的平台支撑。利用云计算构建的网络训练平台,参训单位可以最大程度地简化训练终端,降低训练系统的维护费用,规避软硬件设备的重复建设,通过云计算推进训练设备的标准化与兼容化,提升训练效益的目的。目前,发展基于云计算的集成训练系统,已成为军事训练系统持续推进训练信息化建设的必由之路。

练 习 题

1.数据链路层的3个基本问题为什么都必须加以解决?

2.试分析集线器和交换机在网络互联中的异同。

3.共享式以太网和交换式以太网都有哪些特点?

4.什么是三层交换机?三层交换机有什么作用?

5.下列选项中,对正确接收到的数据帧进行确认的 MAC 协议是( )。

A. CDMA B. CSMA C. CSMA/CD D. CSMA/CA

6.数据链路层提供的3种基本服务不包括( )。

A. 有确认的无连接服务 B. 无确认的无连接服务

C. 有确认的有连接服务 D. 无确认的有连接服务

7.无线 AP 与无线路由器的区别是什么?

8.物联网的定义是什么?

9.根据需求完成图 2-31 物联网实例实验内容,并进行分析,说明原因。

实验需求:PC1、PC3 可以相互访问,PC2、PC4 可以相互访问,PC5(管理员)可以访问所有主机。

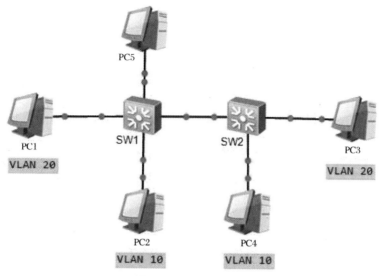

图 2-31 物联网实例

第3章 网络互联

  网络层解决的问题是将数据从源端发送到目的端。这种功能显然与数据链路层的功能是不同的，数据链路层的功能是将数据帧从线路链路的一端传送到另一端。比如，一个乘客要从西安乘坐高铁到首都北京，他首先从家出发坐地铁到西安北站，再从西安北站坐高铁到北京西站，之后从北京西站坐出租车到北京的目的地。该旅程中3段中的每一段都在两个"相邻"地点之间是"直达的"。注意：这3段运输是由不同的公司管理，使用了完全不同的运输方式（地铁、高铁、出租车）。尽管运输方式不同，但他们都提供了将旅客从一个地点运输到相邻地点的基本服务。在这个运输类比中，该乘客好比一个数据报，每个运输区段好比一条链路，每种运输方式好比一种链路层协议，而该次出行的整个规划是网络层的工作。

  网络层在协议栈中无疑是最复杂的层次，核心功能是完成转发与控制。转发是指将到达路由器输入链路之一的数据报（即网络层的分组）转发到该路由器的输出链路之一，主要涉及的是 IP 协议；控制是指控制数据报沿着从源主机到目的主机的端对端路径中路由器之间的路由方式，主要涉及的是路由选择算法，比如 RIP 和 OSPF 等路由信息。

3.1 网络层的设计原则

3.1.1 不同网络的差异性

  前面的章节中，一直隐含着假设所讨论的网络是一个同质网络，即每台机器在每一层使用相同的协议。实际上，在生活、工作中存在着各种各样不同的网络，包括以太网、电话网、卫星网、Wi-Fi 等，如图 3-1 所示。大量协议被广泛应用于这些网络的各层次，不同类型的网络解决不同的问题。在本章中，我们将详细讨论当两个或者多个网络连接起来形成网络互联或简单的互联网时所涉及的一些问题。

  Internet 是这种互联的最佳例子。纳入所有这些网络的目的是使得任何一种网络的用户都可以和其他种类的网络用户沟通。当你向 ISP 支付 Internet 服务费用时，收取的费用取决于你的线路带宽，但你真正支付的是能够与同样连接到 Internet 上的其他主机交流数据包的能力。由于不同的网络往往在一些重要方面有所不同，因此一个网络得到来自另一个网络的数据包并不是那么容易。我们必须解决异质性的问题，以及因相互连接起来的互联网增长非常大而造成的规模问题。我们首先考查不同的网络是如何的不同;然后将学习 Internet 网络层协议 IP 获得成功的经验,互联网络的路由和更复杂更大范围的网络连接。

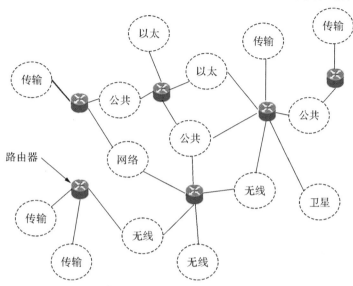

图 3-1　现实中的网络连接

网络的不同可体现在不同方面。比如不同的调制解调技术或帧格式这样的差异属于物理层和数据链路层内部,在表 3-1 中列出了暴露在网络层面的一些差异。正是这些被掩盖的差异使得对互联网络的操作比对单个网络操作更加困难。

表 3-1　不同网络的差异

项　目	某些可能性
提供的服务	无连接与面向连接
寻址	不同格式
广播	提供或者缺乏
数据包尺寸	每个网络有自己的最大尺寸
有序性	有序和无序传递
服务质量	提供或缺乏
可靠性	丢包的不同级别

3.1.2　网络连接

网络的根本目的非常简单:方便人们交换所获得的信息。

但是网络的应用需求非常复杂:①有的用户希望高带宽,但并不要求很长的传输距离;②有的用户要求很长的距离,但对带宽要求很低;③有的对网络的可靠性要求较高,而另外一些则要求较低,这些都导致了网络的多样化。

现在比较常见的局域网有以太网、令牌环和 FDDI,广域网有 DDN、X. 25、帧中继、ATM 等,这些网络分别从不同方面满足用户需求。这些网络的物理介质和协议都不相同,彼此之间不能直接相互通信。

　　将它们相互连接,使不同网络上的用户之间可以交换信息的技术就称为网络互联技术。实现网络互联的技术有两种:协议转换和隧道技术(该部分详见谢希仁主编的《计算机网络》,VPN 内容这里不做赘述)。

　　TCP/IP 和 Novell 的 IPX 是两种常见的协议转换技术。Novell 的 IPX 曾经红火一时,但现在网络互联中占统治地位的是 TCP/IP,风靡世界的 Internet 就是利用 TCP/IP 作为互联协议的,路由器就是一种利用协议转换技术将异种网进行互联的设备。

　　路由器如何连接不同网络的?

　　路由器的协议转换发生在 IP 层。路由器转发数据连接局域网和 Internet 的过程,如图 3-2 所示。局域网是以太网,运行 IEEE802.2 和 IEEE802.3。路由器和接入服务器之间为专线,而链路层协议为点对点协议(Point to Point Protocol,PPP)。以太网上的主机以及 Internet 上的接入服务器的网络层协议都是 IP。主机将 IP 包封装在以太网帧中发向路由器;路由器的以太网口收到主机发来的以太网帧后处理帧头并上交路由器的 IP 层;IP 查看报文头后将 IP 包交给广域网口的 PPP;PPP 将 IP 包封装在 PPP 帧中并通过专线发往接入服务器。上述互联原理具有普遍性:某种网络设备要在第 n 层上互联异种网 N1 和 N2,那么 N1 和 N2 在第 n 层及以上的协议(若有)必须相同。这实际上也是 N1 和 N2 能够互联的充要条件。我们利用 IP 协议就可以使这些性能各异的网络在网络层上看起来好像是一个统一的网络(保持原差异性将差异性放在 N 层以下)。使用 IP 网的好处是:当 IP 网上的主机进行通信时,就好像在一个单个网络上通信一样,他们看不见互连的各网络的具体异构细节。

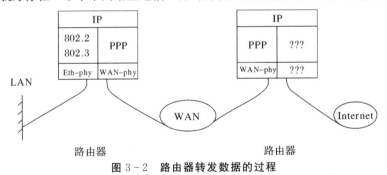

图 3-2　路由器转发数据的过程

3.2　IP 地址详解

3.2.1　IP 地址的组成与格式

　　在讲解 IP 地址前,先介绍一下大家熟知的电话号码,通过电话号码来了解 IP 地址。

　　大家都知道,电话号码由区号和本地号码组成。例如河北石家庄的区号是 0311,北京的区号是 010,河北保定的区号是 0312,如图 3-3 所示。同一地区的电话号码由相同的区号,打本地电话不用拨区号,打长途才需要拨区号。

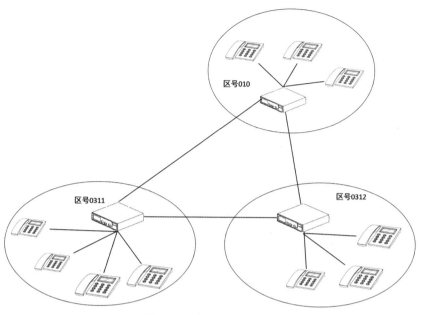

图 3 - 3 电话号码与区号

与电话号码的区号一样,计算机的 IP 地址也由两部分组成,一部分为网络标识,另一部分为主机标识,如图 3 - 4 所示,同一网段的计算机网络部分相同,主机部分不同。路由器连接不同网段,负责不同网段之间的数据转发,交换机连接的则是同一网段的计算机。

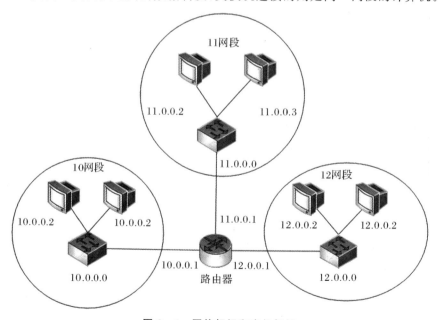

图 3 - 4 网络标识和主机标识

计算机在和其他计算机通信之前,首先要判断目标 IP 地址和自己的 IP 地址是否在一个网段,这决定了数据的传输是否需要路由器的转发。

按照 TCP/Ipv4 协议栈规定,IP 地址用 32 位二进制来表示,也就是 32 b,换算成字节,就是

4 个字节。例如一个采用二进制形式的 IP 地址"10101100000010000000011111000111000",这么长的地址,人们处理起来太费劲了。为了方便人们的使用,这些位被分割成 4 个部分,每一部分 8 位二进制数,中间使用符号"·"分开,分成 4 部分的二进制 IP 地址可以表示为 10101100.00010000.00011110.00111000,经常被写成十进制的形式。于是,上面的 IP 地址可以表示为"172.16.30.56"。IP 地址的这种表示法叫作"点分十进制表示法",这显然比 1 和 0 的组合容易记忆得多。

点分十进制这种 IP 地址写法,方便书写和记忆,通常计算机配置 IP 地址时就是这种写法,如图 3-4 所示。8 位二进制的 11111111 转换成十进制就是 255,因此点分十进制的每一部分最大不能超过 255。大家看到给计算机配置 IP 地址,还会配置网络掩码和网关,下面将介绍网络掩码的作用。

3.2.2 IP 地址的编址方式

IP 地址的编址方式由于实际的需要经历了三个历史阶段:分类、子网划分、无分类。

1.分类的 IP 地址

由两部分组成,网络号和主机号,其中不同分类具有不同的网络号长度,并且是固定的。

IP 地址 ::= 〈< 网络号 >,< 主机号 >〉

根据主机号与网络号位数的不同,可以将 IP 地址分为 A、B、C、D、E 5 类,如图 3-5 所示。

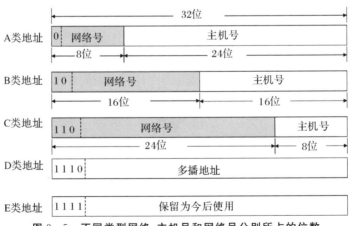

图 3-5　不同类型网络,主机号和网络号分别所占的位数

分类的 IP 地址由于网络号是固定的,因此存在网络地址浪费的情况。

2.子网划分

通过在主机号字段中拿一部分作为子网号,把两级 IP 地址划分为三级 IP 地址。

IP 地址::= 〈< 网络号 >,< 子网号 >,< 主机号 >〉

要使用子网,必须配置子网掩码。一个 B 类地址的默认子网掩码为 255.255.0.0,如果 B 类地址的子网占两个比特,那么子网掩码为 11111111 11111111 11000000 00000000,也就是 255.255.192.0。

注意,外部网络看不到子网的存在。

3. 无分类

无分类编码 CIDR 消除了传统 A 类、B 类和 C 类地址以及划分子网的概念,使用网络前缀和主机号来对 IP 地址进行编码,网络前缀的长度可以根据需要变化。

IP 地址::=｛＜ 网络前缀号 ＞,＜ 主机号 ＞｝

CIDR 的记法上采用在 IP 地址后面加上网络前缀长度的方法,例如 128.14.35.7/20 表示前 20 位为网络前缀。

CIDR 的地址掩码可以继续称为子网掩码,子网掩码 1 的个数为网络前缀的长度。

一个 CIDR 地址块中有很多地址,一个 CIDR 表示的网络就可以表示原来的很多个网络,并且在路由表中只需要一个路由就可以代替原来的多个路由,减少了路由表项的数量。把这种通过使用网络前缀来减少路由表项的方式称为路由聚合,也称为构成超网 。

在路由表中的项目由"网络前缀"和"下一跳地址"组成,在查找时可能会得到不止一个匹配结果,应当采用最长前缀匹配来确定应该匹配哪一个。

3.2.3 网络掩码

网络掩码(Subnet Mask)又叫地址掩码,它是一种用来指明一个 IP 地址哪些位标识的主机所在的子网以及哪些位标识的是主机的位掩码。网络掩码只有一个作用,就是将某个 IP 地址划分成网络地址和主机地址两部分。

计算机的 IP 地址是 131.107.41.6,网络掩码是 255.255.255.0,所在网段是 131.107.41.0,主机部分归零,就是该主机所在的网段。该计算机和远程计算机通信,只要目标 IP 地址前面 3 个部分是 131.107.41 就认为和该计算机在同一个网段,比如该计算机和 IP 地址 131.107.41.123 在同一个网段,和 IP 地址 131.107.42.123 不在同一个网段,因为网络部分不相同。

计算机的 IP 地址是 131.107.41.6,网络掩码是 255.255.0.0,计算机所在网段是 131.107.0.0。该计算机和远程计算机通信,目标 IP 地址只要前面两部分是 131.107 就认为和该计算机在同一网段,比如该计算机和 IP 地址 131.107.42.123 在同一个网段,而和 IP 地址 131.108.42.123 不在同一个网段,因为网络部分不同。

计算机的 IP 地址是 131.107.41.6,网络掩码是 255.0.0.0,计算机所在网段是 131.0.0.0。该计算机和远程计算机通信,目标 IP 地址只要前面一部分是 131 就认为和该计算机在同一个网段,比如该计算机和 IP 地址 131.108.42.123 在同一个网段,因为网络部分不同。

计算机如何使用网络掩码来计算自己所在的网段呢?

如果一台计算机的 IP 地址配置为 131.107.41.6,网络掩码为 255.255.255.0。将其 IP 地址和网络掩码都写二进制,对应的二进制位进行"与"运算,两个都是 1 才得 1,否则都得 0,即 1 和 1 做"与"运算得 1,0 和 1 或 1 和 0 做"与"运算后,主机位不管是什么值都归零,网络位的值保持不变,得到该计算机所处的网段为 131.107.41.0。

网络掩码很重要,配置错误会造成计算机通信故障。计算机和其他计算机通信时,首先断定目标地址和自己是否在同一个网段,先用自己的网络掩码和自己的 IP 地址进行"与"运算得到自己所在的网段,再用自己的网络验码和目标地址进行"与"运算,看看得到的网络部分与自己所在网络是否相同。如果不相同,则不在同一个网段,封装帧时目标 MAC 地址用网关的 MAC 地址,交换机将帧转发给路由器接口;如果相同,则直接使用目标 IP 地址的 MAC 地址封装帧,直接把帧发给目标 IP 地址。

路由器连接两个网段 131.107.41.0 255.255.255.0 和 131.107.42.0 255.255.255.0,同一个网段中的计算机网络掩码相同,计算机的网关就是到其他网段的出口,也就是路由器接口地址,如图 3-6 所示。路由器接口使用的地址可以是本网段中任何一个地址,不过通常使用该网段第一个可用的地址或最后一个可用的地址,这是为了尽可能避免和网络中的其他计算机地址冲突。

图 3-6　网络掩码与网关的作用

如果计算机没有设置网关,跨网段通信时它就不知道谁是路由器,下一跳该传给哪个设备。因此计算机要想实现跨网段通信,必须指定网关。

连接在交换机上的 A 计算机和 B 计算机的网络验码设置不一样,都没有设置网关,如图 3-7(a)所示。思考一下,A 计算机是否能够和 B 计算机通信? 只有数据包能去能回网路才能通。

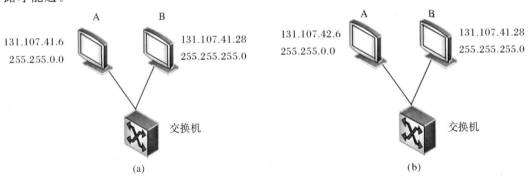

图 3-7　网络掩码作用的演示图

(a)网络掩码设置不一样;(b)网络掩码设置不一样

A 计算机和自己的网络掩码做"与"运算,得到自己所在的网段 131.107.0.0,目标地址 131.107.41.28 也属于 131.107.0.0 网段,A 计算机把帧直接发送给 B 计算机。B 计算机给 A 计算机发送返回的数据包,B 计算机在 131.107.41.0 网段,目标地址 131.107.41.6 碰巧也属于 131.107.41.0 网段,所以 B 计算机也能够把数据包直接发送到 A 计算机,因此 A 计算机能够和 B 计算机通信。

如图 3-7(b)所示,连接在交换机上的 A 计算机和 B 计算机的网络掩码设置不一样,IP 地址见图,都没有设置网关。思考一下,A 计算机是否能够和 B 计算机通信?

A 计算机和自己的网络掩码做"与"运算,得到自己所在的网段 131.107.0.0,目标地址 131.107.41.28 也属于 131.107.0.0 网段,A 计算机可以把数据包发送给 B 计算机。B 计算机给 A 计算机发送返回的数据包,B 计算机使用自己的网络掩码计算自己所属网络,得到自己所在的网段为 131.107.41.0,目标地址 131.107.42.6 不属于 131.107.41.0 网段,B 计算机没有设置网关,不能把数据包发送到 A 计算机,因此 A 计算机能发送数据包给 B 计算机,但是 B 计算机不能发送返回的数据包,因此网络不通。

3.2.4　MAC 地址和 IP 地址

计算机的网卡有物理层地址(MAC 地址),为什么还需要 IP 地址呢?

网络中有 3 个网段,一个交换机一个网段,使用两个路由器连接这 3 个网段,如图 3-8 所示。图 3-8 中 MA、MB、MC、MD、ME、MF 以及 M1、M2、M3 和 M4,分别代表计算机和路由器接口的 MAC 地址。

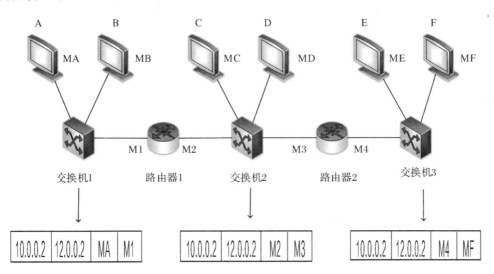

图 3-8　MAC 地址和 IP 地址的作用

A 计算机想给 F 计算机发送一个数据包,A 计算机在网络层给数据包添加源 IP 地址 (10.0.0.2)和目标 IP(12.0.0.2)。

该数据包要想到达 F 计算机,要经过路由器 1 转发,该数据包如何才能让交换机 1 转发搭配路由器 1 呢?那就需要在数据链路层添加 MAC 地址,源 MAC 地址为 MA,目标 MAC 地址为 M1。

路由器 1 收到该数据包,需要将该数据包转发到路由器 2,这就要求将数据包重新封装成帧,帧的目标 MAC 地址是 M3,源 MAC 地址是 M2,这也要求重新计算帧校验序列。

数据包到达路由器 2,数据包需要重新封装,目标 MAC 地址为 MF,源 MAC 地址为 M4。交换机 3 将该帧转发给 F 计算机。

从图 3-9 中可以看出,数据包的目标 IP 地址决定了数据包最终到达哪一个计算机,而目标 MAC 地址决定了该数据包下一跳由哪个设备接收,但不一定是终点。

那有了 MAC 地址为什么还需要使用 IP 地址?因为 MAC 地址只在以太网的链路层使用,除了以太网还有其他类型的网络,比如 PPP 网络,PPP 网络的在数据链路层的标识为电话号码,因此需要一个统一的地址(IP)将这些不同的网络的地址进行统一,隐藏异构,实现不同网络的通信。

假如即使全球计算机网络是一个大的以太网,那就不需要使用 IP 地址通信了,只使用 MAC 地址就可以了吗?答案是否定的,想想那将是一个什么样的场景?一个计算机发广播帧,全球计算机都能收到,都要处理,整个网络的带宽将被广播帧耗尽。所以必须由网络设备路由器来隔绝以太网的广播,默认路由器不转发广播帧,路由器只负责在不同的网络间转发数据包。

3.3　公网地址和私有地址

3.3.1　公网地址

在 Internet 中有千百万台主机,都需要使用 IP 地址进行通信,这就要求接入 Internet 的各个国家的各级 ISP 使用的 IP 地址块不能重叠,需要互联网有一个组织进行统一的地址规划和分配。这些统一规划和分配的全球唯一的地址被称为公网地址(Public address)。

公网地址分配和管理由 InterNIC 负责。各级 ISP 使用的公网地址都需要向 InterNIC 提出申请,由 InterNIC 统一发放,这样就能确保地址块不冲突。

正是因为 IP 地址是统一规划、统一分配的,我们只要知道 IP 地址,就能很方便查到该地址是哪个城市的哪个 ISP。如果网站遭到了来自某个地址的攻击,通过以下方式就可以知道攻击者所在的城市和所属的运营商。

比如我们想知道某公司门户网站属于哪个城市 ISP 的机房,需要先解析出网站的 IP 地址,在命令提示符 ping 该网站的域名,就能解析出该网站的 IP 地址。

3.3.2　私有地址

创建 IP 寻址方案的人也创建了私网 IP 地址。私有地址(Private address,也可称为专用地址)属于非注册地址,专门为组织机构内部使用,它是局域网范畴内的,私有 IP 禁止出现在 Internet 中,在 ISP 连接用户的地方,将来自私有 IP 的流量全部都会阻止并丢掉。在 Internet 上不能访问这些私网地址,从这一点来说使用私网地址的计算机更加安全,同时也有效地节省了公网 IP 地址。

以下列出保留的私有 IP 地址。

(1)A 类：10.0.0.0 255.0.0.0,保留了一个 A 类网络。

(2)B 类：172.16.0.0 255.255.0.0～172.31.0.0　255.255.0.0,保留了 16 个 B 类网络。

(3)C 类：192.168.0.0　255.255.255.0～192.168.255.255.0　255.255.255.0,保留了 256 个 C 类网络。

如果你负责为一个公司规划网络,到底使用哪一类私有地址呢? 如果公司目前有 7 个部门,每个部门不超过 200 个计算机,你可以考虑使用保留的 C 类私有地址;如果你为西安市教委规划网络,西安市教委要和西安地区的几百所中小学的网络连接,网络规模较大,那就选择保留的 A 类私有网络地址,因为 A 类地址包含的终端数量多。

3.4　子网划分

3.4.1　为什么需要子网划分

目前在 Internet 上使用的协议是 TCP/IP 协议第 4 版,也就是 IPV4,IP 地址由 32 位的二进制数组成,这些地址如果全部能分配给计算机,共计 $2^{32}=4\ 294\ 967\ 296$,大约 40 亿个可用地址,这些地址去除 D 类地址和 E 类地址,还有保留的私有地址,能够在 Internet 上使用的公网地址就变得越发紧张。并且我们每个人需要使用的地址也不止 1 个,现在智能手机、智能家电接入互联网也都需要 IP 地址。

在 Ipv6 还没有完全在互联网普遍应用的 Ipv4 和 Ipv6 共存阶段,Ipv4 公网地址资源日益紧张,这就需要用到本章讲到的子网划分技术,使得 IP 地址能够充分利用,减少地址浪费。

按照 IP 地址传统的分类方法,一个网段有 200 个计算机,分配一个 C 类网络 212.2.3.0 255.255.255.0,可用的地址范围为 212.2.3.1～212.2.5.254,尽管没有全部用完,但这种情况还不算是极大浪费。

如果一个网络中有 400 台计算机,分配一个 C 类网络,地址就不够用了,那就分配一个 B 类网络 131.107.0.0 255.255.0.0,该 B 类网络可用的地址范围为 131.107.0.1～131.107.255.254,一共有 65 534 个地址可用,这就造成了极大的浪费。

下面讲子网划分,就是要打破 IP 地址的分类所限定的地址块,使得 IP 地址的数量和网络中的计算机数量更加匹配。由简单到复杂,先讲等长子网划分,再讲变长子网划分。

3.4.2　等长子网划分

等长子网划分就是将一个网段等分成多个网段,也就是等分成多个子网。子网划分就是借用现有网段的主机位作子网位,划分出多个子网。

子网包括两部分:①确定网络掩码的长度;②确定子网中第一个可用的 IP 地址和最后

一个可用的 IP 地址。

等长子网划分就是将一个网段等分成多个网段。

1.等分成两个子网

下述以一个 C 类网络划分为两个子网为例,讲解子网划分的过程。

如图 3-9 所示,某公司有两个部门,每个部门 100 台计算机,通过路由器连接 Internet。给这 200 台计算机分配一个 C 类网络 192.168.0.0,该网段的网络掩码为 255.255.255.0,连接局域网的路由器接口使用该网段的第一个可用的 IP 地址 192.168.0.1。

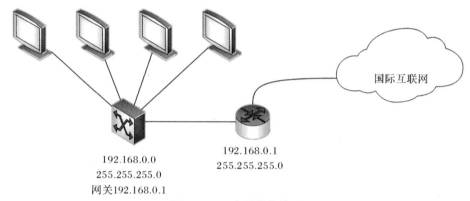

图 3-9　一个网段的情况

为了安全考虑,打算将这两个部门的计算机分为两个网段,中间使用路由器隔离。

计算机数量没有增加,还是 200 台,因此一个 C 类网络的 IP 地址是足够用的。现在将 192.168.0.0 255.255.255.0 这个 C 类网络划分成两个子网。

将 IP 地址的第 4 部分写成二进制形式,网络掩码使用两种方式表示,即二进制和十进制。网络掩码往右移一位,这样 C 类地址主机 ID 第 1 位就成为网络位,该位为 0 是 A 子网,该位为 1 是 B 子网。

IP 地址的第 4 部分,其值在 0~127 之间的,第 1 位均为 0;其值在 128~255 之间的,第 1 位均为 1。分为 A、B 两个子网,以 128 为界。现在的网络掩码中的 1 变成了 25 个,写成十进制就是 255.255.255.128。网络掩码向后移动了 1 位(既网络掩码中 1 的数量增加 1),就划出两个子网。

A 和 B 两个子网的网络掩码都为 255.255.255.128。

A 子网可用的地址范围为 192.168.0.1~192.168.0.126,IP 地址 192.168.0.0 由于主机位全为 0,不能分配给计算机使用,192.168.0.127 由于主机位全为 1,也不能分配给计算机。

B 子网可用的地址范围为 192.168.0.129~192.168.0.254,IP 地址 192.168.0.128 由于主机位全为 0,不能分配给计算机使用,IP 地址 192.168.0.255 由于主机位全为 1,也不能分配给计算机。

划分成两个子网后的网络规划如图 3-10 所示。

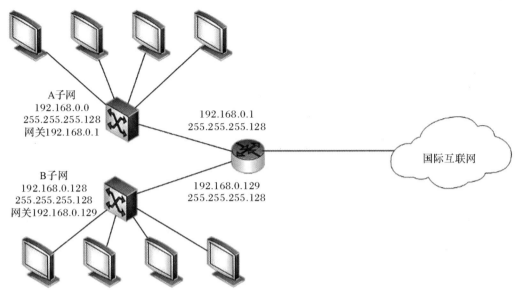

图 3 - 10　划分子网后的网络规划

2. 等分成 4 个子网

假如公司有 4 个部门,每个部门有 50 台计算机,现在使用 192.168.0.0/24 这个 C 类网络。从安全考虑,打算将每个部门的计算机放置到独立的网段,这就要求将 192.168.0.0 255.255.255.0 这个 C 类网络划分为 4 个子网,那么如何划分成 4 个子网呢?

将 192.168.0.0 255.255.255.0 网段的 IP 地址的第 4 部分写成二进制,要想分成 4 个子网,需要将网络掩码往右移动两位,这样第 1 位和第 2 位就变为网络位。

就可以分成 4 个子网,第 1 位和第 2 位为 00 是 A 子网,01 是 B 子网,10 是 C 子网,11 是 D 子网。

A、B、C、D 子网的网络掩码都为 255.255.255.192。

(1)A 子网可用的开始地址和结束地址为 192.168.0.1～192.168.0.62。

(2)B 子网可用的开始地址和结束地址为 192.168.0.65～192.168.0.126。

(3)C 子网可用的开始地址和结束地址为 192.168.0.129～192.168.0.190。

(4)D 子网可用的开始地址和结束地址为 192.168.0.193～192.168.0.254。

注意:每个子网的最后一个地址都是本子网的广播地址,不能分配给计算机使用,如 A 子网的 63,B 子网的 127,C 子网的 191 和 D 子网的 255。

注意每个子网能用的主机 IP 地址,都要去掉主机位全 0 和主机位全 1 的地址。63、127、191、255 都是相应子网的广播地址。

每个子网是原来的 1/4,即 2 个 1/2,网络掩码往右移 2 位。

总结:如果一个子网地址块是原来网段的 1/2 的 N 次方,网络掩码就是原网段的基础上后移 n 位。

3.4.3　变长子网划分

有一个 C 类网络 192.168.0.0 255.255.255.0,需要将该网络划分成 5 个网段以满足以下网络需求,该网络中有 3 个交换机,分别连接 20 台计算机、50 台计算机和 100 台计算机,路由器之间连接接口也需要地址,这两个地址也是一个网段,这样网络中一共有 5 个网段。

将 192.168.0.0 255.255.255.0 的主机位从 0～255 画出一条数轴,从 128～255 的地址空间给 100 台计算机的网段比较合适,该子网的地址范围是原网络的 1/2,网络掩码往后移 1 位,写成十进制形式就是 255.255.255.128。第一个能用的地址 192.168.0.129,最后一个能用的地址是 192.168.0.254。

64～127 之间的地址空间给 50 台计算机的网段比较合适,该子网的地址范围是原来的 1/2 乘以 1/2 即 1/4,网络掩码掩码往后移 2 位,写成十进制就是 255.255.255.192。第一个能用的地址是 192.168.0.65,最后一个能用的地址是 192.168.0.126。

32～63 之间的地址空间给 20 台计算机的网段比较合适,该子网的地址范围是原来的 1/2 乘 1/2 再乘以 1/2 乘以 1/2,网络掩码往后移 3 位,写成十进制就是 255.255.255.224。第一个能用的地址是 192.168.0.33,最后一个能用的地址是 192.168.0.62。

规律:如果一个子网地址块是原来网段的 1/2 的 N 次方,那么网络掩码就是在原网段的基础上后移 n 位,不等长子网,网络掩码也不同。

3.4.4　子网划分需要注意的几个问题

(1)将一个网络等分成两个子网,每个子网肯定是原来网络的一半。

比如将 192.168.0.0/24 分成两个网段,要求一个子网能够放 140 台主机,另一个子网放 60 台主机,能实现吗?

从主机数量来说,总数没有超过 254 台,该 C 类网络能够容纳这些地址,但划分成两个子网后却发现,这 140 台主机在这两个子网中都不能容纳。因此不难发现,140 台主机最少要占用一个 C 类地址。

(2)子网地址不可重叠。

如果将一个网络划分多个子网,这些子网的地址空间不能重叠。

将 192.168.0.0/24 划分成 3 个子网,子网 A 192.168.0.0/25、子网 C 192.168.0.64/26 和子网 B 192.168.0.128/25,这就出现了地址重叠。

3.5　路　　由

3.5.1　路由的基本概念与转发原则

IP 网络最基本的功能就是为处于网络中不同位置的设备之间实现数据互通。为了实

现这个功能,网络中的设备需要具备将 IP 报文从源转发到目的地的能力。以路由器为例,
当一台路由器收到一个 IP 报文时,它会在自己的路由表中执行路由查询,寻找匹配该报文
的目的 IP 地址的路由条目(或者说路由表项),若找到匹配的路由条目,则路由器便按照该
条目所指示的出接口及下一跳 IP 地址转发该报文;若没有任何路由条目匹配该目的 IP 地
址,则意味着路由器没有相关路由信息可用于指导报文转发,因此该报文将被丢弃,上述行
为就是路由。注意,具备路由功能的设备不仅仅有路由器,三层交换机,防火墙等设备同样
能够支持路由功能,本章使用路由器作为典型代表进行讲解。

当路由器 R1 收到一个 IP 报文时,路由器会解析出报文的 IP 头部中的目的 IP 地址,然
后在自己的路由表中查询该目的地址,它发现数据包的目的地址是 192.168.20.1,而路由
表中存在到达 192.168.20.0/24 的路由,因此 R1 根据路由条目所指示的出接口及下一跳
IP 地址将报文转发出去,如图 3-11 所示。

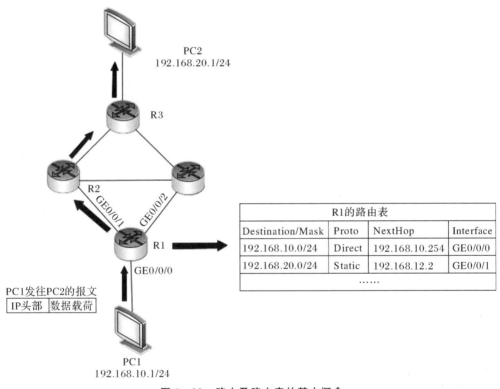

图 3-11 路由及路由表的基本概念

3.5.2 路由表

每一台具备路由功能的设备都会维护路由表,路由表相当于路由器的地图,得益于这张
地图,路由器才能够正确地转发 IP 报文。路由表中装载着路由器通过各种途径获知的路由
条目,每一个路由条目包含目的网络地址/网络掩码、路由协议(路由的来源)、出接口、下一
跳 IP 地址、路由优先级及度量值等信息。路由表是每台支持路由功能的设备进行数据转发
的依据和基础,是一个非常重要的概念。

任何一台支持路由功能的设备要想正确地执行路由查询及数据转发的操作,就必须维护一张路由表。表3-2展示了一个路由表的示例,路由表中的每一行就是一个路由条目(或者路由表项)。在一个实际的网络中,路由器的路由表可能包含多个路由条目,在一个大型的网络中,路由器的路由表可能包含大量的路由条目。每个路由条目都采用目的网络地址及网络掩码进行标识。从路由表的输出可以看出,每个路由条目都包括多个信息元素,如目的网络地址/网络掩码、路由协议(路由的来源)、出接口、路由优先级(开销)、下一跳IP地址及度量值等信息。

表3-2 查看设备的路由表

Destination	Proto	Pre	Cost	Flags	NextHop	Interface
2.2.2.0/24	Static	60	0	RD	10.1.12.2	GigabitEthernet0/0/0
10.1.12.0/24	Direct	0	0	D	10.1.12.1	GigabitEthernet0/0/0
127.0.0.0/8	OSPF	10	1	D	10.1.12.2	GigabitEthernet0/0/0
127.0.0.1/32	Direct	0	0	D	127.0.0.1	InLoopBack0
……						
目的网络地址及子网掩码	协议类型	优先级	度量值	标志	下一跳	出接口

(1)目的网络地址/网络掩码(Destination Network Address/Netmask):路由表相当于路由器的地图,而每一条路由都指向网络中的某个目的网络(或者说目的网段)。目的网络的网络地址(目的网络地址)及网络掩码(路由表中的"Destination/Mask"列)用于标识一条路由。以图所示的路由表为例,2.2.2.0/24就标识了一个目的网络,其中目的网络地址为2.2.2.0,掩码长度为24(或者说网络掩码为255.255.255.0),这就意味着路由器拥有到达2.2.2.0/24的路由信息。

(2)路由协议(Protocol):表示该路由的协议类型,或者该路由是通过什么途径学习到的。路由表中的"Proto"列显示了该信息。例如2.2.2.0/24这条路由,"Proto"列若显示的是Static,这意味着这条路由是通过手工的方式配置的静态路由。再如22.22.22.22/32这条路由,这是一条主机路由(网络掩码为255.255.255.255),而这条路由的"Proto"列显示的是OSPF,则表明该条路由时通过OSPF这个路由协议学习到的。"Proto"列若显示Direct则表明该条路由为直连路由,也就是这条路由所指向的网段是设备的直连接口所在的网段。

(3)路由优先级(Preference):路由表中路由条目的获取来源有多种,每种类型的路由对应不同的优先级,路由优先级的值越小则该路由的优先级越高。路由表中的"Pre"列显示了该条路由的优先级。当一台路由器同时从多种不同的来源学习到去往同一个目的网段的路由时,它将选择优先级值小的那条路由。例如,路由器A配置了到达1.1.1.0/24的静态路由,该条静态路由的下一跳为B,同时A又运行了RIP,并且通过RIP也发现了到达1.1.1.

0/24 的路由,而该条 RIP 路由的下一跳为 C,此时 A 分别通过静态路由及 RIP 路由协议获知了到达同一个目的地——1.1.1.0/24 网段的路由,A 会比较静态路由与 RIP 路由的优先级,由于缺省时静态路由的优先级为 60,而 RIP 路由的优先级为 100。显然静态路由的优先级值更小,因此最终到达 1.1.1.0/24 的静态路由被加载到路由表中(静态路由在路由选择中获胜),当 A 收到去往该网段的数据包时,它将数据包转发给下一跳 B。

(4)开销(Cost):Cost 指示了本路由器到达目的网段的代价值,在许多场合它也被称为度量值,度量值的大小会影响到路由的优选。在华为路由器的路由表中,"Cost"列显示的就是该条路由的度量值。直连路由及静态路由缺省的度量值为 0,此外,每一种动态路由协议都定义了其路由的度量值计算方法,不同的路由协议,对于路由度量值的定义和计算均有所不同。

(5)下一跳(Next Hop)IP 地址:该信息描述的是路由器转发到目的网路的数据包所使用的下一跳地址。在图显示的路由表中,2.2.2.0/24 路由的"NextHop"列显示 10.1.12.2,这意味着若该路由器收到一个数据包,经过路由查询后发现数据包的目的地址匹配 2.2.2.0/24 这条路由,则该路由器会将数据包转发给 10.1.12.2 这个下一跳。

3.5.3　路由器

路由器是指主要负责 OSI 参考模型中网络层的处理工作,并根据路由表信息在不同的网络之间转发 IP 分组的网络硬件。

路由器是不可缺少的。在某个组织的内部网络中,如果其中的一个 LAN 希望连接另一个 LAN,就需要使用路由器设备。构建大型的 LAN 时虽然可以不用路由器,但需要使用交换机或主机等设备来管理大量的 MAC 地址信息,不过,当频繁进行广播通信时,设备的负担就会非常大。这种情况下,为了减轻设备的负担,需要将 LAN 划分成一个个子网,而每一子网之间的通信就需要依靠路由器进行了。而网络包经过集线器和交换机之后,现在到达了路由器,并在此被转发到下一个路由器。这一步转发的工作原理和交换机类似,也是通过查表判断包转发的目标。不过在具体的操作过程上,路由器和交换机是有区别的。因为路由器是基于 IP 设计的,而交换机是基于以太网设计的。

首先,路由器的内部结构如图 3-12 所示。这张图已经画得非常简略了,大家只要看明白路由器包括转发模块和端口模块两部分就可以了。其中转发模块负责判断包的转发目的地,端口模块负责包的收发操作。路由器的转发模块和端口模块的关系,就相当于协议栈的 IP 模块和网卡之间的关系。因此,大家可以将路由器的转发模块想象成 IP 模块,将端口模块想象成网卡。

通过更换网卡,计算机不仅可以支持以太网,也可以支持无线局域网,路由器也是一样。如果路由器的端口模块安装了支持无线局域网的硬件,就可以支持无线局域网了。此外,计算机的网卡除了以太网和无线局域网之外很少见到支持其他通信技术的品种,而路由器的端口模块则支持除局域网之外的多种通信技术,如 ADSL、FTTH,以及各种宽带专线等,只要端口模块安装了支持这些技术的硬件即可。

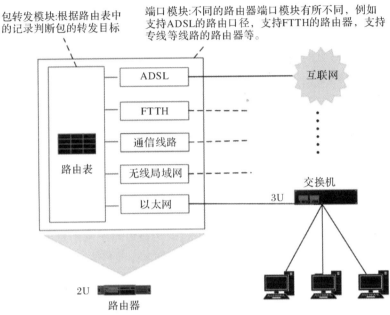

图 3-12 路由器的结构

明确了内部结构之后,理解路由器的工作原理就变得简单了。路由器在转发包时,首先会通过端口将发过来的包接收进来,这一步的工作过程取决于端口对应的通信技术。对于以太网端口来说,就是按照以太网规范进行工作,而无线局域网端口则按照无线局域网的规范工作,总之就是委托端口的硬件将包接收进来。接下来,转发模块会根据接收到的包的IP头部中记录的接收方IP地址,在路由表中进行查询,以此判断转发目标。然后,转发模块将包转移到转发目标对应的端口,端口再按照硬件的规则将包发送出去,也就是转发模块委托端口模块将包发送出去的意思。

以上就是路由器的基本原理,下面在做一些补充。刚才我们讲到端口模块会根据相应通信技术的规范来执行包收发的操作,这意味着端口模块是以实际的发送方或者接收方的身份来收发网络包的。以以太网端口为例,路由器的端口具有 MAC 地址,因此它就能够成为以太网的发送方和接收方。端口还具有 IP 地址,从这个意义上来说,它和计算机的网卡是一样的。当转发包时,首先路由器端口会接收发给自己的以太网包,然后查询转发目标,再由相应的端口作为发送方将以太网包发送出去。这一点和交换机是不同的,交换机只是将进来的包转发出去而已,它自己并不会成为发送方或者接收方。

3.6 路 由 协 议

路由器负责在不同网段间转发数据包,路由器根据路由表为数据包选择转发路径。路由表中有多条路由信息,一条路由信息也被称为一个路由项和一个路由条目,一个路由条目记录到一个网段的路由。路由条目可以由管理员用命令输入,称为静态路由;也可以使用路由协议生成路由条目,称为动态路由;而直连路由还可以直接获取。路由表中的条目可以由动态路由和静态路由以及自动获取的组成。

　　本章将讲述网络通畅的条件,给路由器配置静态路由,通过合理规划 IP 地址可以使用路由汇总和默认路由以简化路由表。

3.6.1　网络通畅的条件

　　网络畅通条件,要求数据包必须能够到达目标地址,同时数据包必须能够返回发送者地址。这就要求沿途经过的路由器必须知道到目标网络如何转发数据包,即到达目的网络下一跳转发给哪个路由器,也就是必须有到达目标网络的路由,沿途的路由器还必须有数据包返回所需的路由。

　　计算机网络通畅的条件就是数据包能去能回,道理很简单,却是排除网络故障的理论依据。

　　网络中的 A 计算机要想实现和 B 计算机通信,沿途的所有路由器必须有到目标网络 192.168.1.0/24 的路由,B 计算机给 A 计算机返回数据包,途径的所有路由器必须到达 192.168.0.0/24 网段的路由,如图 3-13 所示。

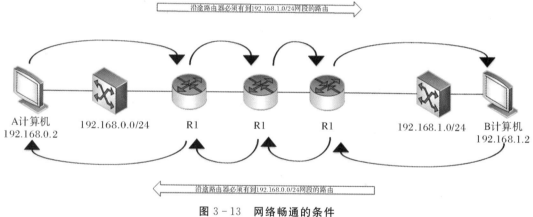

图 3-13　网络畅通的条件

　　基于以上原理,网络排除故障就变得简单了,如果网络不通,就要检查计算机是否配置了正确的 IP 地址、子网掩码以及网关,逐一检查沿途路由器上的路由表,查看是否有到达目标网络的路由;然后逐一检查沿途路由器上的路由表,检查是否有数据包返回所需的路由。路由器如何知道网络中的各个网段以及下一跳转发哪个地址? 路由器查看路由表来确定数据包下一跳如何转发。

3.6.2　路由信息生成方式

　　路由表包含了若干条路由信息,这些路由信息生成方式总共有 3 种:设备自动发现、手动配置和通过动态路由协议生成。

1.直连路由

　　我们把设备自动发现的路由信息称为直连路由,网络设备启动之后,当路由器接口状态为 UP 时,路由器就能够自动发现去往自己接口直接相连的网络的路由。

路由器 R1 的 GE0/0/1 接口的状态为 UP 时,R1 便可以根据 GE0/0/1 接口的 IP 地址 11.1.1.1/24 推断出 GE0/0/1 接口所在的网络的网络地址为 11.1.1.0/24。于是,R1 便会将 11.1.1.0/24 作为一个路由项填写进自己的路由表,这条路由的目的地/掩码为 11.1.1. 0/作为一个路由项填写进自己的路由表,这条路由的目的地/掩码为 11.1.1.0/24,出接口为 GE 0/0/1,下一跳 IP 地址是与出接口的 IP 地址相同的,即 11.1.1.1,由于这条路由是直连路由,所以其 Protocol 属性为 Direct。另外,对于直连路由,其 cost 的值总是为 0,如图 3-14 所示。

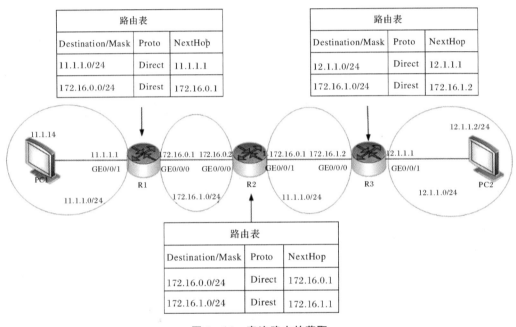

图 3-14　直连路由的获取

类似地,路由器 RI 还会自动发现另外一条直连路由,该路由的目的地/掩码为 172.16. 0.0/24,出接口为 GE 0/0/0,下一跳地址是 172.16.0.1,Protocol 属性为 Direct,Cost 的值为 0。

可以看到网路中的 R1,R2,R3 路由器只要一开机,端口 UP,这些端口连接的网段就会出现在路由表。

2.静态路由

要想让网络中计算机能够访问任何网段,网络中的路由器必须有到全部网段的路由。路由器直连的网段,路由器能够自动发现并将其加入到路由表中。对于没有直连的网络,管理员需要手工添加到这些网段的路由表中。在路由器上手工配置的路由信息被称为静态路由,适合规模较小的网络或网络不怎么变化的情况。

网络中有 4 个网段,每个路由器直连两个网段,对于没有直连的网段,需要手工添加静态路由如图 3-15 所示。我们需要在每个路由器上添加两条静态路由。静态路由的下一跳，在 R1 上添加到 12.1.1.0/24 网段的路由，下一跳是 172.16.0.2，而不是 R3 的 GE0/0/0 接口的 172.16.1.2。

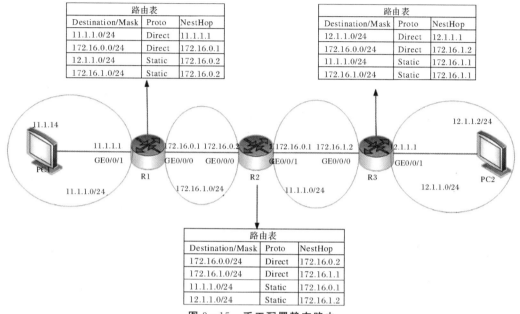

路由表

Destination/Mask	Proto	NestHop
11.1.1.0/24	Direct	11.1.1.1
172.16.0.0/24	Direct	172.16.0.1
12.1.1.0/24	Static	172.16.0.2
172.16.1.0/24	Static	172.16.0.2

路由表

Destination/Mask	Proto	NestHop
12.1.1.0/24	Direct	12.1.1.1
172.16.0.0/24	Direct	172.16.1.2
11.1.1.0/24	Static	172.16.1.1
172.16.1.0/24	Static	172.16.1.1

路由表

Destination/Mask	Proto	NestHop
172.16.0.0/24	Direct	172.16.0.2
172.16.1.0/24	Direct	172.16.1.1
11.1.1.0/24	Static	172.16.0.1
12.1.1.0/24	Static	172.16.1.2

图 3-15 手工配置静态路由

3. 动态路由

路由器使用动态路由协议（RIP、OSPF）而获得路由/信息被称为动态路由，动态路由适合规模较大的网络，能够针对网络的变化自动选择最佳路径。

如果网络规模不大，我们可以通过手工配置的方式"告诉"网络设备去往哪些非直接相连的网络的路由。然而，如果非直接相连的网络的数量众多时，必然会消耗大量的人力来进行手工配置，这在现实中往往是不可取的，甚至是不可能的。另外，手工配置的静态路由还有一个明显的缺陷，就是不具备自适应性。当网络发生故障或网络结构发生改变而导致相应的静态路由发生错误或失效时，如果必须用手工对静态路由进行修改，这在现实中往往是不可取的，或是不可能的。

事实上，网络设备还可以通过运行路由协议来获取路由信息。网络设备通过运行路由协议而获取的路由被称为动态路由。如果网络新增了网段、删除了网段、改变了某个接口所在的网段，或网络拓扑发生了变化（网络中断了一条链路或者增加了一条链路），路由协议能够及时地更新路由表中的动态路由信息。

一台路由器可以同时运行多种路由协议。路由器同时运行 RIP 路由协议和 OSPF 路由协议。此时，该路由器除了会创建并维护一个 IP 路由表外，还会分别创建并维护一个 RIP 路由表和一个 OSPF 路由表。RIP 路由表用来专门存放 RIP 协议发现的所有路由，OSPF 路由表用来专门存放 OSPF 协议发现的所有路由。

RIP 路由表和路由表中的路由项都会加进 IP 路由表中，如果 RIP 路由表和 OSPF 路由表都有到某一网段的路由项，那就要比较路由协议优先级了。

3.6.3 路由优先级和度量值

通过前面的内容大家已经了解到,路由器可以通过多种方式获得路由条目:自动发现直连路由、手工配置静态路由或通过动态路由协议自动学习到动态路由。当路由器从多种不同的途径获知到达同一个目的网段(这些路由的目的网络地址及网络掩码均相同)的路由时,路由器会比较这些路由的优先级,优先选优先级值最小的路由。

R2 与 R1 使用 RIP 交互路由信息,R2 又通过 OSPF 与 R3 建立邻接关系,于是 R2 同时从 RIP 及 OSPF 都学习到了去往 1.1.1.0/24 的路由,这两条路由来自两个不同的动态路由协议并且分别以 R1 和 R3 作为下一跳。R2 最终选择 OSPF 的路由加载到路由表,也就是将 R3 作为实际到达 1.1.1.0/24 的下一跳,因为 OSPF 内部路由的优先值比 RIP 更小,故路由则更优。此时 R2 的路由表中到达 1.1.1.0/24 的路由只会存在一条,那就是通过 OSPF 获知的路由,而关于该网段的 RIP 路由则预留起来,当这条 OSPF 路由失效时,RIP路由才会浮现并被 R2 加载到路由表中,如图 3-16 所示。

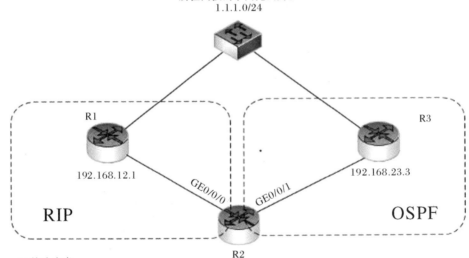

R2的路由表

Destination/Mask	Proto	Pre	NextHop	Intenrface
1.1.1.0/24	OSPF	10	192.168.23.3	GE0/0/1

图 3-16 路由优先级影响路由优先

不同的路由协议或路由种类对应的优先级如表 3-3 所示,这是一个众所周知的约定(对于不同的厂商,这个约定值可能有所不同,表中罗列的是华为数通产品的约定)。

表 3-3 路由及优先级的对应表

路由类型	优先级	路由类型	优先级
直连路由	0	OSPF 内部路由	10
IS-IS 路由	15	静态路由	60

续表

路由类型	优先级	路由类型	优先级
RIP 路由	100	OSPF ASE 路由	150
IBGP 路由	255	EBGP 路由	255

影响路由优先的因素除了路由优先级外,还有一个重要的因素,那就是度量值。路由表中"Cost"这一列显示的就是该条路由的度量值,因此度量值也被称为开销。所谓度量值就是设备到达目的网络的代价值。直连路由的度量值为 0,这点很好理解,因为路由器认为这是自己直连的网络,也就是在"家门口"的网络,从自己家走到家门口确实不需要耗费任何力气。另外,静态路由的度量值缺省也为 0,而不同的动态路由协议定义的度量值是不同的,例如 RIP 路由是以跳数(到达目的网络所经过的路由器的个数)作为度量值,而 OSPF 则以开销(与链路带宽有关)作为度量值。

在图 3-17 所示的网络中,所有的路由器都运行了 RIP。R1 将直连网段 1.1.1.0/24 发布到了 RIP 中,如此一来,R5 将会分别从 R3 及 R4 学习到 RIP 路由 1.1.1.0/24,从 R3 学习到的 1.1.1.0/24 路由的跳数为 3,而从 R4 学习到的路由的跳数为 2,因此 R5 认为从 R4 到达目标网段要"更近一点",于是它将 R4 通告过来的 RIP 路由加载到路由表,这样,当 R5 转发到达该目标网段的数据时,会将其发往 R4。当 R5-R4-R1 这段路径发生故障时,R5 可能丢失 R4 所通告的 1.1.1.0/24 路由,此时 R3 通告的路由将会被 R5 加载进路由表,如此一来,到达 1.1.1.0/24 的数据流量将会被 R5 引导到 R3-R2-R1 这条路径。

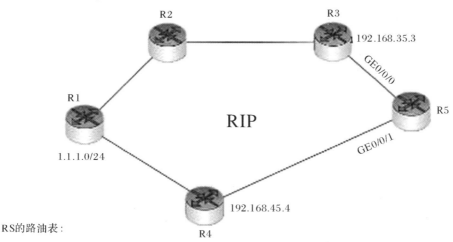

RS的路油表:

Destination/Mask	Proto	Cost	NextHop	Interface
1.1.1.0/24	RIP	2	192.168.45.4	GE0/0/1

图 3-17 度量值对路由优选的影响

度量值是一个影响路由优选的重要因素,正因为如此,在实际的项目中,我们经常利用度量值来实现各种路由策略,从而影响数据流的走向。

综上所述,一台路由器可以同时通过多种途径获得路由信息,当出现到达同一个目的网段的路由通过多种不同的途径学习到情况时,路由器会比较路由的优先级,选择优先级值最小的路由。而当路由器从多个不同的下一跳,通过同种路由协议获知到达同一个目的网段的路由时,它则会进行度量值的比较。当然有些路由协议的路由优先机制会更加复杂一些,例如 OSFP 或 BGP,在执行路由优选时就并不只是单纯地比较度量值这么简单了。

3.6.4 实践:RIP 协议配置

1. RIP 协议

路由信息协议 RIP 是一个真正的距离矢量路由选择协议。它周期性地送出自己完整的路由表到所有激活的接口。RIP 协议选择最佳路径的标准就是跳数。认为到达目标网络经过的路由器最少的路径就是最佳路径。默认它所允许的最大跳数为 15 跳,也就是说 16 跳的距离将被认为是不可达的。

在小型网络中,RIP 会运转良好,但是对于使用慢速 WAN 连接的大型网络或者安装有大量路由器的网络来说,它的效率就很低了。即便是网络没有变化,也是每隔 30 s 发送路由表到所有激活的接口,占用网络带宽。

当路由器 A 意外故障宕机,需要由它的邻居路由器 B 将路由器 A 所连接的网段不可到达的信息通告出去。路由器 B 如何断定某个路由失效呢?如果路由器 B 180 s 没有收到某个网段的路由的更新,就认为这条路由失效,所以这个周期性更新是必须的。

RIP 版本 1(RIPv1)使用有类路由选择,即在该网络中的所有设备必须使用相同的子网掩码,这是因为 RIPv1 通告的路由信息不包括子网掩码信息,所以 RIPv1 只支持等长子网,RIPv1 使用广播包通告路由信息。RIP 版本 2(RIPv2)通告的路由信息包括子网掩码信息,所以支持变长子网,这就是所谓的无类路由选择,RIPv2 使用多播地址通告路由信息。

RIP 只使用跳数来决定到达某个网络的最佳路径。如果 RIP 发现到达某一个远程网络存在不止一条路径,并且它们又都具有相同的跳数,则路由器将自动执行循环负载均衡。RIP 可以对多达 6 个相同开销的路径实现负载均衡(默认为 3 个)。

下述介绍 RIP 协议的工作原理,如图 3-18 所示,网络中有 A,B,C,D,E 5 个路由器,路由器 A 连接 192.168.10.0/24 网段,为了便于描述,以该网段为例,讲解网络中的路由器如何通过 RIP 协议学习到该网段的路由。

首先确保网络中的 A,B,C,D,E 这 5 个路由器都配置了 RIP 协议。下面讲解 RIP 协议工作原理,以及 RIPv2 版本的工作过程。

路由器 A 的 E0 接口直接连接 192.168.10.0/24 网段,在路由器 A 上就有一条到该网段的路由,由于是直连的网段,距离是 0,下一跳路由器是 E0 接口。

路由器 A 每隔 30 s 就要把自己的路由表通过多播地址 223.0.0.9 通告出去,通过 S0 接口通告的数据包源地址是 2.0.0.1,路由器 B 接收到路由通告后,就会把到 192.168.10.0/24 网段的路由添加到路由表,距离加 1,下一跳路由器指向 2.0.0.1。

路由器 B 每隔 30 s 会把自己的路由表通过 S1 接口通告出去,通过 S1 接口通告的数据包源地址是 3.0.0.1,路由器 C 接收到路由通告后,就会把到 192.168.10.0/24 网段的路由添加到路由表,距离加 1 变为 3,比通过路由器 B 那条路由距离大,因此路由器 C 忽略这条路由。

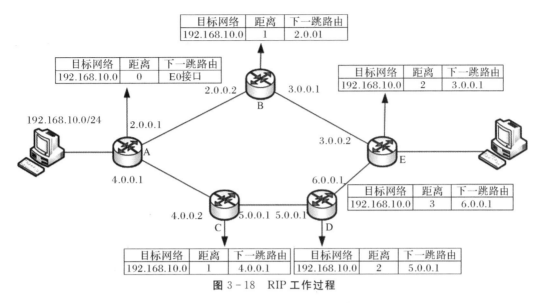

图 3-18　RIP 工作过程

　　以上这种计算最短路径的方法称为距离矢量路由算法(Distance Vector),RIP 协议是典型的距离矢量协议。

　　如果路由器 A 和路由器 B 之间连接断开了,路由器 B 就收不到路由器 A 发过来的到192.168.10.0/24 网段路由信息,经过 180 s,路由器 B 将到 192.168.10.0/24 网段的路由跳数设置为 16,这意味着到该网段不可到达,然后通过 S1 接口将这条路由通告给路由器C,路由器 C 也将到该网段的路由的跳数设置为 16。

　　这时路由器 D 向路由器 C 通告到 192.168.10.0/24 网段的路由,路由器 C 就更新到该网段的路由,下一跳指向 6.0.0.1,跳数为 3。路由器 C 向路由器 B 通告该网段的路由,路由器 B 就更新到该网段的路由,下一跳指向 3.0.0.2,跳数为 3。这样网络中的路由器都有了到达 192.168.10.0/24 网段的路由。

　　这时路由器 D 向路由器 C 通告到 192.168.10.0/24 网段的路由,路由器 C 就更新到该网段的路由,下一跳指向 6.0.0.1,跳数为 3。路由器 C 向路由器 B 通告该网段的路由,路由器 B 就更新到该网段的路由,下一跳指向 3.0.0.2,跳数为 3。这样网络中的路由器都有了到达 192.168.10.0/24 网段的路由。

　　总之,启用了 RIP 协议的路由器都和自己相邻路由器定期交换路由信息,并周期性更新路由表,使得从路由器到每一个目标网络的路由都是最短的(跳数最少)。如果网络中的链路带宽都一样,按跳数最少选择出来的路径是最佳路径。如果每条链路带宽不一样,只考虑跳数最少,RIP 协议选择出来的最佳路径也许不是真正的最佳路径。

　　2.实验操作——在路由器上配置 RIP 协议

　　【任务背景】

　　某单位主干网络由 6 台路由器组成,现需要通过各台路由器支持的 RIP 协议学习路由,实现网络的互通。

【任务内容】

下述使用 eNSP 搭建学习 RIP 协议的环境。

【任务目标】

在 eNSP 中完成整个网络的部署,通过配置使各个路由器可以学习到 RIP 路由信息,最后各个终端可以互通。

【实现步骤】

步骤 1:新建拓扑。

(1)启动 eNSP,点击【新建拓扑】按钮,打开一个空白的拓扑界面。

(2)根据【拓扑规划】中的网络拓扑及相关说明,在 eNSP 中选取相应的设备,将其拖动到空白拓扑中,并完成设备间的连线。eNSP 中的网络拓扑如图 3-19 所示。

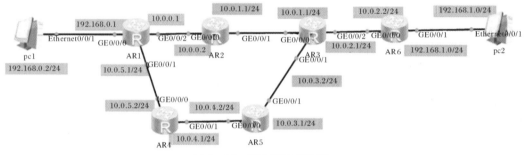

图 3-19 RIP 实验拓扑图

步骤 2:保存拓扑。

保存拓扑后,为方便读者学习时参考配置,会将主机地址和路由接口地址标注到了 eNSP 的网络拓扑,如图 3-20 所示。

图 3-20 主机参数配置

步骤 3:配置主机与路由器。

(1)完成 PC1、PC2 以及 AR1~AR6 的端口 IP 地址等配置。

步骤 a:配置主机 PC1、PC2 的 IP 地址、子网掩码与网关。PC1 如图 3-19 所示,PC2 配置参考 PC1 与拓扑图。

步骤 b:

1)配置 AR1 的端口信息。

```
<AR1>system-view
Enter system view, return user view with Ctrl+Z.
[AR1]sysname AR1
[AR1]interface gigabitEthernet0/0/0
[AR1-GigabitEthernet0/0/0]IP address 192.168.0.1 24
[AR1-GigabitEthernet0/0/0]quit
[AR1]interface gigabitEthernet0/0/1
[AR1-GigabitEthernet0/0/1]ip address 10.0.5.1 24
[AR1-GigabitEthernet0/0/1]quit
[AR1]interface gigabitEthernet0/0/2
[AR1-GigabitEthernet0/0/2]ip address 10.0.0.1 24
[AR1-GigabitEthernet0/0/2]quit
[AR1]quit
<AR1>save
    The current configuration will be written to the device.
    Are you sure to continue? (y/n)[n]:y
    It will take several minutes to save configuration file, please wait.........
    Configuration file had been saved successfully
    Note: The configuration file will take effect after being activated<AR1>
```

2)配置 AR2 的端口信息。

```
<AR2>system-view
Enter system view, return user view with Ctrl+Z.
[AR2]sysname AR2
[AR2]interface gigabitEthernet0/0/0
[AR2-GigabitEthernet0/0/0]IP address 10.0.0.2 24
[AR2-GigabitEthernet0/0/0]quit
[AR2]interface gigabitEthernet0/0/1
[AR2-GigabitEthernet0/0/1]ip address 10.0.1.1 24
[AR2-GigabitEthernet0/0/1]quit
[AR2]quit
<AR2>save
```

The current configuration will be written to the device.

Are you sure to continue? (y/n)[n]:y

It will take several minutes to save configuration file，please wait........

Configuration file had been saved successfully

Note：The configuration file will take effect after being activated<AR2>

3）配置 AR3 的端口信息。

<AR3>system—view

Enter system view，return user view with Ctrl+Z.

[AR3]sysname AR3

[AR3]interface gigabitEthernet0/0/0

[AR3-GigabitEthernet0/0/0]IP address 10.0.1.2 24

[AR3-GigabitEthernet0/0/0]quit

[AR3]interface gigabitEthernet0/0/1

[AR3-GigabitEthernet0/0/1]ip address 10.0.3.2 24

[AR3-GigabitEthernet0/0/1]quit

[AR1]interface gigabitEthernet0/0/2

[AR1-GigabitEthernet0/0/2]ip address 10.0.2.1 24

[AR1-GigabitEthernet0/0/2]quit

[AR3]quit

<AR3>save

The current configuration will be written to the device.

Are you sure to continue? (y/n)[n]:y

It will take several minutes to save configuration file，please wait........

Configuration file had been saved successfully

Note：The configuration file will take effect after being activated<AR3>

4）配置 AR4 的端口信息。

<AR4>system—view

Enter system view，return user view with Ctrl+Z.

[AR4]sysname AR4

[AR4]interface gigabitEthernet0/0/0

[AR4-GigabitEthernet0/0/0]IP address 10.0.2.2 24

[AR4-GigabitEthernet0/0/0]quit

[AR4]interface gigabitEthernet0/0/1

[AR4-GigabitEthernet0/0/1]ip address 192.168.1.1 24

[AR4-GigabitEthernet0/0/1]quit

[AR4]quit

<AR4>save

The current configuration will be written to the device.

Are you sure to continue? (y/n)[n]:y

It will take several minutes to save configuration file, please wait.........

Configuration file had been saved successfully

Note：The configuration file will take effect after being activated<AR4>

5）配置 AR5 的端口信息。

<AR5>system-view

Enter system view, return user view with Ctrl+Z.

[AR5]sysname AR5

[AR5]interface gigabitEthernet0/0/0

[AR5-GigabitEthernet0/0/0]IP address 10.0.5.2 24

[AR5-GigabitEthernet0/0/0]quit

[AR5]interface gigabitEthernet0/0/1

[AR5-GigabitEthernet0/0/1]ip address 10.0.4.1 24

[AR5-GigabitEthernet0/0/1]quit

[AR5]quit

<AR5>save

　　The current configuration will be written to the device.

　　Are you sure to continue? (y/n)[n]:y

　　It will take several minutes to save configuration file, please wait.........

Configuration file had been saved successfully

Note：The configuration file will take effect after being activated<AR5>

6）配置 AR6 的端口信息。

<AR6>system－view

Enter system view, return user view with Ctrl+Z.

[AR6]sysname AR6

[AR6]interface gigabitEthernet0/0/0

[AR6-GigabitEthernet0/0/0]IP address 10.0.4.2 24

[AR6-GigabitEthernet0/0/0]quit

[AR6]interface gigabitEthernet0/0/1

[AR6-GigabitEthernet0/0/1]ip address 10.0.3.1 24

[AR6-GigabitEthernet0/0/1]quit

[AR6]quit

<AR6>save

　　The current configuration will be written to the device.

　　Are you sure to continue? (y/n)[n]:y

　　It will take several minutes to save configuration file, please wait.........

Configuration file had been saved successfully

Note：The configuration file will take effect after being activated<AR6>

（2）AR1～AR6 路由器 RIP 协议的配置。

1）配置 AR1 的 RIP。

```
[AR1]RIP 1                          #启用 RIP 协议
[AR1-rip-1]network 10.0.0.0         #声明自己所在的网段
[AR1-rip-1]version 2                #
[AR1-rip-1]quit
[AR3]quit
<AR3>save
```

2）配置 AR2 的 RIP。

```
[AR2]RIP 1
[AR2-rip-1]network 10.0.0.0
[AR2-rip-1]version 2
[AR2-rip-1]quit
[AR2]quit
<AR2>save
```

3）配置 AR3 的 RIP。

```
[AR2]RIP 1
[AR2-rip-1]network 10.0.0.0
[AR2-rip-1]version 2
[AR2-rip-1]quit
[AR2]quit
<AR2>save
```

4）配置 AR4 的 RIP。

```
[AR4]RIP 1
[AR4-rip-1]network 10.0.0.0
[AR4-rip-1]version 2
[AR4-rip-1]quit
[AR4]quit
<AR4>save
```

5）配置 AR5 的 RIP。

```
[AR5]RIP 1
[AR5-rip-1]network 10.0.0.0
[AR5-rip-1]version 2
[AR5-rip-1]quit
[AR5]quit
<AR5>save
```

6）配置 AR6 的 RIP。

```
[AR6]RIP 1
[AR6-rip-1]network 10.0.0.0
[AR6-rip-1]network 192.168.1.0
[AR6-rip-1]version 2
[AR6-rip-1]quit
[AR6]quit
<AR6>save
```

步骤 4:查看路由表。

在网络中所有的路由器都配置了 RIP 协议,现在可以查看网络中的路由器是否通过 RIP 协议学习到各网段的路由,以 AR6 为例。

```
[AR6]display ip  routing-table
    Route Flags: R-relay, D-download to fib

    Routing Tables: Public

    Destinations : 15        Routes : 15
```

Destination/Mask	Proto	Pre	Cost	Flags	Next Hop	Interface
10.0.0.0/24	RIP	100	2	D	10.0.2.1	GE0/0/0
10.0.1.0/24	RIP	100	1	D	10.0.2.1	GE0/0/0
10.0.2.0/24	Direct	0	0	D	10.0.2.2	GE0/0/0
10.0.3.0/24	RIP	100	1	D	10.0.2.1	GE0/0/0
10.0.4.0/24	RIP	100	2	D	10.0.2.1	GE0/0/0
10.0.5.0/24	RIP	100	3	D	10.0.2.1	GE0/0/0
127.0.0.0/8	Direct	0	0	D	127.0.0.1	InLoopBack0
127.0.0.1/32	Direct	0	0	D	127.0.0.1	InLoopBack0
127.255.255.255/32	Direct	0	0	D	127.0.0.1	InLoopBack0
192.168.1.0/24	Direct	0	0	D	192.168.1.1	GE0/0/1
192.168.1.1/32	Direct	0	0	D	127.0.0.1	GE0/0/1
192.168.1.255/32	Direct	0	0	D	127.0.0.1	GE0/0/1
255.255.255.255/32	Direct	0	0	D	127.0.0.1	InLoopBack0

```
[AR6]
```

可以看到(以 AR6 为例)通过配置 RIP 协议,AR6 通过自学习得到了 RIP 类别的路由信息,进而获取了到拓扑中任何终端的转发路径。

3.6.5　实践:OSPF 协议配置

下述介绍能够在 Internet 上使用的动态路由协议——OSPF 协议。

OSPF(Open Shortest Path First)协议是开放式最短路径优先协议,该协议是链路状态协议。OSPF 协议通过路由器之间通告链路的状态来建立链路状态数据库,网络中所有路由器具有相同的链路状态数据库,通过链路状态数据库就能构建出拓扑(哪个路由器连接哪个路由器,以及连接的开销,带宽越高开销越低),运行 OSPF 协议的路由器通过网络拓扑计算到各个网络的最短路径(开销最小的路径),路由器使用这些最短路径来构建路由表。

为了让大家更好地理解最短路径优先,现在举一个生活中容易理解的案例类比说明 OSPF 协议的工作过程。图 3-21 为西安市的公交车站路线,图中画出了钟楼、火车站、大雁塔、小雁塔、大唐芙蓉园、动物园、图书馆和博物馆的公交线路,并标注了每条线路的乘车费用,这相当于 OSPF 协议对每条链路计算的开销。这张图就相当于使用 OSPF 协议的链路状态数据库构建的网络拓扑。

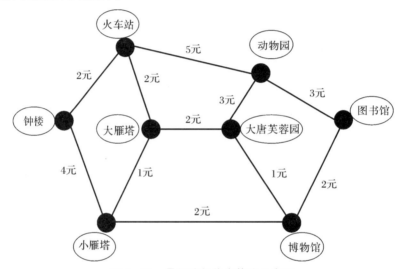

图 3-21　最短路径优先算法示意图

每个车站都有一个人负责计算到其他目的地的费用最低的乘车路线。在网络中,运行 OSFP 协议的路由器负责计算到各个网段累计开销最小的路径,即最短径。

以钟楼为例,该站的负责人计算以钟楼为出发点,到其他站乘车费用最低的路径,计算费用最低的路径时需要将经过的每一段线路乘车费用累加,求得费用最低的路径(这种算法就叫作最短路径优先算法)。运行 OSPF 协议的路由器使用最短路径优先算法来找到到达目标网络的累计开销最小的路径。下述列出了从钟楼到其他站乘车费用最低的路线。

(1)到火车站乘车路线:钟楼到火车站合计 2 元。

(2)到动物园乘车路线:钟楼到火车站到动物园,合计 7 元。

(3)到图书馆乘车路线:钟楼到小雁塔到博物馆到图书馆,合计 8 元。

(4)到博物馆乘车路线:钟楼到小雁塔到博物馆,合计 6 元。

(5)到大雁塔乘车路线:钟楼到火车站到大雁塔,合计 4 元。

(6)到小雁塔乘车路线:钟楼到小雁塔,合计 4 元。

为了出行方便,该站的工作人员在钟楼公交站放置指示牌,指示到目的地的下一站以及总开销,如表 3-4 所示,这就相当于运行 OSPF 协议由最短路径算法得到的路由表。

表 3-4 由最短路径得到的指示牌

目的地	总费用	下一站
火车站	2	火车站
动物园	7	火车站
图书馆	8	小雁塔
博物馆	6	小雁塔
大雁塔	4	火车站
小雁塔	4	小雁塔

由最短路径得到的指示牌,类似的运行 OSPF 协议的路由器最短路径优先算法计算出到各个网段的路由,生成路由表。

以上是从钟楼为出发点来由公交线路计算出到各个站的最短路径,进而得到去往每个站的指示牌。火车站、动物园等站的负责人也要进行相同的算法和过程以得到去往每个站的指示牌。

总结一下,距离矢量路由协议(如 RIP 协议)的工作原理:运行距离矢量路由协议的路由器周期性泛洪自己的路由表,每台路由器都从相邻的路由器学习到路由,并且将路由加载进自己的路由表中,而它们并不清楚网络的拓扑结构,只是简单地知道到达某个目标网段应该从哪里走、距离有多远。

与距离矢量路由协议不同,运行链路状态路由协议的路由器知晓整个网络的拓扑结构,这使得路由更不易发生环路。运行链路状态路由协议的路由器之间首先会建立邻居关系,之后开始交互链路状态(Link-State,LS)信息,而不是直接交互路由。您可以简略地将链路状态信息理解为每台路由器都会产生的、描述自己直连接口状态(包括接口的开销、与邻居路由器之间的关系或网段信息等)的通告,每台路由器都产生一个描述自己家门口情况的通告。这些通告会被泛洪到整个网络,从而保证网络中的每台路由器都拥有对该网络的一致认知。这些通知会被泛洪到整个网络,从而保证网络中的每台路由器都拥有对该网络的一致认知。路由器将这些链路状态信息存储在 LSDB 之中,LSDB 内的数据有助于路由器还原全网的拓扑结构。接下来,每台路由器都基于 LSDB 使用相同算法进行计算,计算的结果是得到一棵以自己为根的、无环的最短路径"树"。有了这棵"树",事实上路由器就已经知道了到达网络各个角落的最优路径。最后,路由器将计算出来的最优路径(路由)加载到自己的路由表。

1.区域的概念及多区域部署

有这么一座小城,城里和谐地居住着多户人家,所有的信息都是透明和开放的,每家每户把自己家门口相关情况、门口的马路甚至对门的邻居等信息都发布出来,这些信息在街坊邻居之间相互传播。如此一来,每家每户都对这座城有了全面的了解,相当于大家脑海中都有这座城的地图,街坊邻居来来往往、走街串巷也能选择最近的路。当城市的规模还小的时候这自然是行的通的,但是随着城市的发展,其规模逐渐变大、住户逐渐增多,就必然会出现各种问题,譬如每户人家都得知晓家家户户的情况,不得不去关注城里各条街道的名字和脉络,记忆这些信息肯定非常费精力的,更不用提还要再这错综复杂的街道、屋舍之间思考走哪一条路到每一个目的是最近的,大家都将生活得很疲惫。

把一系列连续的 OSPF 路由器组成的网络称为 OSPF 域,相当于上例中的这座城,为了保证每台路由器能够正确地计算路由,就不得不要求域内所有的路由器同步 LSDB,即拥有相同的 LSDB,从而达到对整个 OSPF 网络的一致认知。当网络的规模变的越来越大时,每台路由器所维护的 LSDB 也逐渐变得臃肿,而基于这个庞大的 LSDB 进行的计算也势必需要消耗更多的设备资源,这无疑将导致设备的负担加大。另外网路拓扑的变化将会引起整个域内所有路由器的重计算。而且域内路由无法进行汇总,随着网络规模的增大,每台路由器需要维护的路由表也越来越大,这又是一个不能忽略的资源消耗。

基于以上考虑,OSPF 引入了区域(Area)的概念。域和区域的关系类似城市与其管辖的行政区的关系。在一个较大规模的网络中,我们会把整个 OSPF 域切割成多个区域,这就相当于一个城市拥有多个行政区。某些 LSA 的泛洪被限制在单个区域内部,同一个区域内的路由器维护一套相同的 LSDB,它们对这个区域的网络有着一致的认知。每个区域独立地进行 SPF 计算。区域内的拓扑结构对于区域外部而言是不可见的,而且区域内部拓扑变化的通知可以被局限在该区域内,从而避免对区域外部造成影响。如果一台路由器的多个接口分别接入了多个不同的区域,则它将为每个区域分别维护一套 LSDB。多区域的设计极大程度地限制了 LSA 的泛洪,有效地把拓扑变化影响控制在区域内,另外在区域边界路由器上可以通过执行路由汇总来减少网络中的路由条目数量。多区域提高了网络的可扩展性,有利于组件更大规模的网络。

OSPF 的每一个区域都有一个编号,不同的编号表示不同的区域,这个区域编号也被称为区域 ID(Area-ID)。OSPF 的区域 ID 是一个 32 bit 的非负整数,按点分十进制的形式(与 IPV3 地址的格式一样)呈现,例如 Area0.0.0.1,为了简便起见,也会采用十进制的形式来表示,这里是几个例子:Area0.0.0.1 等同于 Area1,Area0.0.255 等同于 Area255,Area0.0.1.0等同于 Area256。许多网络厂商的设备同时支持这两种区域 ID 配置及表示方式。

上文已经说到,一个 OSPF 域中允许存在多个区域,就像一个城市可以包含多个行政区,而每个城市都有一个中心区,类似于枢纽的概念,对于 OSPF 而言,这就是骨干区域——Area0(或者 Area0.0.0.0)。OSPF 要求域中的所有非骨干区域(区域 ID 不为 0 的区域)都必须与 Area0 相连。一个域中如果存在多个区域,那必须有而且只能有一个 Area0,Area0负责在区域之间发布路由信息。为避免区域间的路由形成环路,非骨干区域之间不允许直接相互发布区域间的路由。因此,所有的 ABR 都至少有一个接口属于 Area0,所以 Area0

始终包含所有的区域边界路由器(Area Border Router,ABR)。形象一点的理解是,骨干区域在中间,而每个非骨干区域是分支。

　　任何一个非骨干区域都必须与 Area0 相连,而当网络中某个区域没有与 Area0 直接相连时,该区域的路由计算就会出现问题,如图 3-22 所示。

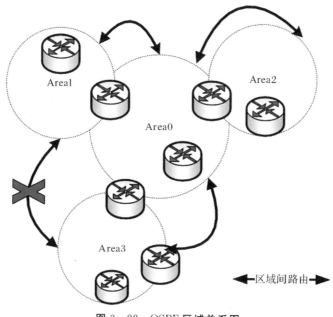

图 3-22　OSPF 区域关系图

2. OSPF 路由器的角色

　　在 OSPF 中,存在多种路由器角色,每种路由器在 OSPF 网络中都发挥着不同的作用。值得强调的是,OSPF 不仅仅能够被部署在路由器上,实际上这个公有协议在许多交换机、防火墙产品,甚至 Linux 主机上都能被实现,因此所谓的"OSPF 路由器"角色,实际上是以路由器作为代表。

　　(1)内部路由器 (Internal Router,IR):所有接口都接入同一个 OSPF 区域的路由器。例如如图 3-23 中 R1、R3 及 R5,他们所有直连接口都在同一个区域中激活 OSPF。

　　(2)区域边界路由器(Area Border Router,ABR):接入多个区域的路由器。并非所有接入多个区域的路由器都是 ABR,它必须有至少一个接口在 Area0 中激活,同时还有其他接口在其他区域中激活。ABR 负责在区域之间传递路由信息,因此 ABR 必须连接到 Area0,同时连接着其他区域。例如图 3-23 的 R2 及 R3。

　　(3)骨干路由器(Backbone Router,BR):接入 Area0 的路由器。一台路由器如果所有接口都接入 Area0,那么它就是一台骨干路由器,另外 ABR 也是骨干路由器。例如图 3-23 中的 R1、R2、R3 及 R6。

　　(4)AS 边界路由器(AS Boundary Router,ABSR):工作在 OSPF 自制系统边界的路由器。ASBR 将 OSPF 域外的路由引入本域,外部路由在整个 OSPF 域内传递。如图 3-23

中的 R6,它是图中 OSPF 域的边界设备,除了接入 OSPF 网络,它还接入了一个 RIP 网络,并将自己路由表中通过 RIP 学习到的路由重分发到了 OSPF 中。并不是同时运行多种路由协议的 OSPF 路由器就一定是 ASBR,ASBR 一定是将外部路由重分发到 OSPF,或者执行了路由重分发操作的路由器。

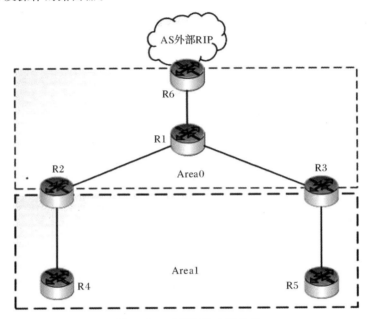

图 3-23 OSPF 路由器角色

3. OSPF 基础配置实验

【任务背景】

在上述实验中,在配置园区网的路由时,使用的是 RIP。由于 RIP 协议主要用于小型网络,在 20 世纪 80 年代中期就已不能适应大规模异构的互连,一种互连功能更强大的路由协议——OSPF 就随之产生了。本项目就来介绍如何使用 OSPF 路由协议进行园区网建设。本实验旨在通过对 RIP 协议的配置,使学员理解 RIP 协议的运行机制与原理。

【任务内容】

该公司有三大工作区域,分别是 A、B、C。每个公共区用一台路由器,3 台路由器互相连接,3 台路由器运行 OSPF 协议,且都为骨干区域,通过配置,使 3 台路由器学习到 OSPF 的路由条目。

【任务目标】

(1)熟悉 OSPF 的工作原理。

(2)掌握在路由交换机和路由器上配置 OSPF 的方法。

【实现步骤】

网络拓扑配置图如图 3-24 所示。

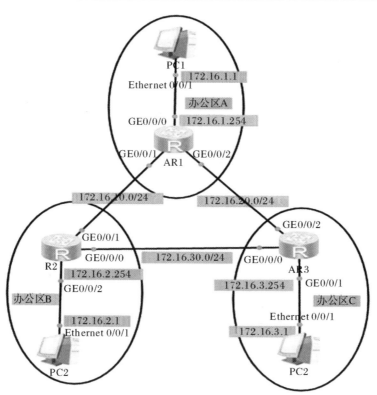

图 3 - 24 办公区 A、B、C 拓扑配置图

步骤 1:配置路由器端口 IP 参数。

```
[R1]int g0/0/0
[R1-GigabitEthernet0/0/0]ip add 172.16.1.254 24
[R1-GigabitEthernet0/0/0]int g0/0/1
[R1-GigabitEthernet0/0/1]ip add 172.16.10.2 24
[R1-GigabitEthernet0/0/1]int g0/0/2
[R1-GigabitEthernet0/0/2]ip add 172.16.20.1 24
[R2]int g0/0/0
[R2-GigabitEthernet0/0/0]ip add 172.16.30.1 24
[R2-GigabitEthernet0/0/0]int g0/0/1
[R2-GigabitEthernet0/0/1]ip add 172.16.10.1 24
[R2-GigabitEthernet0/0/1]int g0/0/2
[R2-GigabitEthernet0/0/2]ip add 172.16.2.254 24
[R3]int g0/0/0
[R3-GigabitEthernet0/0/0]ip add 172.16.30.2 24
[R3-GigabitEthernet0/0/0]int g0/0/1
[R3-GigabitEthernet0/0/1]ip add 172.16.3.254 24
[R3-GigabitEthernet0/0/1]int g0/0/2
[R3-GigabitEthernet0/0/2]ip add 172.16.20.2 24
```

注:(1)配置 OSPF 协议时,需要先使用 OSPF 命令创建并运行 OSPF 进程,然后用 area 命令创建 OSPF 区域,最后在指定的区域中宣告直连网络。

(2)OSPF 协议在宣告直连网络时,需要使用网络地址并写明子网掩码,不过在书写子网掩码是需要写成掩码的反码形式,即 0 变 1,1 变 0。

步骤 2:配置 3 个路由器上的 OSPF。

1)R1 配置:

```
<Huawei>sys
[Huawei]sysname R1
[R1]ospf 1
//创建并进入 OSPF 区域,此处是区域 1
[R1-ospf-1]area 0
//宣告当前区域中的直连网络,注意需要配置子网掩码
[R1-ospf-1-area-0.0.0.0]net 172.16.1.0 0.0.0.255
[R1-ospf-1-area-0.0.0.0]net 172.16.10.0 0.0.0.255
[R1-ospf-1-area-0.0.0.0]net 172.16.20.0 0.0.0.2.255
```

2)R2 配置:

```
<Huawei>sys
[Huawei]sysname R2
[R2]ospf 1 (创建进程号为 1 OSPF 实例)
[R2-ospf-1]area 0 (配置骨干区域)
[R2-ospf-1-area-0.0.0.0]net 172.16.2.0 0.0.0.255
[R2-ospf-1-area-0.0.0.0]net 172.16.10.0 0.0.0.255
[R2-ospf-1-area-0.0.0.0]net 172.16.30.0 0.0.0.2.255
```

3)R3 配置:

```
<Huawei>sys
[Huawei]sysname R3
[R3]ospf 1 (创建进程号为 1 OSPF 实例)
[R3-ospf-1]area 0 (配置骨干区域)
[R3-ospf-1-area-0.0.0.0]net 172.16.3.0 0.0.0.255 (通告所属网段)
[R3-ospf-1-area-0.0.0.0]net 172.16.20.0 0.0.0.255
[R3-ospf-1-area-0.0.0.0]net 172.16.30.0 0.0.0.2.255
```

4)验证:通过命令 dis ospf peer 查看 ospf 邻居状态。

```
<R3>dis ospf peer
OSPF Process 1 with Router ID 172.16.20.2 Neighbors    Area 0.0.0.0 interface
172.16.20.2(GigabitEthernet0/0/2)'s
neighbors
Router ID:172.16.10.2    Address:172.16.20.1
```

State：Full Mode：Nbr is Slave Priority：1

DR：172.16.20.1 BDR：172.16.20.2 MTU：0

Dead timer due in 38 sec

Retrans timer interval：0

Neighbor is up for 00：02：23

Authentication Sequence：［ 0 ］

Neighbors

Area 0.0.0.0 interface 172.16.30.2(GigabitEthernet0/0/0)′s neighbors

Router ID：172.16.30.1 Address：172.16.30.1

State：Full Mode：Nbr is Master Priority：1

DR：172.16.30.1 BDR：172.16.30.2 MTU：0

Dead timer due in 33 sec

Retrans timer interval：5

Neighbor is up for 00：02：08

Authentication Sequence：［ 0 ］

5)查看路由表：dis ospf routing-table protocol ospf 查看 R1 上 OSPF 路由表。

<R1>dis ip routing-table protocol ospf

Route Flags：R - relay，D -download to fib

Public routing table ：OSPF

Destinations ：3 Routes ：4

OSPF routing table status ：<Active>

Destinations ：3 Routes ：4

Destination/Mask Proto Pre Cost Flags NextHop Interface

172.16.2.0/24 OSPF 10 2 D 172.16.10.1 GigabitEthernet0/0/1

172.16.3.0/24 OSPF 10 2 D 172.16.20.2 GigabitEthernet0/0/2

172.16.30.0/24 OSPF 10 2 D 172.16.10.1 GigabitEthernet0/0/1

OSPF 10 2 D 172.16.20.2 GigabitEthernet0/0/2

3.6.6　BGP 协议

首先来回顾一下自治系统(Autonomous System，AS)的概念。关于 AS 的传统定义是：由一个单一的机构或组织所管理的一系列 IP 网络及其设备所构成的集合。可以简单地将 AS 理解为一个独立的机构或者企业所管理的网络，例如一家网络运营商的网络等。另一个关于 AS 的例子是，一家全球性的大型企业在其网络的规划上将全球各个区域划分为一个个的 AS，例如中国区是一个 AS，韩国区是另一个 AS。

根据工作范围的不同，动态路由协议可分为两类，一类被称为内部网关协议(Interior Gateway Protocol，IGP)，例如 RIP、OSPF、IS-IS 等；另一类被称为外部网关协议(Exterior

Gateway Protocol,EGP),例如 BGP 等。IGP 协议用于帮助路由器发现到达本 AS 内的路由,一个 AS 通常采用一种 IGP 协议,当然,仍存在许多大型的网络,它们在一个 AS 中采用多种 IGP 协议以便支撑该网络多元化的需求。无论如何,IGP 协议能够帮助一个 AS 内的路由器发现到达该 AS 各个网段的路由,从而实现 AS 内部的数据互通。然而在一个由多个 AS 构成的大规模的网络中,还需要 EGP 协议来完成 AS 之间的路由交互。Internet 就是一个包含多个 AS 的超大规模网络,在 Internet 的骨干节点上,正是运行着 EGP 协议,从而实现 AS 之间的路由交互,BGP 就是最为大家熟知和使用得最为广泛的一种 EGP 协议。

BGP(Border Gateway Protocol,边界网关协议)几乎是当前唯一被用于在不同 AS 之间实现路由交互的 EGP 协议。BGP 适用于大型的网络环境,例如运营商网络,或者大型企业网等。BGP 支持 VLSM、支持 CIDR(Classless Inter-Domain Routing,无类域间路由),支持自动路由汇总、手工路由汇总。

BGP 使用 TCP 作为传输层协议,这使得协议报文的交互更加可靠和有序。BGP 使用目的 TCP 端口 179,两台互为对等体的 BGP 路由器首先会建立 TCP 连接,随后协商各项参数并建立对等体关系,初始情况下,两者会同步双方的 BGP 路由表,在 BGP 路由表同步完成后,路由器不会持续地地发送 BGP 路由更新,而只发送增量更新或在需要时进行触发性更新,这大大地减小了设备的负担及网络带宽损耗,由于 BGP 往往被用于承载大批量的路由信息如果依然像 IGP 协议那样,周期性地交互路由信息,显然是相当低效和不切实际的。

BGP 定义了多种路径属性(Path Attribute)用于描述路由,就像一学生拥有年龄、体重、班级和经历等属性一样,一条 BGP 路由同样携带着多种属性,路径属性将影响 BGP 路由的优选。BGP 还定义了丰富的路由策略工具,这些工具使得 BGP 具有强大的路由操控能力,这也是 BGP 的魅力之一。

BGP 的发展过程中,经历了数个版本,目前在 1Pv4 环境中,BGPv4(BGP Version4,BGP 版本 4)被广泛使用,该版本在 RFC4271(A Border Gateway Protocol4)中描述。

3.6.7 多协议标记交换(MPLS)

传统的 IP 路由是基于报文的 IP 头部中的目的 IP 地址进行寻址及转发操作,所有的路由设备需维护路由表用于指导数据转发。路由设备执行路由查询时,依据最长前缀匹配原则进行操作。在 IP 技术发展的早期,IP 路由查询操作依赖软件进行,工作效率非常有限,随着数据业务的迅猛发展,这种转发机制逐渐无法适应当时的需求,加上在某些复杂的场景中,还涉及路由的递归查询等操作,这更加影响了 IP 路由的执行速度。后来,出现了一些新的技术,其中之一就是标签交换技术,例如 ATM(Asynchronous Transfer Mode)等,标签交换技术在当时提供了比 IP 路由更高效的转发机制。再后来,MPLS(Multi-Protocol Label Switching,多协议标签交换)的出现整合了 IP 及 ATM 的优势,并且提供了对 IP 的良好集成,逐渐成为一项重要且热门的技术。

在 MPLS 的定义中,多协议(Multi-Protocol)指的是 MPLS 技术能够支持多种网络协议,如 IPv4、IPv6、CLNP(Connectionless Network Protocol)等。MPLS 能够承载单播 1Pv4、组播 1Pv4、单播 1Pv6、组播 1Pv6 等业务,因此支持的业务类型非常丰富;此外,标签交换指的是 MPLS 设备能够为 IP 报文增加标签信息,并且基于标签信息对报文进行转发,这提高了数据的转发效率。当然 MPLS 的优势不仅仅是转发效率上的提升,更重要的是它解决了一系列关键问题、带来了一些新的应用,例如在 VPN(Virtual Private Network,虚拟专用网)及流量工程(Traffic Engineering,TE)中的应用等。

3.7　组　播　技　术

3.7.1　组播技术基础

在 1Pv4 网络中,存在着 3 种通信方式,它们分别是单播、组播以及广播。这 3 种通信方式各有特点。

对于单播通信,相信大家都已经非常熟悉了,毕竟在日常的学习和工作中,这种通信方式大家接触得最多。简单地说,单播通信是一种一对一的通信方式,每个单播报文的目的 IP 地址都是一个单播 1P 地址,并且只会发给一个接收者,而这个接收者也就是该目的 IP 地址的拥有者。

对于广播通信大家也并不陌生,以常见的目的 IP 地址为 255.255.255.255 的广播报文为例,这种类型的报文将被发往同一个广播域中的所有设备,每一个收到广播报文的设备都需要解析该报文,若设备解析报文后发现自己并不需要该报文(通常情况下,设备至少需将报文解析到传输层头部才能判断自己是否需要该报文),则会丢弃它。因此从某种层面上看,广播这种通信方式容易对网络造成不必要的资源消耗,正因如此,在 1Pv6 中,广播已经被取消,原本由广播实现的能力改用组播来实现。网络中的设备(例如路由器)的三层接口在收到广播报文后通常不会进行转发,也就是说广播流量会终结在设备的三层接口上。

组播通信是一种一对多的通信方式,组播报文(目的 IP 地址为组播 1P 地址的报文)发向一组接收者,这些接收者需要加入到相应的组播组中才会收到发往该组播组的报文。针对某个特定的组播组,即使网络中存在多个接收者,对于组播源而言,每次也只需发送一份报文,网络中的组播转发设备负责拷贝组播报文并向有需要的接口转发。一般而言,网络设备在收到组播报文后,缺省并不会对其进行转发,这些设备需要激活组播路由功能,并且维护组播路由表项,然后依据这些表项对组播报文进行合理转发。因此,组播流量的传输,需要一个组播网络来承载。

在图 3-25 中,Server 是一台多媒体服务器,而 PCl、PC2、PC3 及 PC4 是网络中的主机。现在 Server 开始播放视频,用户期望在 PCl、PC2 及 PC3 上实时收看 Server 所播放的视频。

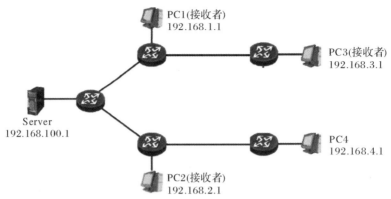

图 3-25 PC1、PC2 及 PC3 期望看到 Server 直播的视频节目

这是一种典型的一对多的通信模型。简单地说,在每一个时刻,Server 需要将相同的数据同时发送给多个接收者。如果采用单播的方式来实现上述需求,那么由于网络中存在多个接收者,对于 Server 而言,就需要为每个接收者各创建一份数据,每一份数据都被发往一台单独的 PC,如图 3-26 所示。设想一下如果网络中存在大规模的接收者,那么 Server 就不得不每次都创建大量的数据拷贝,而且每份拷贝的内容是完全相同的,只是目的 IP 地址各不相同,这显然是极其低效的,同时也造成了链路带宽及设备性能的浪费。不仅如此,Server 在发送数据前,还需要明确所有接收者的 IP 地址,否则它将无法构造数据包,而如果用户要求 PC 可以自由地接入或离开,或者 PC 的 IP 地址并不固定,那么显然单播通信在该场景中就不适用了。

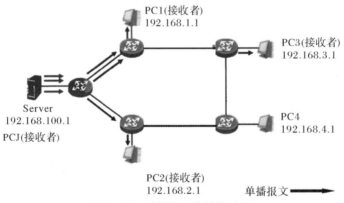

图 3-26 单播报文传播的过程

如果 Server 采用广播的方式发送这些数据,那么所有的接收者就不得不与 Server 处在相同的广播域内,因为广播报文在网络中的泛洪范围非常有限。再者从网络优化角度考虑,广播流量又是应该尽可能被减少的,毕竟,这些流量会造成其他设备不必要的性能损耗,因此在这种场景中使用广播通信显然并非最佳方案。

接下来看看组播是如何解决这个问题的。当 Server 开始播放视频时,组播报文从 Server 源源不断地被发送出来,无论网络中存在多少接收者,Server 每次都仅需发送一份数据。Server 发出的组播报文的源 IP 地址是 192.168.100.1,而目的 IP 地址则是组播 IP 地址(此处以 224.1.1.1 为例)。如图 3-27 所示,Server 发送的组播报文到达路由器 R1 后,

R1 将组播报文进行拷贝,然后将组播报文从有需要的接口转发出去(给 R2 及 R3),至于不需要该报文的接口,路由器是不会向其转发组播报文的。R2 及 R3 收到组播报文后,继续进行拷贝及转发,直到报文到达接收者。只有加入组播组 224.1.1.1 的接收者才会收到这些组播报文。PC1、PC2 及 PC3 需要通过某种机制宣告自己加入组播组 224.1.1.1。组播源并不关心一个组播组中存在多少个接收者,或者这些接收者在网络中的什么位置、它们的 IP 地址是什么,它只管将组播报文发送出去,组播网络设备负责将组播报文根据需要进行拷贝及转发。在图 3-27 中,没有加入组播组 224.1.1.1 的 PC4 是不会收到组播流量的,事实上 R5 并没有连接任何接收者,因此它自己也不会收到发往该组播组的流量,R3 及 R4 不会将组播流量转发给它。

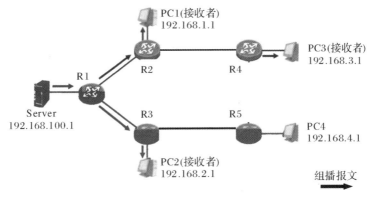

图 3-27　组播网络架构

Server 不需要为每一个接收者单独创建报文,它每次只需发送一份报文即可,网络中的组播设备会对组播报文进行拷贝并转发到需要该报文的接口,组播技术适用于一对多的通信场景,在多媒体直播、在线会议、股票金融等领域有着广泛的应用。学习完本章后面的章节之后,应该能够了解以下几点。

(1)组播的基本概念。

(2)组播网络的架构。

(3)组播 IP 地址的概念及其特点。

(4)组播 MAC 地址的概念及其与组播 IP 地址的映射关系。

3.7.2　组播网络架构

图 3-27 展示了一个典型的组播网络架构,从图 3-27 中可以直观地看出,整个架构大体上可以分为三部分。

(1)需要了解清楚几个角色。

1)组播源(Multicast Source):组播流量的发送源,一个典型例子是多媒体服务器。服务器 Source 就是组播源。在典型的组播实现中,组播源不需要激活任何组播协议。

2)组播接收者(Multicast Receiver):期望接收特定组播组流量的终端 PC 或者其他类型的设备,例如图 3-27 中的 PC1、PC2 及 PC3。我们也将组播接收者称为组播组的成员,在本书中,组播接收者及组播组成员、组成员这些称呼的含义是相同的。只有加入特定组播组的接收者,才会收到发往该组的组播流量。

3)组播组(Multicast Group):采用一个特定的组播 IP 地址标识的群组,例如 239.1.1.1,这个 IP 地址标识了一个组播组,我们可以将其想象成一个电视频道,当您在收看电视时,可能有很多频道(多个组播组,不同的组播组使用不同的组播 IP 地址标识)可以选择,此时您只要通过遥控器调至某一个频道,即可观看该频道的节目,如此一来,您(的电视)就是该频道的组成员之一(同一时间可能有多台电视在收看该频道),当然,如果您从该频道离开,那么也就不再是其组成员了,便不会再看到这个频道的节目。

4)组播路由器(Multicast Router):激活了组播路由功能的路由器。实际上,不仅仅路由器能够支持组播路由,许多交换机、防火墙等产品也支持组播路由,因此路由器在这里仅是一个代表。在组播路由器构成的组播网络中,有两种角色是大家需要额外关注的,其中之一是第一跳路由器(First-hop Router),在图 3-28 中,R1 就是第一跳路由器。第一跳路由器是直接面对组播源的组播路由器,它将直接从组播源接收组播流量,也就是说,它是组播流量进入组播网络的入口。另一个需要额外关注的角色是最后一跳路由器(Last-hop Router),如图 3-28 所示的 R2、R3、R4 及 R5。最后一跳路由器是直接面对组播接收者的路由器,它除了负责将其从组播网络中收到的组播流量从存在接收者的接口转发出去,同时也负责维护其直连网络中的组成员关系。

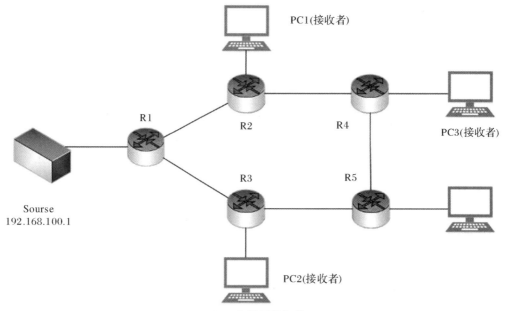

3-28　组播网络架构

(2)在组播网络架构中,组播源与第一跳组播路由器构成了第一部分。组播源无需运行任何组播协议,只需将组播报文发送出来。组播报文在传输层通常采用 UDP 封装,在网络层采用 IP 封装,在本例中,组播源 Source 发送出来的组播报文的源 IP 地址为其网卡 IP 地址 192.168.100.1(单播 IP 地址),而目的 IP 地址则必须是一个组播 IP 地址。当第一跳路由器 R1 收到这些报文后,该组播报文在网络中的传输也就开始了。

由网络中的组播路由器所构成的组播网络构成第二个部分。为了能够正确地转发组播报文,路由器需要维护组播路由表。正如单播路由表通过单播路由协议来维护,组播路由表则使用组播路由协议来维护,组播路由协议为路由器贡献组播表项。常见的组播路由协议有 PIM、MOSPF、MBGP 等。形象地说,组播路由协议的主要功能之一就是在网络中形成一棵无环的树,它被称为组播分发树(Multicast Distribution Tree),这棵树便是组播流量的传输路径,而树的末梢就是组播组的接收者所在的网段,如图 3-28 所示。此外,组播路由协议还需关注组播报文转发过程中的防环问题,它必须拥有相应的机制确保组播报文在正确的接口上到达、并从正确的接口转发出去。

(3)最后一跳路由器与组播接收者构成了组播网络的第三个部分。在图 3-28 中,R2、R3、R4 及 R5 作为连接着终端网段的组播路由器,它们需要通过某种机制查询及发现其直连的网段中是否存在组成员。只有当最后一跳路由器获知其直连网段中存在某个组播组的成员时,它才会向该网段转发该组的组播流量,否则,路由器将不会把该组播组的流量转发到这个网段。而对于终端设备(例如本例中的 PC1、PC2 及 PC3)而言,如果它们希望收到发往某个组播组的流量,那么它们也需要一种机制,来确保本地网络中的组播路由器(最后一跳路由器)知晓自己作为组成员的存在。IGMP(Internet Group Management Protocol,因特网组管理协议)便是用于实现上述功能的。

3.7.3　组播 IP 地址与 MAC 地址

对于一个单播报文而言,其源 IP 地址是报文发送方的 IP 地址,而目的 IP 地址则是报文接收方的 IP 地址,这两个地址必须都是单播 IP 地址。单播 IP 地址,是唯一的标识一台设备的 IP 地址。单播主要用于一对一的通信场景,一个单播报文被发往一个明确的目的地;然而组播则不同,一个组播报文是被发送给某个组播组的所有接收者的,组播报文的源 IP 地址自然是组播源的 IP 地址,这毫无疑问是一个单播 IP 地址,然而报文的目的 IP 地址呢? 我们该如何标识一组接收者?

在 IPV4 地址空间中,A、B 及 C 类 IP 地址用于单播通信,他们可以被分配给一台设备的某个接口。组播报文的目的 IP 地址当然不能是 A、B 及 C 类 IP 地址,因为它被发往一组接收者,IANA(Internet Assigned Numbers Authority,互联网数字分配机构)规定 D 类 IPV4 空间 224.0.0.0/4 用于组播通信,D 类 IP 地址空间包含的地址范围是 224.0.0.0 到 239.255.255.255,D 类 IP 地址也就是组播 IP 地址(Multicast IP Address)。组播 IP 地址用于标识一组接收者。

与 A、B 及 C 类 IP 地址不同,D 类 IP 地址不能作为源 IP 地址使用,只能作为目的 IP 地址使用,换句话说,我们不能讲组播 IP 地址分配给一台设备的任何接口。另外,D 类 IP 地址是不能进行子网划分的。

一个应用层协议产生的数据载荷要想被正确地发送到目的地,需要增加相应的封装。在传输层,如果该应用基于 UDP 协议,那么数据载荷需要被封装一个 UDP 头部,然后交由网络层的 IP 协议模块处理;在 IP 层,上层数据被封装一个 IP 头部。对于单播报文而言,其

IP头部中写入的目的IP地址是目的设备的单播IP地址,而对于组播报文而言,报文的目的IP地址即为组播组的IP地址。接下来,在数据链路层,上层数据需要再增加一层封装,在以太网环境中,它将被封装以太网的帧头及帧尾。

对于以太网单播帧而言,帧头中写入的目的MAC地址是该帧在链路层面上的目的设备的MAC地址,该目的MAC地址必定是一个单播MAC地址,这个地址属于唯一的设备。广播数据帧的目的MAC地址为广播(fff-fff-fff),这些数据帧被发往同一个广播域内的所有设备。而组播数据帧是发往一组接收者的,其目的MAC地址必须是组播MAC地址。

综上所述,MAC地址存在3种类型:单播MAC地址、组播MAC地址和广播MAC地址。一个MAC地址共计48 bit,也就是6个八位组,其中第一个八位组的最低比特位标识了该MAC地址的类型,如果该比特位为0,那么意味着这是一个单播MAC地址,若为1,则是组播MAC地址,而广播MAC地址是一个特殊的组播MAC地址。因此实际上组播MAC地址共有 2^{47} 个,占据了整个MAC地址空间的一半。

在以太网环境中,组播IP报文需被封装成以太网数据帧以便在链路上传输,而这些数据帧的目的MAC地址必须是组播MAC地址,并且必须与该报文的组播目的IP地址相对应。与组播1Pv4地址相对应的组播MAC地址的高25 bit是固定的(其中高24 bit是0x01005e,第25个比特位为0),而剩余的23 bit则从其对应的组播1Pv4地址的低23 bit拷贝得来,因此与组播1Pv4地址相对应的组播MAC地址的范围是0100-5e00-0000至0100-5e7f-ffff,这是整个组播MAC地址空间的一个子集。

与组播1Pv6地址相对应的组播MAC地址的高16 bit是固定的33-33,剩余的32 bit从对应的1Pv6地址的低32 bit拷贝而来,这部分内容超出了本书的范围,本书只讨论1Pv4中的组播。

根据组播IP地址怎样计算对应的组播的MAC地址呢?首先将该IP地址换算成二进制格式,然后将其低23 bit拷贝到MAC地址的低23 bit,而MAC地址的高25 bit是固定的,这就得到了组播IP地址对应的组播MAC地址。

值得注意的是,由于组播IP地址的前4 bit是固定的"1110",而其最后23 bit被拷贝到对应的组播MAC地址中,因此组播IP地址中有5 bit没有被映射到组播MAC地址,这样就存在每25个组播IP地址共享一个组播MAC地址的现象,这个现象在某些场景下可能对网络造成影响,因此网络管理员在进行组播网络设计的时候需考虑到这一点。细心的读者可能会问:组播IP地址与组播MAC地址的映射关系为何不设计成一一对应关系?感兴趣的读者不妨用"IP组播为什么只有23位是映射的"为输入条件到网上去搜索一下,相信一定会得到满意的答案。

3.7.4 IGMP 协议

在组播网络中,最后一跳路由器与组播接收者之间运行着一个非常重要的协议——IGMP(lnternet Group Management Protocol),因特网组管理协议,IGMP主要实现以下几个功能。

(1)最后一跳路由器通过 IGMP 报文向其直连的终端网络进行查询,以便发现该网络中的组播组的成员。例如图 3-29 中所示,Rl 的 GE0/0/1 接口直连着一个终端网络,在其 GE0/0/1 接口激活 IGMP 后,它会通过接口所发送的 IGMP 报文查询该终端网络中是否存在组播组成员。Rl 会维护一个 IGMP 组表,在其中陈列出已经发现了组成员的组播组。缺省情况下,路由器不会向该终端网络转发组播流量,除非它在该网络中发现了组播组成员。

(2)终端设备使用 IGMP 报文宣布自己成为某个组播组的成员。在图 3-29 中,假设 PC2 期望加入组播 239.1.1.1,那么它将向网络中发送一个 IGMP 报文,以便宣告自己加组,Rl 将在其 GE0/0/1 接口上收到这个报文并发现 PC3 的加组行为。

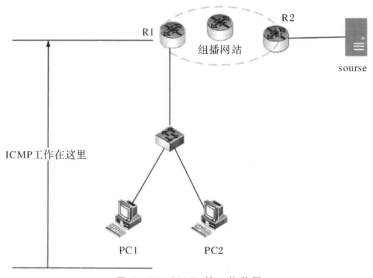

图 3-29　IGMP 的工作范围

(3)IGMP 报文采用 IP 封装,IP 头部中的协议号为 2,而且 TTL 字段值通常为 1,这使得 IGMP 报文只在本地网段内传播。截止目前,IGMP 一共有 3 个版本。

(4)IGMPvl,RFC1112(Host Extensions for IP Multicasting)中定义。

(5)IGMPv2,FC2236(Internet Group Management Protocol,Version2)中定义。

(6)IGMPv3,RFC3376(Intemet Group Management Protocol,Version3)中定义。

IGMPvl 是一个相对老旧的版本,它只定义了基本的组成员查询及组成员关系报告机制。IGMPv2 在 IGMPvl 的基础上做了一些改进,其中包括定义了组成员离开机制、支持特定组播组查询以及定义了查询器选举机制等。IGMPv3 在之前的版本基础上增加了组成员对特定组播源的限制功能,另外,IGMPv3 也是 SSM(Source-Specific-Multicast,特定源组播)的重要组件之一。高版本的 IGMP 具有向前兼容性。在后续的内容中,我们将分别为大家介绍 IGMP 的这 3 个版本。

IGMPv3 在 IGMPv2 的基础上主要增加了组播接收者对组播源的过滤功能,简单地说就是主机可以通过 IGMPv3 宣告自己期望加入的组播组,并限定或过滤特定的组播源。

IGMPv3 定义了两种类型的协议报文(除去用于兼容 IGMPvl 及 IGMPv2 的几种报文)。

(1)成员关系查询(Members-hipQuery)。其中各字段的含义如下。

1)类型(Type):对千 IGMPv3 成员关系查询报文,该字段的值为 Oxll。

2)校验和(Checksum):校验和。

3)最大响应时间(Max-ResponseTime):主机使用 IGMPv3 成员关系报告来响应该成员关系查询报文的最长等待时间。

4)组地址(Group-Address):对于常规查询报文,该字段值被设置为 0.0.0.0;对于特定组查询报文及特定组/源查询报文,该字段值被设置为所查询的特定组播组的地址。

5)S(SuppressRouter-SideProcessing,抑制路由器侧处理)标志位:这是一个特殊的标志位,其值为 1 或 0 时具有不同的功能。关于该标志位的介绍超出了本书的范围。

6)QRV(Querier's-Robustness-Variable,查询器健壮系数):健壮系数是一个变量,这个变量将影响组成员关系的超时时间等。IGMPv3 查询器在自己发送的查询报文中设置 QRV,缺省时,QRV 被设置为 2。

7)QQIC(Querier's-Query-Interval Code,查询器查询间隔):IGMPv3 查询器发送常规查询的时间间隔,缺省时该值为 60 秒。

8)组播源个数(Number-of-Sources):该查询报文中所包含的组播源个数。在常规查询报文或特定组查询报文中,该字段的值为 0,此时该报文将不包含任何组播源地址信息。而在特定组/源查询报文中,该字段的值为非 0,此时该报文所包含的组播源地址个数取决于本字段。

9)组播源地址(Source-Address):组播源地址。

IGMPv3 成员关系查询报文共包含如下三种类型,RFC3376 详细地描述了这些报文及其功能。

1)常规查询(General-Query):IGMPv3 查询器周期性地发送常规查询报文,对网络中的所有组播组进行查询,以便维护组成员关系。由于该报文被用于查询任意的组播组中是否存在成员,因此也被称为普遍组查询报文。在 IGMPv3 常规查询报文中,"组地址"段的值为 0.0.0.0,另外"组播源个数"字段的值也为 0。

2)特定组查询(Group-Specific-Query):特定组查询报文只针对特定的组播组进行查询。在该报文中,"组地址"字段的值为该组播组的地址,另外"组播源个数"字段的值也为 0。

3)特定组/源查询(Group-and-Source-Specific-Query):特定组/源查询报文用于查询网络中是否存在期望接收特定组播源发往特定组播组的流量的组成员。在该报文中,"组地址"字段的值为该组播组的地址,另外,"组播源个数"字段填充的是报文所包含的组播源地址个数,而"组播源地址"字段则填充的是报文所查询的组播源。

(2)成员关系报告(Member ship Report)。当主机加入组播组时,或者当其收到路由器发送的成员关系查询报文时,主机将发送成员关系报告报文,该报文的目的 IP 地址是 224.0.0.22,这是 IANA 分配给 IGMP 协议的组播地址。IGMPv3 中没有专门定义离组报文,IGMPv3 组成员离开组播组时,使用特殊的成员关系报告报文宣告自己离开。

在 IGMPvl 或者 IGMPv2 中,组成员只能使用成员关系报告报文宣告自己期望加入的组播组,而无法对组播源进行指定。IGMPv3 增加了组成员对组播源的过滤模式,因此组成员不仅能够宣告自己期望加入的组播组,还能够对组播源进行指定,例如通过 IGMPv3 成员关系报告宣告自己只接收从源 S1 及 S2 发往组播组 Gl 的组播流量,也可宣告自己只接收除了 S3 及 S4 之外的其他源发往组播组 G2 的组播流量。

各字段的含义如下。

1)类型(Type):对千 IGMPv3 成员关系报告报文,该字段的值为 Ox22。

2)校验和(Checksum):校验和。

3)组记录个数(Number of Group Records):该 IGMPv3 成员关系报告报文中所包含的组记录的个数。

4)组记录(Group Record):每个组记录实际上包含了多个字段,一个 IGMPv3 成员关系报告可能包含多个组记录。下面展示了组记录的格式。

组记录中,各字段的含义如下。

①记录类型(Record Type):指示该组记录的类型。IGMPv3 定义了 6 种组记录类型,分别用于不同的用途。关于这些记录类型,将在下文介绍;②附加数据长度(Auxiliary Data Length):指示本报文中"附加数据"字段的长度,一般而言,该字段的值为 0,因此通常 IGM 阳 3 成员关系报告报文不包含附加数据;③组播源个数(Number of Sources):指示报文中所包含的组播源的个数;④组播地址(Multicast Address):组播组地址;⑤组播源地址(Source Address):组播源地址。

在 IGMPv3 中,组成员使用 IGMPv3 成员关系报告报文宣告自己所加入的组播组,以及该组播组的源过滤模式。IGMPv3 定义了 Include(包含)及 Exclude(排除)两种过滤模式。组成员可以使用成员关系报告宣告自己只希望接收特定源发往某个组播组的流量(过滤模式为 Include),也可以宣告自己只希望接收除了特定源之外的其他源发往某个组播组的流量(过滤模式为 Exclude)。当然,该组成员也可以在事后对此前宣告的过滤模式进行变更。IGMPv3 在成员关系报告中定义了组记录,用于承载这些信息。下文展示了 IGMPv3 的 6 种组记录类型。

这 6 种组记录类型的含义如下。

1)Mode_ls_lnclude:表示过滤模式为 Include,也就是说该组成员期望只接收该组记录中的组播源(组播源可能有多个,下文不再特别说明)发往特定组播组的流量。

2)Mode_Is_Exclude:表示过滤模式为 Exclude,也就是说该组成员期望接收除了该组记录中的组播源之外的其他组播源发往特定组播组的流量。

3)Change_To_lnclude_Mode:表示过滤模式由 Exclude 变更为 Include。

4)Change_To_Exclude_Mode:表示过滤模式由 Include 变更为 Exclude。

5)Allow_New_Sources:表示在当前的基础上,在组播组中增加新的被允许的组播源。

6)Block_Old_Sources:表示在当前的基础上,在组播组中过滤指定的组播源。

练 习 题

1. 主机地址 192.15.2.160 所在的网络是(　　)。

A. 192.15.2.64/26　　　　　　　　　B. 192.15.2.128/26

C. 192.15.2.96/26　　　　　　　　　D. 192.15.2.192/26

2. 关于 IP 协议描述不正确的是(　　)。

A. IP 协议是一个无连接的协议

B. IP 协议是一个尽最大努力传递数据的协议

C. IP 协议是一个路由协议

D. IP 协议是 TCP/IP 协议族网络层的核心协议

3. ARP 协议实现的功能是(　　)。

A. 域名地址到 IP 地址的解析　　　　B. IP 地址到域名地址的解析

C. IP 地址到物理地址的解析　　　　D. 物理地址到 IP 地址的解析

4. 如要将 138.10.0.0 网络分为 6 个子网,则子网掩码应设为(　　)。

A. 255.0.0.0　　　　　　　　　　　B. 255.255.0.0

C. 255.255.128.0　　　　　　　　　D. 255.255.224.0

5. IPv6 地址的位数是(　　)

A. 32　　　　　　　　　　　　　　B. 128

C. 64　　　　　　　　　　　　　　D. 256

6. 以下哪个地址可以作为 C 类主机 IP 地址?(　　)

A. 127.0.0.1　　　　　　　　　　　B. 192.12.25.256

C. 10.61.10.10　　　　　　　　　　D. 211.23.15.1

7. Internet 网上一个 B 类网络的子网掩码是 255.255.252.0,则理论上每个子网的主机数最多可以有(　　)。

A. 256　　　　　　　　　　　　　　B. 1024

C. 2048　　　　　　　　　　　　　　D. 4096

8. 若子网掩码为 255.255.255.192,下列 IP 地址属于同一个子网的是(　　)。

A. 156.26.27.71 和 156.26.101.110

B. 156.26.101.88 和 156.26.101.132

C. 156.26.27.71 和 156.26.27.110

D. 156.26.27.7 和 156.27.101.132

9.以下关于网络层和运输层说法不正确的是(　 　)。

A.网络层向上层提供无连接的、可靠的数据报服务

B.运输层为应用进程之间提供端到端的逻辑通信

C.网络层为主机之间提供逻辑通信

D.运输层应用进程的寻址是按进程端口号,网络层主机的寻址是按主机的 IP 寻址

10.以下设备工作在网络层的是(　 　)。

A.路由器　　　　　　　　　　　　B.集线器

C.网络适配器和交换机　　　　　　D.中继器

11.说明中间设备,转发器、网桥、路由器和网关的区别。

12.试说明 IP 地址与 MAC 地址的区别。为什么要使用这两种不同的地址?

13.IGP 和 EGP 这两类协议的主要区别是什么?

14.简述 RIP,OSPF 和 BGP 路由协议的主要特点。

第4章　构建基础网络传输模型

4.1　传　输　层

截止上一章,已经实现了终端和终端相连,网络和网络相连。在数据链路层,通过点对点之间链路或者子网连接的两个节点之间利用数据链路层地址(MAC)传送帧;在网络层,两台主机之间利用 IP 地址进行数据报的传送。看起来每一个节点和链路都准备好了传送数据,网络的模样已经出现在了用户面前,但是对于网络本身而言,它还没有做好为用户(应用进程)提供服务的准备,如何帮助应用进程发送数据及如何准确接收数据? 如何满足不同应用进程对于传输数据的需要? 这些问题都由负责管理数据运输策略的传输层来解决。

传输层在网络层之上,是网络体系结构中的中心层。其目标是利用网络层提供的服务向其用户(应用进程)提供有效、可靠的数据传输服务。

在 OSI 七层模型中,物理层、数据链路层和网络层通常称为面向通信子网的低三层。传输层在计算机网络中起承上启下的作用,其上各层面向应用,是属于资源子网的问题;其下各层面向通信,主要解决通信子网的问题。在通信子网中没有传输层,它只存在于通信子网以外的各主机中(见图 4 - 1)。

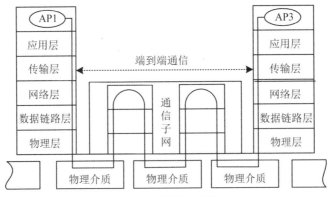

图 4 - 1　传输层通信

在本章中,不同的应用场景对传输层的需求都不同,我们将通过构建传输层 TCP 和UDP 基础网络传输模型来了解传输层的功能、功能如何实现,以及基于传输层的应用。

4.2 网络应用进程间交互需要解决的问题

传输层位于收发两端的主机上,以独立的传输层实体存在,并通过相应接口向上层提供服务。传输层为上层用户屏蔽了下面通信子网的工作细节,比如说网络层协议、网络拓扑结构等等。从用户的角度看,基于 TCP/IP 网络体系结构的整个互联网可以看做是一个类似于操作系统的应用进程的集合,当主机上运行的多个应用进程通过互联网与远端主机上的目的进程进行通信时,为保证一整套传输机制能够满足应用进程之间交互的数据传输需要,网络主要面临以下这些问题:

(1)应用进程相互通信使用什么地址?

(2)应用进程要求高可靠性通信时,传输层使用什么方法保证?

(3)应用进程要求高效传输时,传输层采用什么方法解决?

4.2.1 端口和套接字

下述将解答网络应用进程间交互需要解决的首要问题,包括应用进程中端口和套接字的实现及应用。

1.端口

在第 1 章中已经介绍过,在一般情况下,网络上每台计算机使用一条物理链路连接网络,当它通过网络和其他计算机通信时,所有的数据都通过这条链路进行传输,由于每个单独的网络节点可以运行多个使用相同网络接口的应用程序,这些程序使用相同的 IP 地址。比如说,RTOS 应用程序可以同时运行 TFTP 服务器、echo 服务器和 Nabto 客户机,所有这些都使用了 TCP/IP 协议栈。因此在使用相同的 IP 地址的情况下,当数据到达目的主机时,如何在目的主机上准确定位到具体通信的目的应用进程实体? 如图 4-2 所示。

图 4-2 传输层通信

传输层沿用下三层功能层的设计思路,为每个应用进程提供了一个"通信地址"。众所周知,在计算机操作系统中运行的进程是用唯一的进程标识符来标识的,在因特网上使用的计算机的操作系统种类很多,不同的操作系统又使用不同格式的进程标识符,而对于计算机网络来说,为了使运行不同操作系统的计算机的应用进程能够互相通信,要能正确地将数据交付给指定应用进程,就必须给每个应用进程赋予一个明确的标志,用统一的方法对 TCP/IP 体系的应用进程进行标识。

在 TCP/IP 网络中,采用了一种与操作系统无关的协议端口号(protocol port number)(简称端口号)来标识通信的应用进程。虽然通信的终点是应用进程,但我们可以把端口想象为通信的终点,因为我们只要把要传送的数据包交到目的主机的某一个合适的目的端口,剩下的工作(即最后交付目的进程)就由传输层中的传输协议 TCP 或 UDP 来完成。从用户角度而言,端口号相当于这个大楼(IP 地址)的门牌号码,TCP 和 UDP 使用端口将数据传送给正确的应用进程。

传输层用一个 16 位数来表示端口号,终端上每一个不同的进程都有一个独立的唯一的端口号。传输层 TCP 和 UDP 协议可以使用端口将到来的数据映射到计算机中正在运行的某个进程上,并且使用端口确定将到来的消息交付给哪一个上层协议或者应用进程,最终实现多对进程间的通信复用到一个网络连接上,以此来完成多对应用程序相互之间的通信,如图 4-3 所示。因此,在 TCP/IP 体系的传输层是使用端口号来区分应用层的不同应用进程。需要特别注意的是,端口号只具有本地意义,即端口号只是为了标识本计算机应用层中的各进程,在因特网中,不同计算机中的相同端口号是没有联系的。

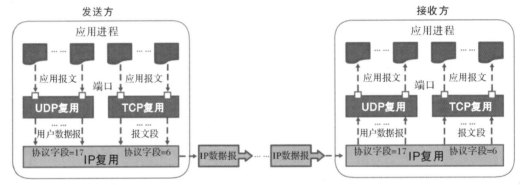

图 4-3 基于端口的进程通信

端口有熟知端口号、登记端口号与动态端口号 3 种类型。

(1)熟知端口号。熟知端口号由 IANA(The Internet Assigned Numbers Authority,互联网数字分配机构)分配和控制。一般是系统保留的端口,用来支持通用的、常见的服务(比如说系统进程),数值一般为 0～1 023,熟知端口号常见的如表 4-1 所示。

表 4-1 常见熟知端口号

端口号	描 述
21	FTP 文件传输协议的端口号
23	Telnet 远程终端协议的端口号
25	SMTP 简单邮件传输协议的端口号
53	DNS 域服务器所开放的端口
69	TFTP 简单文件传送协议的端口号
80	HTTP 超文本传输协议的端口号
110	POP3 邮局协议版本 3 的端口号
161	SNMP 简单网络管理协议 的端口号
162	SNMP 简单网络管理协议 的端口号
520	RIP 路由信息协议的端口号

（2）登记端口号。登记端口号又可以称为注册端口号，一般数值为 1 024～49 151，为没有熟知端口号的应用程序使用的。使用这个范围的端口号必须在 IANA 登记，以防止重复。

（3）动态端口号。动态端口号又叫做短暂端口号或临时端口号，是除了熟知端口号和登记端口号之外，没有被分配的端口号，数值范围为 49 152～65 535，留给客户进程选择暂时使用。当服务器进程收到客户进程的报文时，就知道了客户进程所使用的动态端口号。通信结束后，这个端口号可供其他客户进程使用。

客户端的用户应用进程没必要使用已定义的端口号，因为在客户端发起和服务端的通信时，它使用的端口号包含在发给服务器的 TCP 报文或者 UDP 数据报中。只要客户端进程需要，运行该进程主机会为其临时分配一个端口号，只有当客户端的程序明确要求使用某一个固定端口号，否则其一直使用动态端口号。

在 Windows 操作系统中，使用 netstat 指令可以查看操作系统中的端口及服务。在 cmd 的命令行中输入如下指令即可查看。

netstat［选项参数］

常用指令选项参数主要如表 4－2 所示。

表 4－2　netstat 选项参数表

参　数	作　用
-a 或-all	显示所有连线中的端口、socket
-b	显示创建网络连接和侦听端口时所涉及的可执行程序
-e	显示关于以太网的统计数据
-t 或-tcp	显示 TCP 传输协议的连线状况
-u 或-udp	显示 UDP 传输协议的连线状况
-v 或-verbose	显示指令执行过程
-at	列出所有 TCP 端口
-au	列出所有 UDP 端口
-s	显示所有端口的统计信息
-st	显示所有 TCP 的统计信息
-su	显示所有 UDP 的统计信息
-r	显示关于路由表的信息
-n	显示所有已建立的有效连接

2. 套接字

传输层实现的是端到端的通信，套接字在概念上是通信的端点（end point），是对网络中不同主机上的应用进程之间进行双向通信的端点的抽象。一个套接字就是网络上进程通信的一端，提供了应用层进程利用网络协议交换数据的机制。从所处的地位来讲，套接字上连应用进程，下连网络协议栈，是应用程序通过网络协议进行通信的接口，是应用程序与网络协议栈进行交互的接口。

套接字通常用于客户端与服务器之间的交互,可以看成是两个网络应用程序进行通信时,各自通信连接中的端点,这是一个逻辑上的概念。它是网络环境中进程间通信的 API(应用程序编程接口),也是可以被命名和寻址的通信端点,使用中的每一个套接字都有其类型和一个与之相连的进程。通信时其中一个网络应用程序将要传输的一段信息写入它所在主机的 Socket 中,该 Socket 通过与网络接口卡(NIC)相连的传输介质将这段信息送到另外一台主机的 Socket 中,使对方能够接收到这段信息,如图 4-4 所示。Socket 是由 IP 地址和端口结合的,用于向应用层进程传送数据报的机制。

图 4-4　通过套接字进行网络中的信息传输

套接字 Socket＝(IP 地址:端口号),套接字的表示方法是点分十进制的 lP 地址后面写上端口号,中间用冒号或逗号隔开。每一个传输层连接唯一地被通信两端的两个端点(即两个套接字)所确定。例如:如果 IP 地址是 198.201.145.21,而端口号是 56,那么得到套接字就是(198.201.145.21:56)。在 JAVA 中有 Socket 类帮助构造 Socket,构造方法如下所示:

Socket socket ＝ new Socket("198.201.145.21", 56);

如果 Socket 创建成功,就会成功返回一个 Socket 对象。

(1)套接字的特点。

1)每个套接字都用一个整数表示,该整数称作套接字描述符。

2)只要进程保持一个套接字的连接,那么套接字一直存在并有效。

3)套接字需要成对使用。

(2)套接字的类型。

1)流套接字(SOCK_STREAM)。流套接字用于提供面向连接、可靠的数据传输服务。该服务将保证数据能够实现无差错、无重复送,并按顺序接收。流套接字之所以能够实现可靠的数据服务,原因在于其使用了传输控制协议,即 TCP(The Transmission Control Protocol)协议。

2)数据报套接字(SOCK_DGRAM)。数据报套接字提供一种无连接的服务。该服务并不能保证数据传输的可靠性,数据有可能在传输过程中丢失或出现数据重复,且无法保证顺序地接收到数据。数据报套接字使用 UDP(User Datagram Protocol)协议进行数据的传输。由于数据报套接字不能保证数据传输的可靠性,对于有可能出现的数据丢失情况,需要在程序中做相应的处理。

3)原始套接字(SOCK_RAW)。原始套接字与标准套接字(标准套接字指的是前面介绍的流套接字和数据报套接字)的区别在于:原始套接字可以读写内核没有处理的 IP 数据包,而流套接字只能读取 TCP 协议的数据,数据报套接字只能读取 UDP 协议的数据。因此,如果要访问其他协议发送的数据必须使用原始套接字。

（2）套接字的操作。

1）连接类型。套接字提供了两种类型的连接：面向连接和无连接。

面向连接的通信是指程序在通信之前需要在服务器端和客户端建立一条连接。服务器端建立服务、提供服务，客户端通过连接一个由远程服务器指定的名称来实现上述面向连接的过程。类似于生活中拨打服务电话的过程。

无连接通信指通信双方在一次对话与数据传输之前不需要建立连接。与面向连接的通信相反，服务器程序指定了一个名称以标识到何处去获得服务（与邮政信箱十分类似）。我们将信投递到一个邮政信箱时，并不确定信是否被收到，只能再发一封信来重建一个新的通信。

根据应用层协议功能的要求，传输层要提供两种不同的传输协议，分别为面向连接的传输控制协议（TCP 协议）和面向无连接的用户数据报协议（UDP 协议）。当运输层采用面向连接的 TCP 协议时，尽管下面的网络是不可靠的（只提供尽最大努力服务），但这种逻辑通信信道就相当于一条全双工的可靠信道；当运输层采用无连接的 UDP 协议时，这种逻辑通信信道是一条不可靠信道。

TCP 传送的协议数据单元称为 TCP 报文段（segment）；UDP 传送的协议数据单元称为 UDP 报文或用户数据报。

2）工作流程。要通过网络进行通信，至少需要一对套接字，其中一个运行于客户端，我们称之为 Client Socket，另一个运行于服务器端，我们称为 Server Socket。

根据连接启动的方式以及本地套接字要连接的目标，套接字之间的连接过程可以分为 3 个步骤：①服务器监听。所谓服务器监听，是指服务器端套接字并不定位具体的客户端套接字，而是处于等待连接的状态，实时监控网络状态。②客户端请求。所谓客户端请求，是指由客户端的套接字提出连接请求，要连接的目标是服务器端的套接字。为此，客户端的套接字必须首先描述它要连接的服务器的套接字，指出服务器端套接字的地址和端口号，然后就向服务器端接字提出连接请求。③连接确认。所谓连接确认，是指当服务器端套接字监听到或者说接收到客户端套接字的连接请求，就会响应客户端套接字的请求，建立一个新的线程，并把服务器端套接字的描述发送给客户端。一旦客户端确认了此描述，连接就建立好了。而服务器端套接字继续处于监听状态，接收其他客户端套接字的连接请求。

通过连接管理，传输层保证了数据按顺序、不重复地传输。传输层在发送数据之前需要先建立连接。在连接建立过程中，进行初始序号协商和分配资源等工作。连接建立后，传输层才开始发送数据。在数据发送过程中，数据的序号在初始序号的基础上依次递增。

4.2.2　可靠传输

当应用进程要求高可靠性通信时，传输层往往使用 TCP 协议解决在因特网中产生的数据传输不可靠的问题。TCP 协议不同于 UDP 协议的尽最大努力交付，在正式传输之前就对传输过程中可能出现的问题预设了解决方案，主要包含差错控制、流量控制和缓冲机制、拥塞控制。

1. 差错控制

传输层一般使用确认和超时重传的机制保证数据正确传输。

因为线路原因，数据在传输时可能出错；或者路由器负载过重的原因，数据在传输时可能丢失。为使发送端知道数据是否正确传输，传输层实体使用确认机制，接收端正确收到数据后向发送端回发确认。

正常传输时，进程 A 每发送完一个数据包就停止发送，等待进程 B 的确认，收到进程 B 发出的确认报文后，进程 A 再发送下一个数据包，如图 4-5 所示。如果进程 B 收到的数据包是错误的，则将错误数据包丢弃，也就不会向进程 A 返回确认报文。

如果在传输过程中，进程 A 没有收到进程 B 对 A 发送的数据包确认，则在超出等待时间后重传该数据包，如图 4-6 所示。

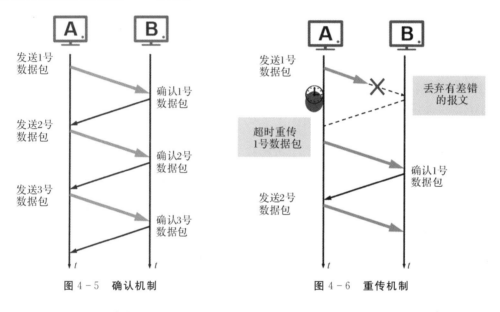

图 4-5 确认机制   图 4-6 重传机制

2. 流量控制和缓冲机制

在数据传输过程中可能会由于中间网络负载过重造成数据丢失或者接收缓冲区溢出造成数据丢失，如图 4-7 和图 4-8 所示。

图 4-7 网络负载过重

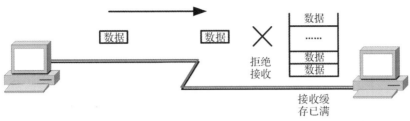

4-8 **接收缓冲区溢出**

为了防止发送方发送速度过快,加重网络负担或"淹没"接收方,需要调整发送方的发送速度,称为流量控制。与数据链路层类似,传输层会限制对发送缓冲区的使用,即使用滑动窗口方法。

滑动窗口协议的基本原理是在任意时刻,发送方都维持了一个允许发送连续数据帧的缓冲区(该缓冲区中存储的为允许发送帧序号),称为发送窗口;同时,接收方也维持一个允许接收连续数据帧的缓冲区(该缓冲区中存储的为允许接收帧序号),称为接收窗口,在协议工作过程中,接收窗口和发送窗口的大小可以不同。有了窗口,就可以指定窗口大小,在 TCP 协议中窗口大小也可以理解为无需等待确认应答,而可以继续发送数据的最大值。

和数据链路层不同的是,传输层会根据传输情况动态调整可用发送缓冲区的大小,即使用可变大小的发送窗口,保证不使发送端的发送速率超过接收端的接收能力,这种对发送方发送速率的控制,称为流量控制,如图 4-9 所示。

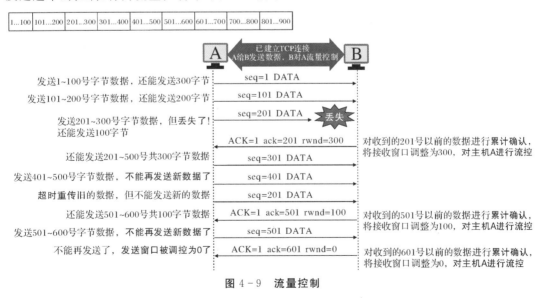

图 4-9 **流量控制**

流量控制的要点在于以下三方面:

(1)发送窗口并不总是和接收窗口一样大(因为有一定的时间滞后)。

（2）TCP 标准没有规定对不按序到达的数据应如何处理。通常是先临时存放在接收窗口中,等到字节流中所缺少的字节收到后,再按序交付上层的应用进程。

（3）TCP 要求接收方必须有累积确认的功能,这样可以减小传输开销。

和流量控制密切相关的概念是拥塞控制,不同的是:拥塞控制主要考虑了接收端和发送端之间的网络环境,目的是保证网络中的数据不超过网络的传输能力。

3.拥塞控制机制

在某段时间,若对网络中某一资源的需求超过了该资源所能提供的可用部分,网络性能就要变坏,这种现象称为拥塞。在计算机网络中的链路容量(即带宽)、交换节点中的缓存和处理机等,都是网络的资源。

在最初的 TCP 中,只有流量控制,没有拥塞控制机制,接收端可以使用 TCP 包头的窗口值将自己的接收能力通知发送端。由于这样的控制机制只考虑接收端的接收能力,没有考虑网络的承受能力,因此常常会导致网络崩溃现象发生。换句话来说,就是流量控制只限制了两点间传输的分组数量,然而拥塞通常是由于来自多个源的分组涌入一个节点所造成。因此,即使节点控制了它们发送的分组数量,如果有太多节点发送分组,拥塞仍会出现,从而导致网络性能急剧下降。

拥塞产生的过程中有两个关键点,分别为膝点和崖点,如图 4 - 10 所示。网络负载较轻时,吞吐量的增长和网络负载基本为线性关系,网络延迟增长缓慢;当网络负载超过膝点后,网络吞吐量增长缓慢,网络延迟增长变快。而当网络负载超过崖点之后,网络吞吐量断崖式下降,网络延迟爆发式上升。从图中可知,拥塞控制就是要尽量避免出现崖点之后的状况,要保持较高的网络使用效率就需要将网络负载控制在膝点附近。

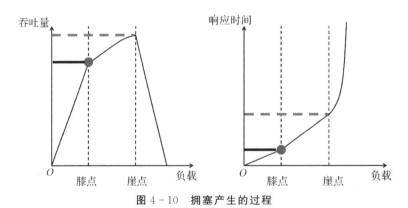

图 4 - 10 拥塞产生的过程

拥塞的产生主要是由于网络资源(链路、路由器和交换机等)和网络流量的分布不均衡造成的,并且拥塞不会随着网络资源的增加和网络处理能力的提高而自动消除。针对其产生的原因,主要有两种拥塞控制的设计:开环控制方法和闭环控制方法。

开环控制方法就是在设计网络时事先将有关发生拥塞的因素考虑周到,力求网络在工作时不产生拥塞,属于避免机制。

闭环控制是基于反馈环路的概念,属于恢复机制。进行闭环控制的有以下几种措施:

(1)监测网络系统以便检测到拥塞在何时、何处发生。

(2)将拥塞发生的信息传送到可采取行动的地方。

(3)调整网络系统的运行以解决出现的问题。

TCP 协议采用基于窗口的方法进行拥塞控制,该方法属于闭环控制方法。具体措施为:

(1)TCP 发送方维持一个拥塞窗口 CWND (Congestion Window)。

(2)拥塞窗口的大小取决于网络的拥塞程度,并且动态地在变化。

(3)发送端利用拥塞窗口,根据网络的拥塞情况调整发送的数据量。

所以,发送窗口大小不仅取决于接收方公告的接收窗口,还取决于网络的拥塞状况。调整拥塞控制窗口的基本原则为:网络没有出现拥塞,拥塞窗口就可以再增大一些,以便把更多的分组发送出去,这样就可以提高网络的利用率;网络出现拥塞或有可能出现拥塞,就必须把拥塞窗口减小一些,以减少注入到网络中的分组数,以便缓解网络出现的拥塞。

4.2.3　高效传输

当用户需要高效传输数据时,比如说,在现场测控领域,面向的是分布化的控制器、监测器等,其应用场合环境比较恶劣,对待传输数据提出了不同的要求,如实时、抗干扰性、安全性等,可以使用基于 UDP 协议的数据传输方式。现场通信中,若某一应用要将一组数据传送给网络中的另一个节点,UDP 协议省去了建立连接和拆除连接的过程,将数据加上报头后传送给下层 IP 协议,取消了重发检验机制,能够达到较高的通信速率。

UDP 是一个无连接协议,传输数据之前源端和终端不建立连接,当它想传送时就简单地去抓取来自应用程序的数据,并尽可能快地把它扔到网络上。在发送端,UDP 传送数据的速度仅仅是受应用程序生成数据的速度、计算机的能力和传输带宽的限制;在接收端,UDP 把每个消息段放在队列中,应用程序每次从队列中读一个消息段。

由于传输数据不建立连接,因此也就不需要维护连接状态,包括收发状态等,因此一台服务机可同时向多个客户机传输相同的消息。

UDP 信息包的标题很短,只有 8 个字节,相对于 TCP 的 20 个字节信息包而言 UDP 的额外开销很小。

吞吐量不受拥塞控制算法的调节,只受应用软件生成数据的速率、传输带宽、源端和终端主机性能的限制。

UDP 是面向报文的。发送方的 UDP 对应用程序交下来的报文,在添加首部后就向下交付给 IP 层。既不拆分,也不合并,而是保留这些报文的边界,因此,应用程序需要选择合适的报文大小。

虽然 UDP 是一个不可靠的协议,但它是分发信息的一个理想协议。例如,在屏幕上报告股票市场、显示航空信息等等。UDP 也用在路由信息协议 RIP(Routing Information Protocol)中修改路由表。在这些应用场合下,如果有一个消息丢失,在几秒之后另一个新的消息就会替换它,基于以上特点,UDP 广泛用在多媒体应用中。

4.3　基于 TCP 的客户端/服务器模式

TCP(Transmission Control Protocol,传输控制协议)是一种面向连接的、可靠的、基于字节流的传输层通信协议。TCP 为应用层提供了差错恢复、流量控制及可靠性等功能。大多数应用层协议使用 TCP 协议,如 HTTP、FTP、Telnet 等协议。

4.3.1　TCP 协议概述

TCP 协议在不可靠的网络服务上提供可靠的、面向连接的端到端传输服务。使用 TCP 协议进行数据传输时必须首先建立一条连接,数据传输完成之后再把连接释放掉。TCP 采用套接字(Socket)机制来创建和管理连接,一个套接字的标识包括两部分:主机的 IP 地址和端口号。为了使用 TCP 连接来传输数据,必须在发送方的套接字与接收方的套接字之间明确地建立一个 TCP 连接,这个 TCP 连接由发送方套接字和接收方套接字来唯一标识,即四元组:

<源 IP 地址,源端口号,目的 IP 地址,目的端口号>

1. TCP 协议特点

(1)TCP 连接是全双工的。这意味着 TCP 连接的两端主机都可以同时发送和接收数据。由于 TCP 支持全双工的数据传输服务,这样确认信息可以在反方向的数据流中捎带。

(2)TCP 连接是点对点的。点对点表示 TCP 连接只发生在两个进程之间,一个进程发送数据,同时只有一个进程接收数据,因此 TCP 不支持广播和多播。

(3)TCP 连接是面向字节流的。与 UDP 不同,TCP 是一种面向流的协议。在 UDP 中,把一块数据发送给 UDP 以便进行传递。UDP 在这块数据上添加自己的首部,这就构成了数据报,然后再把它传递给 IP 来传输。这个进程可以一连传递好几个块数据给 UDP,但 UDP 对每一块数据都是独立对待,而并不考虑它们之间的任何关系。TCP 则允许发送进程以字节流的形式来传递数据,而接收进程也把数据作为字节流来接收。

TCP 创建了一种环境,它使得两个进程好像被一个假想的"管道"所连接,而这个管道在 Internet 上传送两个进程的数据,发送进程产生字节流,而接收进程消耗字节流,如图 4-11 所示。并且,"流"意味着用户数据没有边界,TCP 实体可以根据需要合并或分解数据报中的数据。例如,发送进程在 TCP 连接上发送 4 个 512 字节的数据,在接收端用户接收到的不一定是 4 个 512 字节的数据,可能是 2 个 1 024 字节或 1 个 2 048 字节的数据,接收者并不知道发送者的边界,若要检测数据的边界,必须由发送者和接收者共同约定,并且在用户进程中按这些约定来实现。

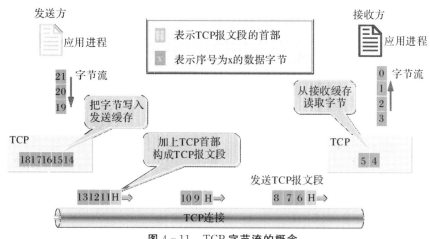

图 4-11　TCP 字节流的概念

2. TCP 报文格式

TCP 收到应用层提交的数据后,将其分段,并在每个分段前封装一个 TCP 头。图 4-12 所示为 TCP 头的格式。TCP 头由一个 20 字节的固定长度部分加上变长的选项字段组成。

0	8	16	24	31
源端口		目的端口		
序号				
确认号				
数据偏移	保留	TCP控制位	窗口值	
校验和		紧急指针		
选项			填充	
数据				

图 4-12　TCP 头格式

TCP 头的各字段含义如下。

(1)源端口号(Source Port):16 位的源端口号指明发送数据的进程。源端口和源 IP 地址的作用是标识报文的返回地址。

(2)目的端口号(Destination Port):16 位的目的端口号指明目的主机进程。源端口号和目的端口号合起来唯一地表示一条连接。

(3)序列号(Sequence Number):32 位的序列号,表示数据部分第一字节的序列号,可以将 TCP 流中的每一个数据字节进行编号。

(4)确认号(Acknowledgement Number):32 位的确认号由接收端计算机使用,如果设置了 ACK 控制位,这个值表示下一个期望接收到的字节(而不是已经正确接收到的最后一个字节),隐含意义是序号小于确认号的数据都已经正确地接收。

(5)数据偏移量(Data Offset):4 位,指示数据从何处开始,实际上是指出 TCP 头的大小。数据偏移量以 4 字节长的字为单位计算。

(6)保留(Reserved):6 位,这些位必须是 0,它们是为了将来定义新的用途所保留的。

(7)控制位(Control Bits):6 位,按照顺序排列是:URG,ACK,PSH,RST,SYN,FIN,它们的含义如下。

1)URG:紧急标志位,说明紧急指针有效。

2)ACK:仅当 ACK＝1 时确认号字段才有效。当 ACK＝0 时,确认号无效。TCP 规定,在建立连接后所有传送的报文段都必须把 ACK 置 1。

3)PSH:该标志置位时,接收端在收到数据后应立即请求将数据递交给应用,而不是将它缓冲起来直到缓冲区接收满为止。在处理 telnet 或 login 等交互模式的连接时,该标志总是置位的。

4)RST:复位标志,用于重置一个已经混乱(可能由于主机崩溃或其他原因)的连接。该位也可以被用来拒绝一个无效的数据段,或者拒绝一个连接请求。

5)SYN:在连接建立时用来同步序号。当 SYN＝1 而 ACK＝0 时,表明这是一个连接请求报文段。若对方同意建立连接,则应在响应的报文段中使 SYN＝1 和 ACK＝1。因此 SYN 置 1 就表示这是一个连接请求报文。

6)FIN:用来释放一个连接。当 FIN＝1 时,表明此报文段的发送方的数据已发送完毕,并要求释放连接。

(8)窗口值(Windows Size):16 位,指明了从被确认的字节算起可以发送多少个字节。窗口用来控制对方发送的数据量,当窗口大小为 0 时,表示接收缓冲区已满,要求发送方暂停发送数据。

(9)校验和(Checksum):TCP 头包括 16 位的校验和字段用于错误检查。校验和字段检验的范围包括首部和数据这两部分。源端计算一个校验和数值,如果数据报在传输过程中被第三方篡改或者由于线路噪声等原因受到损坏,发送和接收方的校验计算值将不会相符,由此 TCP 协议可以检测出是否出错。

(10)紧急指针(Urgent Pointer):16 位,指向数据中的最后一个字节,通知接收方紧急数据共有多长,在 URG＝1 时才有效。

(11)选项(Option):长度可变,最长可达 40 字节。TCP 最初只规定了一种选项即最大报文段长度,随着因特网的发展,又陆续增加了几个选项,如窗口扩大因子、时间戳选项等。

(12)填充(Padding):这个字体中加入额外的 0,以保证 TCP 头是 32 位的整数倍。

3. TCP 的连接和释放

TCP 协议是一个面向连接的可靠的传输控制协议,在每次数据传输之前需要首先建立连接,当连接建立成功后才开始传输数据,数据传输结束后还要断开连接。

TCP 使用 3 次握手的方式来建立可靠的连接。如图 4－13 所示。TCP 为传输每个字节分配了一个序号,并期望从接收端的 TCP 得到一个肯定的确认(ACK)。若在一个规定的时间间隔内没有收到一个 ACK,则数据会重传。因为数据按块(TCP 报文段)的形式进行传输,所以 TCP 报文段中的每一个数据段的序列号被发送到目的主机。当报文段无序到达时,接收端 TCP 使用序列号来重排 TCP 报文段,并删除重复发送的报文段。

TCP 三次握手建立连接的过程如图 4-13 所示。

(1)请求主机通过一个 SYN 标志置位的数据段发出会话请求。

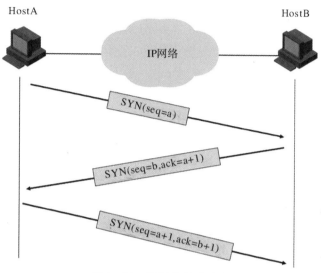

图 4-13　TCP 连接的建立

(2)接收主机通过发回具有以下项目的数据段表示回复:SYN 标志置位、即将发送的数据段的起始字节的顺序号,ACK 标志置位、期望收到的下一个数据段的字节顺序号。

(3)请求主机再回送一个数据段,ACK 标志置位,并带有对接收主机确认序列号。

当数据传输结束后,需要释放 TCP 连接,过程如图 4-14 所示。

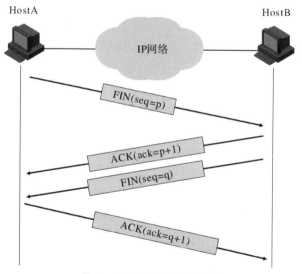

图 4-14　TCP 连接的释放

为了释放一个连接,任何一方都可以发送一个 FIN 位置位的 TCP 数据段,这表示它已经没有数据要发送了,当 FIN 数据段被确认时,这个方向上就停止传送新数据。然而,另一个方向上可能还在继续传送数据,只有当两方都停止的时候,连接才被释放。

4.3.2 实践:TCP客户端/服务器传输模型

从数据收发的角度来看,发起连接的一方是客户端,等待连接的一方是服务器。要构建TCP客户端/服务器传输模型需使用流套接字,分别构建服务器端和客户端。

根据TCP协议工作特点,服务端的数据收发主要经过以下5个阶段:

(1)创建套接字(创建套接字阶段)。

(2)将套接字设置为等待连接状态(等待连接阶段)。

(3)接受连接(接受连接阶段)。

(4)收发数据(收发阶段)。

(5)断开数据传输通道并删除套接字(断开阶段)。

对于客户端来说,客户端的数据收发经过以下4个阶段。

(1)创建套接字(创建套接字阶段)。

(2)连接服务器端的套接字(连接阶段)。

(3)收发数据(收发阶段)。

(4)断开数据传输通道并删除套接字(断开阶段)。

在Java.net中使用Socket和ServerSocket两个类实现TCP客户端/服务器端通信。Socket类用来创建Socket对象,实现客户端套接字,向服务器端发出连接请求;ServerSocket类用于实现服务器套接字,该对象等待开启服务等待客户端连接,下面我们通过构建TCP客户端/服务器传输模型来了解TCP协议。

1.构建TCP客户端/服务器传输模型

【任务背景】

由于TCP协议具备可靠传输的特点,某单位使用TCP协议实现局域网中传送信息及数据文件的功能。

【任务内容】

创建基于TCP协议的信息传输模型。

【任务目标】

使用JAVA语言实现TCP客户端/服务器传输模型,使客户端和服务端能够进行信息交互,达到可靠传输信息的目的。在服务器启动后显示"服务器启动",并在收到客户端消息时能够显示消息,并给客户端发送消息回执。客户端能够正常向服务端发送消息,并接收显示服务端消息。

【实现步骤】

(1)服务器实现步骤。

1)创建服务器ServerSocket对象和系统要制定的端口。

2)使用ServerSocket对象中的方法accept获取请求的客户端对象Socket。

3)使用Socket对象中的getInputStream获取网络字节输入流InputStream对象。

4）使用网络字节输入流 InputStream 对象中的方法 read 读取客户端发送的请求。

5）使用 socket 对象中的方法 getOutputStream 获取网络字节输出流 OutputStream 对象。

6）使用网络字节输出流 OutputStream 对象中的 write 来给客户端回写数据。

7）释放资源 Socket 和 ServerSocket。这一步非常重要，如果不释放 socket 资源，该 socket 绑定的端口就会一直处于被占用状态。

具体代码如下：

```java
import java.io.IOException;
import java.io.InputStream;
import java.io.OutputStream;
import java.net.ServerSocket;
import java.net.Socket;
/**
 * TCP 通信的服务器端，接收客户端发的数据
 * java.net.ServerSocket
 *
 * 构造方法：
 * ServerSocket(int port)
 *
 * 服务器必须明确，必须知道是哪个客户端请求的服务器
 * 所以可以使用 accept 方法获取请求到的客户端对象 socket
 *
 * 成员方法：
 * socket accept()    侦听并接收到此套接字的连接
 */
public class TCPServer {
    public static void main(String[] args) throws IOException {
        //1.创建服务器 socket
        ServerSocket serverSocket = new ServerSocket(8888);
        //2.使用 ServerSocket 对象中的 accept 方法  获取客户端的 socket
        Socket socket = serverSocket.accept();
        //3.使用 Socket 对象中的 getInputStream 获取网络字节输入流 InputStream
        InputStream inputStream = socket.getInputStream();
        //4.使用网络字节输入流 InputStream 对象中的 read 获取客户端发送的数据
        byte[] bytes = new byte[1024];
        int len = inputStream.read(bytes);
        System.out.println(new java.lang.String(bytes, 0, len));
```

```
        //5. 使用 socket 对象中的方法 getOutputStream 获取字节输出流
        OutputStream outputStream = socket. getOutputStream();
        //6. 向客户端发送响应消息。
        outputStream. write("服务器收到客户端消息。". getBytes());
        //7. 释放 socket 资源
        socket. close();
        serverSocket. close();
    }
}
```

(2)客户端实现步骤。TCP 通信的客户端,向服务器发送连接请求,给服务器发送数据,读取服务器回写的数据。使用在 java 程序中表示客户端的类 java. next. Socket。套接字构造使用 Socket(String host, int port)函数,其中 host 为服务器主机的名称或者 IP,port 为端口。

实现步骤:

1)创建客户端对象 socket 构造方法中绑定服务器的 IP 地址和端口号。

2)使用 getOutputStream() 获取网络字节输出流 OutputStream 对象。

3)使用网络字节输出流 OutputStream 对象中的方法 write ,检查服务器发送数据。

4)使用 socket 对象中的 getInputStream 获取网络字节流 InputStream 对象。

5)使用网络字节输入流 InputStream 对象中的 read 方法,读取服务器回写的数据。

6)释放资源。

具体代码如下:

```
import java. io. IOException;

import java. io. InputStream;

import java. io. OutputStream;

import java. net. Socket;

/*
*   OutputStream getOutputStrcam()    返回此套接字的输出流
*   InputStream getInputStream()      返回此套接字的输入流
*   void close()   关闭套接字
*/

public class TCPClient {
    public static void main(String[] args) throws IOException {
        //1. 创建一个客户端对象 Socket 构造方法绑定服务器的 IP 和端口号,用本
地做测试,也可以换成远程服务器 IP
        Socket socket = new Socket("127. 0. 0. 1", 8888);
        //2. 使用 Socket 对象中的方法 OutputStream() 获取网络字节输出流
        OutputStream outputStream = socket. getOutputStream();
```

```
        //3. 使用网络字节流 OutputStream 对象中的方法 write 向服务器发送数据
        outputStream.write("hello world".getBytes());
        //4. 使用 socket 对象中的 getInputStream 获取网络字节流 InputStream 对象。
        InputStream inputStream = socket.getInputStream();
        //5. 使用网络字节输入流 InputStream 对象中的 read 方法,读取服务器回写
        的数据。
        byte[] bytes = new byte[1024];
        int len = inputStream.read(bytes);
        System.out.println(new String(bytes, 0, len));
        //6. 释放 socket 资源。
        socket.close();
    }
}
```

(3)客户端和服务端的通信。在命令行模式下,先启动服务端,再启动客户端完成两者之间的通信。

客户端在服务端接收到消息后,显示服务端的确认报文。通信结果如图 4-15 所示。

```
C:\WINDOWS\system32\cmd.exe
Microsoft Windows [版本 10.0.19042.1415]
(c) Microsoft Corporation。保留所有权利。

C:\Users\zyz>java D:\2021bookedition\coding\newcodeTCP\tcpCode\src\TCPClient.java
服务器收到客户端消息。
```

图 4-15　客户端通信结果

服务端在启动后接收到客户端发送的数据,通信结果如图 4-16 所示。

```
C:\WINDOWS\system32\cmd.exe
Microsoft Windows [版本 10.0.19042.1415]
(c) Microsoft Corporation。保留所有权利。

C:\Users\zyz>java D:\2021bookedition\coding\newcodeTCP\tcpCode\src\TCPServer.java
服务器启动
hello world
```

图 4-16　服务器端通信结果

2. 分析 TCP 协议工作流程

在客户端和服务器端通信过程中使用 Wireshark 抓包工具抓取数据包,能够进一步了解基于 TCP 协议的 C/S 数据传输模型的详细通信过程,如图 4-17 所示。

封包列表中显示:编号、时间戳、源地址、目标地址、协议、长度以及封包概要信息,选中某一个数据包即可以在下方文本框查看该封包详细的报文信息。其中各关键字详细定义可参考前节,各关键字数值对应 TCP 协议数据包中的各项数据。

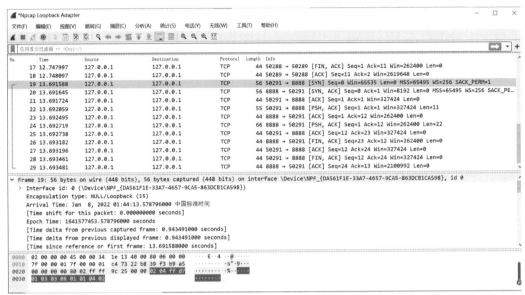

图 4 - 17　Wireshark 抓取的 TCP 协议数据包列表

通过查看数据包信息可知,在 TCP 协议建立连接时,进行了 3 次握手,具体见图 4 - 18 中序号为 19,20,21 的 3 个数据包。

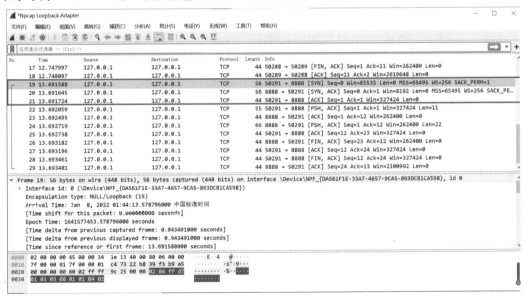

图 4 - 18　3 次握手 TCP 协议数据包

(1)由端口号为 50291(系统分配的临时端口)的客户端进程向端口号为 8888 的服务器端提出连接请求。

(2)服务器端在收到请求后返回连接请求确认报文,提供窗口值(Win=8 192)、最大报文段长度(MSS=65 495)、窗口扩大因子(WS=256)等,和客户端协商使用 TCP 协议进行数据传输时的关键值。

(3)客户端收到确认报文后,向服务器端发送确认连接报文,并附带协商结果窗口值

（Win＝327 424）。

同样，也可通过查看封包列表信息观察在 TCP 协议断开连接时进行的操作。断开连接请求可以由客户端提出，也可以由服务器端提出。进行的 4 次挥手具体见图 4-19 中序号为 26,27,28,29 的 4 个数据包。

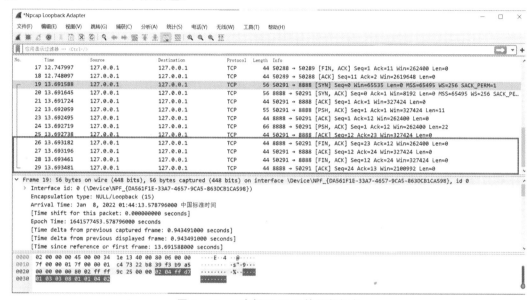

图 4-19　4 次挥手 TCP 协议数据包

（1）由端口号为 8888 的服务器端进程向端口号为 50291（系统分配的临时端口）的客户端提出断开连接请求。同时停止再发送数据，主动关闭 TCP 连接，进入"终止等待 1"状态，等待客户端的确认。

（2）客户端在收到请求后，向服务器端发送断开连接请求的确认报文。客户端进入"关闭等待"状态，此时的 TCP 处于半关闭状态，服务端到客户端的连接释放。

（3）服务端收到确认报文后，进入"终止等待 2"状态，等待客户端发出的连接释放报文段。

（4）客户端发出连接释放报文段（FIN＝1，ACK＝1，seq＝12，ack＝24），客户端进入"最后确认"状态，等待服务器端的确认。

（5）服务端收到客户端的连接释放报文段后，对此发出确认报文段（ACK＝1，seq＝24，ack＝13），服务端进入"时间等待"状态。此时 TCP 未释放掉，需要经过时间等待计时器设置的时间 2MSL（2 倍的报文最大生存时间）后，服务端才进入"已经关闭"状态。

在 TCP 传输过程中，同一台主机发出的数据段应该是连续的，即后一个包的 Seq 号等于前一个包的 Seq＋Len（3 次握手和 4 次挥手是例外）。

如果 Wireshark 发现发送的后一个包的 Seq 号大于前一个包的 Seq＋Len，就知道中间缺失了一段数据。中间缺失的数据有时候是由于乱序导致的，在后面的包中还可以找到，但是跨度大的乱序却可能触发快速重传。在 TCP 协议中，决定报文是否有必要重传的主要机制是重传计时器（retransmission timer），它的主要功能是维护重传超时（RTO）值。当报文使用 TCP 传输时,重传计时器启动,收到 ACK 时计时器停止。从报文发送至接收到 ACK 的时间称为往返时间(RTT)。对若干次时间取平均值,该值用于确定最终 RTO 值,而在最终 RTO 值确定之前,由重传计时器来确定每一次报文传输是否有丢包发生。

4.4 基于 UDP 的客户端/服务器模式

UDP 协议(User Datagram Protocol),即用户数据报协议。UDP 协议与 TCP 协议一样用于处理数据包,主要用来支持那些需要在计算机之间快速传递数据(相应的对传输可靠性要求不高)的网络应用。包括网络视频会议系统在内,众多的客户/服务器模式的网络应用都需要 UDP 协议,在今天 UDP 仍然不失为一项非常实用和可行的网络传输层协议。

许多应用只支持 UDP,如:多媒体数据流,不产生任何额外的数据,即使知道有破坏的包也不进行重发。当强调传输性能而不是传输的完整性时,如:音频和多媒体应用,UDP 是最好的选择。在数据传输时间很短,以至于此前的连接过程成为整个流量主体的情况下,UDP 是一个好的选择。

4.4.1 UDP 协议概述

UDP 是 TCP/IP 协议簇中的无连接的传输层协议,只在 IP 数据报服务上增加很少的功能。UDP 提供了端口号字段,可以实现应用进程的复用和分用,UDP 也提供了校验和计算,可以实现包括伪协议头和 UDP 用户数据报的校验,这里说的伪协议头,是讲校验计算的范围,包括了网络层 IP 数据报的一部分内容。

1. UDP 协议的特点

(1)在发送数据报文段之前不需要建立连接,好处是可以节省连接建立所需要的时间,有些应用层协议是不需要建立连接的,在有些情况下,也是无法或不能建立连接的,如在对网络进行故障检测时。

(2)UDP 采用尽力交付为应用层提供服务,协议简单,协议首部仅有 8 个字节,不需要维持包含许多参数、复杂的状态表。

(3)UDP 不支持拥塞控制,网络出现拥塞时,就简单的丢掉数据单元,有些应用层的应用需要有很低的时延,对在网络出现拥塞时丢失少量的数据单元是可以容忍的,如 IP 电话。

(4)UDP 是面向报文的,对应用程序交下来的报文不再划分为若干个报文段来发送。这就要求应用程序要选择合适大小的报文。

(5)UDP 支持一对多,一对一,多对多和多对一的交互通信。UDP 可以通过 ICMP 进行报文传输过程中的出错处理,发送 ICMP 报文,通告报文在网络中传输遇到的问题,如"目的端口不可达"ICMP 报文。

2. UDP 报文格式

UDP 数据段同样由首部和数据两部分组成,UDP 报头包括 4 个域,其中每个域占用 2 个字节,总长度为固定的 8 字节,如图 4-20 所示。

0	8	16	24	31

源端口	目的端口
长度	校验和
数据	

图 4-20　UDP 头格式

（1）源和目的端口：UDP 协议同 TCP 协议一样，使用端口号为不同的应用程序保留其各自的数据传输通道。数据发送方将 UDP 数据包通过源端口发送出去，而数据接收方则通过目标端口接收数据。

（2）长度：是指包括报头和数据部分在内的总的字节数。

（3）校验和：校验和计算的内容超出了 UDP 数据报文本身的范围，实际上它的值是通过计算 UDP 数据报及一个伪报头而得到的。同 TCP 一样，UDP 协议使用报头中的校验和来保证数据的安全。

4.4.2　实践：UDP 客户端/服务器传输模型

构建 UDP 客户端/服务器传输模型需使用到数据报套接字分别构建服务器端和客户端，针对网络通信的不同层次，Java 提供了不同的 API，其提供的网络功能有以下 4 种：

（1）InetAddress：用于标识网络上的硬件资源，主要是 IP 地址。

（2）URL：统一资源定位符，通过 URL 可以直接读取或写入网络上的数据。

（3）Sockets：使用 TCP 协议实现的网络通信 Socket 相关的类。

（4）Datagram：使用 UDP 协议，将数据保存在用户数据报中，通过网络进行通信。

在 Java.net 中使用 DatagramPacket 和 DatagramSocket 两个类实现 UDP 客户端/服务器应用程序。DatagramPacket 类用来表示数据报包，数据报包用来实现无连接包投递服务，每条报文仅根据该包中包含的信息从一台机器路由到另一台机器；DatagramSocket 类用于表示发送和接收数据报包（DatagramPacket）的套接字。其中数据报包套接字是包投递服务的发送或接收点，每个在数据报包套接字上发送或接收的包都是单独编址和路由的。

【任务背景】

由于 UDP 协议具备高速传输的特点，某单位使用 UDP 协议实现局域网中传送大量数据的功能。

【任务内容】

创建基于 UDP 协议的数据传输模型。

【任务目标】

（1）使用 JAVA 语言构造一个客户端线程和一个服务器线程，使客户端和服务端用于实现两方一唱一和式互相通信。

（2）通过 Wireshark 抓包协议了解 UDP 协议工作特点。

【实现步骤】

1.创建服务器端

（1）创建服务器端数据报套接字 DatagramSocket 对象，绑定端口 9999。

DatagramSocket socket;

socket = new DatagramSocket(9999);

（2）创建数据报缓存，用于接收客户端发送的 UDP 数据报。

byte[] data = new byte[1024];// 创建字节数组，指定接收的数据包的大小

DatagramPacket packet = new DatagramPacket(data, data. length);

（3）接收客户端发送的数据。

System. out. println("服务器:服务器端已经启动,等待客户端发送数据");

socket. receive(packet);// 此方法在接收到数据报之前会一直阻塞

（4）读取并输出数据。

String info = new String(data, 0, packet. getLength());

System. out. println("服务器:客户端说:" + info);

（5）创建数据报，包含响应的数据信息，响应客户端。

DatagramPacket packetS = new DatagramPacket(dataS, dataS. length, address, port);

socket. send(packetS);

（6）等待客户端下一次请求。

System. out. println("服务器:等待客户端发送请求");

socket. receive(packet);// 此方法在接收到数据报之前会一直阻塞

具体代码如下：

```
import java. io. IOException;
import java. net. DatagramPacket;
import java. net. DatagramSocket;
import java. net. InetAddress;

public class UDPServer {
    public static void main(String[] args) throws IOException {
        try {
        DatagramSocket socket;
        socket = new DatagramSocket(9999);//服务器端口指定为 9999
        byte[] data = new byte[1024];// 创建字节数组，指定接收的数据包的大小
        DatagramPacket packet = new DatagramPacket(data, data. length);
        System. out. println("服务器:服务器端已经启动,等待客户端发送数据");
        //接收客户端发送的数据报,接收到数据报之前一直阻塞 socket. receive(packet);
        InetAddress address = packet. getAddress();//获取客户端 IP 端口
        int port = packet. getPort();//获取客户端端口
        byte[] dataS = "欢迎您!". getBytes();
        DatagramPacket packetS = new DatagramPacket(dataS, dataS. length, ad-
dress, port);
```

```
                    socket. send(packetS);
                    //接收客户端发送的数据报,接收到数据报之前一直阻塞
                    System. out. println("服务器:等待客户端发送请求");
socket. receive(packet);
                    GetDate gData = new GetDate();
                    info = new String(data, 0, packet. getLength());
                    System. out. println("服务器:客户端说:" + info);
                    address = packet. getAddress();
                    port = packet. getPort();
                    dataS = gData. getDateSp(). getBytes();
                    packetS = new DatagramPacket(dataS, dataS. length, address, port);
                    socket. send(packetS);

                    System. out. println("服务器:等待客户端发送请求");
                    socket. receive(packet);
                    info = new String(data, 0, packet. getLength());
                    System. out. println("服务器:客户端说:" + info);
                    address = packet. getAddress();
                    port = packet. getPort();
                    dataS = gData. getTimeSp(). getBytes();
                    packetS = new DatagramPacket(dataS, dataS. length, address, port);
                    socket. send(packetS);

                    // 关闭数据报套接字
                    socket. close();
                } catch (IOException e) {
                    e. printStackTrace();
                }
            }
        }
    }
```

2.创建客户端

(1)定义该客户端面向的服务端的地址、端口号。

```
InetAddress address;
address = InetAddress. getByName("localhost");
int port = 9999;
```

(2)创建 UDP 数据报,包含客户端要发送的数据信息。

```
byte[] data = "用户名:admin;密码:123".getBytes();
DatagramPacket packet = new DatagramPacket(data, data. length, address, port);
```

（3）创建数据报套接字 DatagramSocket 对象。

```
DatagramSocket socket = new DatagramSocket();
```

（4）向服务器端发送数据报。

```
socket. send(packet);
```

（5）客户端收到响应回来的信息再进行处理,完成一次信息交互。

```
String reply = new String(data, 0, packet. getLength());
System. out. println("客户端:服务器说:" + reply);
```

具体代码如下:

```
import java. io. IOException;
import java. net. DatagramPacket;
import java. net. DatagramSocket;
import java. net. InetAddress;


public class UDPClient {
    public static void main(String[] args) throws IOException {
    try {
        InetAddress address;
        address = InetAddress. getByName("localhost");
        int port = 9999;
        byte[] data = "用户名:admin;密码:123".getBytes();
         DatagramPacket packet = new DatagramPacket(data, data. length, ad-
dress, port);
        DatagramSocket socket = new DatagramSocket();
        socket. send(packet);
//输出服务器端响应
        socket. receive(packet);
        String reply = new String(data, 0, packet. getLength());
        System. out. println("客户端:服务器说:" + reply);
            //请求获取服务器端当前日期
        data = "客户端:请求服务器当前日期".getBytes();
        packet = new DatagramPacket(data, data. length, address, port);
        socket. send(packet);
        socket. receive(packet);
        reply = new String(data, 0, packet. getLength());
        System. out. println("客户端:服务器当前日期:" + reply);
```

```
//请求获取服务器端当前时间
    data = "客户端:请求服务器当前时间".getBytes();
    packet = new DatagramPacket(data, data.length, address, port);
    socket.send(packet);
    socket.receive(packet);
    reply = new String(data, 0, packet.getLength());
    System.out.println("客户端:服务器当前时间:" + reply);
// 关闭数据报套接字
    socket.close();
    } catch (IOException e) {
    // TODO Auto-generated catch block
    e.printStackTrace();
    }
  }
}
```

这里需要注意得到指定目录的文件列表这项操作,在发送和接受的时候都使用了循环发送接收的方法,当然这里客户端使用的收到"send all"就跳出循环的做法会不会提前收到 send all 的数据报导致少收数据报? 还要注意的是:这里面使用的得到日期时间路径的方法都是再建对应的 class 里写的函数。

3. UDP 客户端/服务端通信

在命令行模式下,先启动服务端,再启动客户端完成两者之间的通信。

依据双方通信过程,客户端依次显示服务器端的欢迎词、通信日期和当前时间,如图 4-21 所示。

图 4-21 UDP 客户端通信结果

服务器端依次显示本端工作状态和接收到的客户端请求,如图 4-22 所示。

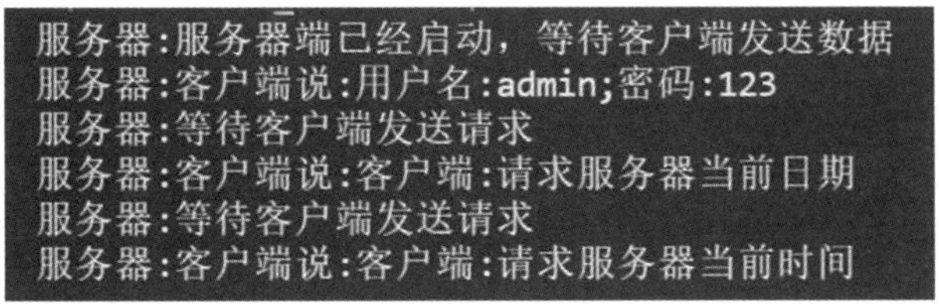

图 4-22 服务器端通信结果

在客户端和服务器端通信的过程中,使用 Wireshark 抓包工具抓取客户端和服务器端交互的数据包,能够进一步了解基于 UDP 协议的 C/S 数据传输模型的详细通信过程,如图 4-23 所示。

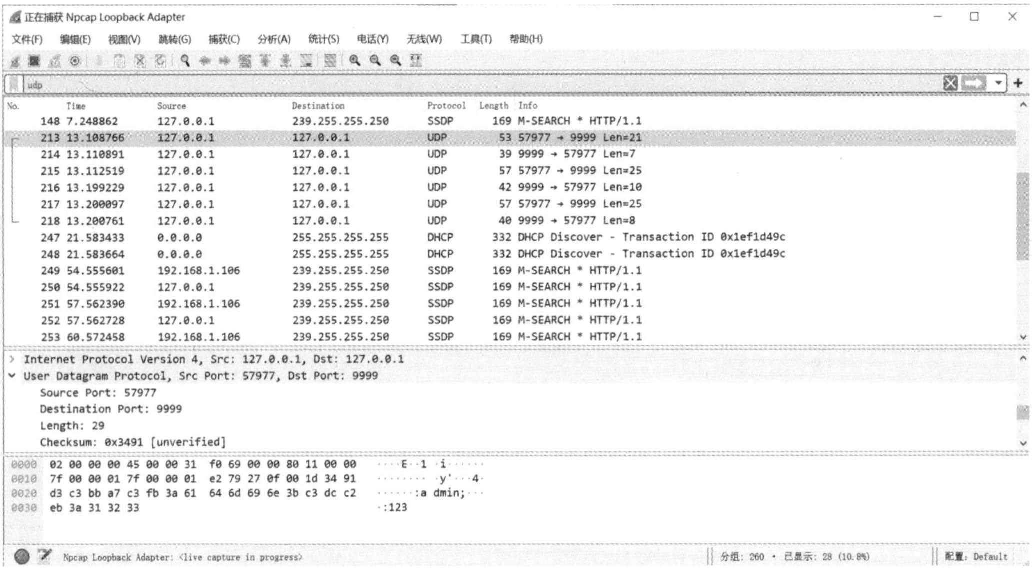

图 4-23　Wireshark 抓取的 UDP 协议数据包列表

通过查看封包列表中显示的 UDP 通信数据包,可知在使用 UDP 协议传输数据前,并没有进行连接操作。同样,在通信结束时也没有断开连接的操作。

4.5　安全网络传输

在互联网中,信息在由源主机到目标主机的传输过程中会经过网络中的其他计算机。一般情况下,中间的计算机不会监听路过的信息。但在使用网上银行或者进行信用卡交易时,网络上的信息有可能被非法分子监听,从而导致个人隐私的泄露。由于 Internet 和互联网体系结构存在不可避免的安全漏洞,越来越多的原始信息可以被人随意截获。随着互联网融合行业范围的扩大,信息安全的要求越来越高,于是 1994 年 Netscape 公司提出了 SSL 协议,专门用于保护 Web 通信,旨在达到在开放网络(Internet)上安全保密地传输信息的目的,如表 4-3 所示。

表 4-3　SSL/TLS 协议位置

TCP/IP 功能层	协　议
应用层	HTTP,NNTP,Telnet,FTP 等等
SSL/TLS	
传输层	TCP
网络层	IP

安全套接字层(Security Socket Layer,SSL)及其新继任者传输层安全(Transport Layer Security,TLS)一般在运输层中,基于 TCP 协议工作,在互联网上提供保密安全信道的加密协议,为诸如网站、电子邮件、网上传真等等数据传输进行保密,见表 4 - 3。协议 TLS 利用密钥算法在互联网上提供端点身份认证与通讯保密,其基础是公钥基础设施(PKI)。不过在实现的典型例子中,只有网络服务者在通信前被可靠身份验证,而其客户端则不一定,究其原因,主要是公钥基础设施普遍为商业运营,电子签名证书则要花大钱购买,对普通大众而言,证书代价过高。协议本身设计在一定程度上能够使客户端/服务器应用程序通讯本身预防窃听、干扰(Tampering)和消息伪造。

Java 安全套接字扩展(Java Secure Socket Extension,JSSE)为基于 SSL 和 TLS 协议的 Java 网络应用程序提供了 Java API 以及参考实现。JSSE 支持数据加密、服务器端身份验证、数据完整性以及可选的客户端身份验证。使用 JSSE,能保证采用各种应用层协议(比如 HTTP、Telnet 和 FTP 等)的客户程序与服务器程序安全地交换数据。

JSSE 封装了底层复杂的安全通信细节,使得开发人员能方便地利用它来开发安全的网络应用程序。

4.5.1　SSL/TLS 协议

SSL(Secure Sockets Layer,安全套接字协议)及传输层安全(Transport Layer Security,TLS)是为网络通信提供安全及数据完整性的一种安全协议。TLS 与 SSL 在传输层与应用层之间对网络连接进行加密。

1.概念

SSL 协议的主要功能是保证网络上的两个节点进行安全通信。IETF(Internet Engineering Task Force)国际组织对 SSL 作了标准化,制定了 RFC2246 规范,并将其称为传输层安全(Transport Layer Security,TLS)。从技术上来讲,TLSv1.0 与 SSLv3.0 的差别非常微小,但是 TLSv1.1 之前的版本都不是很安全,目前普遍使用的 TLS 标准是 TLSv1.2,在浏览器中的"Internet option"中可以查看并设置当前使用的 TLS 标准,如图 4 - 24 所示。

在网络体系结构中,一些应用层协议,比如 HTTP 和 IMAP 都可以采用 SSL 或者 TLS 来保证安全通信,在 HTTP 通信中如果不使用 SSL/TLS,就是不加密的通信,而建立在 SSL/TLS 协议上的 HTTP 被称为 HTTPS。HTTP 使用的默认端口是 80,HTTPS 使用的默认端口是 443。

在网络中传播的信息是极易被获取的,当使用明文传播信息时,会带来三大风险:

(1)窃听风险(eavesdropping):第三方可以获知通信内容。

(2)篡改风险(tampering):第三方可以修改通信内容。

(3)冒充风险(pretending):第三方可以冒充他人身份参与通信。

SSL/TLS 协议是针对解决这三大风险而设计的,解决了以下 3 个问题:

(1)客户对服务器的身份认证。SSL/TLS 服务器允许客户的浏览器使用标准的公钥加密技术和电子商务认证中心(CA)的证书,来确认服务器的合法性。

(2)服务器对客户的身份认证。可通过公钥技术和证书进行认证,也可以通过用户名、密码来进行认证。

(3)建立服务器和客户之间安全的数据通道。SSL/TLS 要求客户和服务器之间的所有发送的数据都被发送端加密、接收端解密,同时还检查数据完整性。

互联网是开放环境,通信双方都是未知身份,这为协议的设计带来了很大的难度。而且,协议还必须能够经受所有匪夷所思的攻击,这使得 SSL/TLS 协议变得异常复杂。

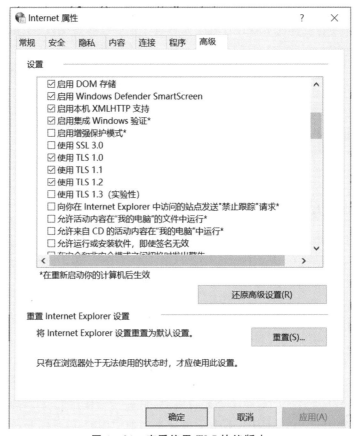

图 4-24 查看使用 TLS 协议版本

1. SSL/TLS 协议结构

从协议内部的功能层面上来看,SSL/TLS 协议可分为两层:

(1)SSL/TLS 记录协议(SSL/TLS Record Protocol),该协议处于较低的一层,建立在可靠的传输层协议(如 TCP)之上,为上层协议提供数据封装、压缩、加密等基本功能。它保证的通信的两个基本安全属性:保密连接和可信连接。

(2)SSL/TLS 握手协议(SSL/TLS Handshake Protocol),它建立在 SSL/TLS 记录协议之上,用于在实际的数据传输开始前,通信双方进行身份认证、协商加密算法、交换加密密钥等初始化协商功能。它保证了连接的 3 个基本安全属性:

1)两端的身份可以通过非对称或者公钥加密算法(DSA,RSA 等)进行认证。认证过程是可选的,但至少要求一端被认证。

2)共享密钥的协商是安全的。密钥协商对于监听者和任何被认证的连接都是不可见的。

3）协商是可信的。攻击者无法修改协商信息。

2. SSL 和 TLS 的区别和联系

最新版本的 TLS(Transport Layer Security,传输层安全协议)是 IETF(Internet Engineering Task Force,Internet 工程任务组)制定的一种新的协议,它建立在 SSL 3.0 协议规范之上,是 SSL 3.0 的后续版本。在 TLS 与 SSL3.0 之间存在着显著的差别,主要是它们所支持的加密算法不同,所以 TLS 与 SSL3.0 不能互操作。

(1)TLS 与 SSL 的差异。

1）版本号:TLS 记录格式与 SSL 记录格式相同,但版本号的值不同,TLS 的版本 1.0 使用的版本号为 SSLv3.1。

2）报文鉴别码:SSLv3.0 和 TLS 的 MAC 算法及 MAC 计算的范围不同。TLS 使用了 RFC−2104 定义的 HMAC 算法。SSLv3.0 使用了相似的算法,两者差别在于 SSLv3.0 中,填充字节与密钥之间采用的是连接运算,而 HMAC 算法采用的是异或运算。但是两者的安全程度是相同的。

3）伪随机函数:TLS 使用了称为 PRF 的伪随机函数来将密钥扩展成数据块,是更安全的方式。

4）报警代码:TLS 支持几乎所有的 SSLv3.0 报警代码,而且 TLS 还补充定义了很多报警代码,如解密失败(decryption_failed)、记录溢出(record_overflow)、未知 CA(unknown_ca)、拒绝访问(access_denied)等。

5）密文族和客户证书:SSLv3.0 和 TLS 存在少量差别,即 TLS 不支持 Fortezza 密钥交换、加密算法和客户证书。

6）certificate_verify 和 finished 消息:SSLv3.0 和 TLS 在用 certificate_verify 和 finished 消息计算 MD5 和 SHA−1 散列码时,计算的输入有少许差别,但安全性相当。

7）加密计算:TLS 与 SSLv3.0 在计算主密值(master secret)时采用的方式不同。

8）填充:用户数据加密之前需要增加的填充字节。在 SSL 中,填充后的数据长度要达到密文块长度的最小整数倍。而在 TLS 中,填充后的数据长度可以是密文块长度的任意整数倍(但填充的最大长度为 255 byte),这种方式可以防止基于对报文长度进行分析的攻击。

(2)TLS 的主要增强内容。TLS 的主要目标是使 SSL 更安全,并使协议的规范更精确和完善。TLS 在 SSL v3.0 的基础上,提供了以下增强内容:

1）更安全的 MAC 算法。

2）更严密的警报。

3）“灰色区域”规范的更明确的定义。

(3)TLS 对于安全性的改进。

1）对于消息认证使用密钥散列法:TLS 使用“消息认证代码的密钥散列法”(HMAC),当记录在开放的网络(如因特网)上传送时,该代码确保记录不会被变更。SSLv3.0 还提供键控消息认证,但 HMAC 比 SSLv3.0 使用的(消息认证代码)MAC 功能更安全。

2）增强的伪随机功能(PRF):PRF 生成密钥数据。在 TLS 中,HMAC 定义 PRF。PRF

使用两种散列算法保证其安全性。若任一算法暴露了,只要第二种算法未暴露,则数据仍然是安全的。

3)改进的已完成消息验证:TLS 和 SSLv3.0 都对两个端点提供已完成的消息,该消息认证交换的消息没有被变更。然而,TLS 将此已完成消息基于 PRF 和 HMAC 值之上,这也比 SSLv3.0 更安全。

4)一致证书处理:与 SSLv3.0 不同,TLS 试图指定必须在 TLS 之间实现交换的证书类型。

5)特定警报消息:TLS 提供更多的特定和附加警报,以指示任一会话端点检测到的问题。TLS 还对何时应该发送某些警报进行记录。

由于 TLS 协议更为安全,因此在目前使用以 TLS 协议为主,SSL 协议已经渐渐不再使用了,后面以 TLS 协议相关内容为主。

3. TLS 基本运行过程

TLS 协议的基本思路是采用公钥加密法,也就是说,客户端先向服务器端索要公钥,然后用公钥加密信息,服务器收到密文后,用自己的私钥解密。

然而,这里有两个问题:

(1)如何保证公钥不被篡改?

解决方法:将公钥放在数字证书中。只要证书是可信的,公钥就是可信的。

(2)公钥加密计算量太大,如何减少耗用的时间?

解决方法:每一次对话(session),客户端和服务器端都生成一个"会话密钥"(session key),用它来加密信息。由于"会话密钥"是对称加密,所以运算速度非常快,而服务器公钥只用于加密"会话密钥"本身,这样就减少了在后面的通信链路上进行加解密运算的消耗时间。

> 对称加密:只有一个密钥,加解密使用同一个密钥,常见算法有 DES,AES,IDEA 等,加解密过程如图 4-25 所示。
>
> 非对称加密:存在一对公私钥。私钥只有一方持有,公钥是公开的。公钥加密,可以用私钥解密;私钥加密,可以用公钥解密。但私钥加密的方式,一般是用于验证持有私钥的发送人是否可信,因为只有它持有私钥(私钥泄露了另算)。当接收方用公钥能正常解密时,则可认为是由公钥匹配的私钥所加密的数据,也就可认为发送方可信。另外,由于公钥所有人都可以获取,所以不会使用私钥加密敏感数据,因为所有人都可解密,常见算法有 RSA,DSA,ECC 等,加解密过程如图 4-26 所示。

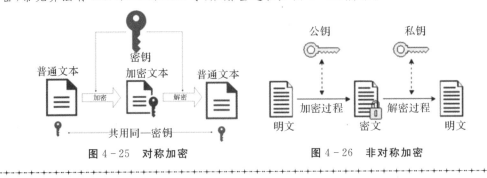

图 4-25　对称加密　　　　图 4-26　非对称加密

TLS 协议工作的基本过程如下：

1）客户端向服务器端索要并验证公钥。

2）双方协商生成"会话密钥"。

3）双方采用"会话密钥"进行加密通信。

上面过程的前两步，又称为"握手阶段"（handshake），握手阶段主要目的是为了协商对称加密的"会话密钥"。

TLS 协议握手过程分为两部分：

1）使用非对称密钥建立安全的通道。

· 客户端请求 Https 连接，发送可用的 TLS 版本和可用的密码套件；

· 服务端返回数字证书，密码套件和 TLS 版本；

· 客户端验证数字证书的合法性，合法则在本地生成随机数（premaster secret）。

2）用安全的通道产生并发送临时的随机对称密钥

· 使用证书中的服务端公钥加密随机数（premaster secret），发送给服务端；

· 服务端使用服务器私钥解密获取随机数（premaster secret），并生成对称密钥"会话密钥"；

· 客户端就绪：客户端发送经过"会话密钥"加密过的"finished"信号；

· 服务器就绪：服务器发送经过"会话密钥"加密过的"finished"信号。

如图 4 - 27 所示：

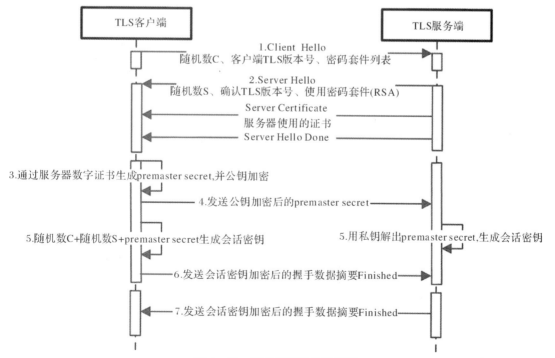

图 4 - 27 TLS 握手阶段序列图

在经过握手阶段的相互认证后,客户端和服务端就可以使用会话密钥进行数据传输了。

在 SSL3.0 中通过数字签名和数字证书可实现浏览器(客户)和 Web 服务器双方的身份验证,确保通信双方都可以验证自己的身份,好比在生活中我们使用身份证来证明自己的身份。同时,在生活中我们往往除了使用国家统一颁发的身份证来证明身份,有时也需要使用单位或者社区开的证明来证明身份。在 TLS 中也沿用了相似的概念和应用,可以通过两种不同类型的证书来证明客户和服务器的身份,分别是从权威机构获得的证书和自行创建的签名证书。

4. 实践:生成并导入自签名数字证书

如果要搭建一个网站,从安全角度考虑需要有安全证书来保证服务器数据的安全,数字证书的产生尤为重要,它是让用户和服务器之间产生"信任"的基础。

数字证书又称作数字标识,是一种权威性电子文档,主要为用户提供了一种在互联网上验证通信双方身份的方式,类似于生活中的居民身份证。一般由权威机构电子商务认证中心发行,并由该机构负责检验和管理证书。数字证书其本身基本架构是公开密钥 PKI,使用一对密钥实施加解密,证书信息中包含有公钥、身份信息、证书的本身的电子签名。因此,电子商务认证中心(CA)发行的数字证书具有"身份证明"和"加密"双重功能。

由于电子商务认证中心发行的证书不是免费的,因此有很多无需身份证明的网站采用了免费的自签名数字证书。自签名数字证书是用户自己对自己的可信度证明,可以和 CA 发行的证书提供相似的保护功能,能够在任何能使用 CA 证书的场合来使用,但是自签名数字证书只有加密功能,因此自签名数字证书适用于不需要用户输入个人隐私信息的网站使用。

在 JAVA 开发工具包 JDK 中,就提供了制作证书的工具 keytool。keytool 是个密钥和证书管理工具,它使用户能够管理自己的公钥/私钥对及相关证书,用于(通过数字签名)自我认证(用户向别的用户/服务认证自己)或数据完整性以及认证服务。它的具体位置为:<JDK根目录>\bin\keytool.exe。

通过 keytool 工具可以创建密钥库。密钥库可以理解为是一个存储了一个或者多个密钥的文件,每个条目包括一个自签名的数字证书和一对非对称密钥。当密钥库包含多个条目时,意味着存储了许多用于不同应用程序的多个数字证书和密钥对。需要注意的是,非对称加密只作用在证书验证阶段,在握手成功后进行内容传输使用的是对称加密。

(1)创建密钥库。命令输入格式如下:

```
keytool -genkeypair -keystore "D:\localhost.keystore" -alias localhost -keyalg RSA
```

这条命令生成了一个密钥库,这个密钥库中有一个条目"localhost",该条目中的密钥用 RSA 算法生成,命令中各个参数的含义如下:

1)-genkeypair:生成不对称密钥对(公钥和私钥)。

2)-keystore:指定密钥库文件的存放路径和文件名。

3)-alias:指定条目及密钥对的别名,该别名公开。

4)-keyalg:指定加密算法类型。

运行上述命令后,系统会按照流程提示用户输入新建密钥库的口令、用户姓名、组织单位等相关信息,最终由用户输入"Y"确认生成密钥库文件"localhost. keystore",密钥库密码为"123456",存储在 D 盘根目录下,如图 4-28 所示。

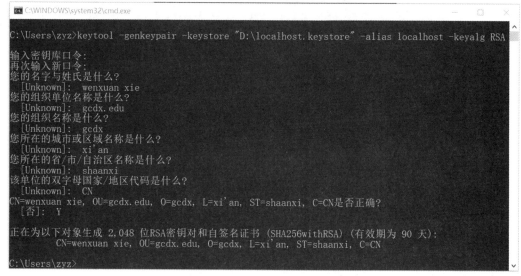

图 4-28　使用 keytool 工具创建密钥库

密钥库文件创建后,包含一条名为"localhost"的条目,其中具有一对非对称密钥和自我签名的安全证书。用户根据应用程序需要可以自主添加条目,并通过 keytool 工具导出数字证书备用。

(2)添加并查看条目。在已创建的"localhost. keystore"密钥库中添加条目使用的指令参数为-genkeypair,如果要添加一条名为"layer"的条目,并给该条目设置口令为"helloS",通过以下具体命令可以直接增加一条包含所有相关信息的条目。

Keytool-genkeypair -alias layer -keystore "D:\localhost. keystore" -keyalg "RSA" -dname "CN=127. 0. 0. 1,OU=dx. edu,O=dx, L=xi'an, ST=Shaanxi,C=China" -keypass "helloS" -storepass "123456"

以上命令执行成功后,"localhost. keystore"密钥库会含有两个条目,使用-list 命令参数可以查看该密钥库中所有条目的信息。命令如下:

keytool-list -v -keystore "D:\localhost. keystore" -storepass "123456"

由输出结果可知"localhost. keystore"密钥库中有两个条目,如图 4-29 所示。

图 4-29　查看密钥库中的条目信息

（3）导出条目的数字证书。使用指令参数-export 可以将密钥库中的指定条目导出到一个安全证书文件中。具体指令如下：

keytool-export -alias localhost -keystore "D:\localhost. keystore" -file
D:\localhost. crt -storepass "123456"

指令执行完毕会在 D 盘根目录下生成一个安全证书文件 localhost. crt。该证书文件包含了该自签名的有效信息、有效期及公钥。如图 4-30 所示。

图 4-30　localhost. crt 自签名证书文件中的详细信息

(4)导入数字证书。数字证书中存储的一般是某个服务器的域名和公钥,在项目开发过程中,如果要将服务器证书导入到客户端的 JRE 受信任的证书库中,使用的指令参数为 import,在 WINDOWS 系统下一般需要在管理员权限下才可以顺利导入数字证书,示例如下:

keytool-import -alias localhost -keystore "C:\Program Files
(x86)\Java\jre1.8.0_311\lib\security\cacerts" -file D:\localhost. crt -storepass changeit

其中"changeit"为 JAVA 的 JRE 安装目录中可信证书列表的默认密码,导入结果如图 4-31 所示。

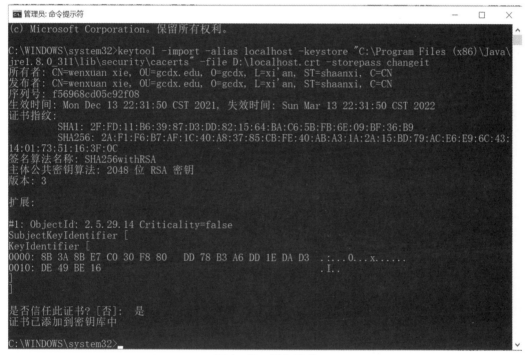

图 4-31　导入证书

4.5.2　实践:基于 JSSE 的 TLS 实现

SSL(Secure Sockets Layer) 及其后续版本 TLS(Transport Layer Security)是比较成熟的通信加密协议,它们常被用于在客户端和服务器之间建立加密通信通道。各种开发语言都给出 SSL/TLS 协议的具体实现,Java 也不例外。在 JDK 中有一个安全套接字扩展(Java Secure Socket Extension,JSSE),支持安全的因特网通信,提供对 SSL 和 TLS 的支持,在 JDK7 以上版本提供对 TLS 的支持。通过其所提供的一系列 API,开发者可以像使用普通 Socket 一样使用基于 SSL 或 TLS 的安全套接字,而不用关心 SSL 和 TLS 协议的细节,例如握手的流程等等。这使得利用 Java 开发安全的 SSL/TLS 服务器或客户端非常容易。

JSSE 既提供了 API(应用程序编程接口)框架,也提供了该 API 的实现。JSSE API 通过提供扩展的网络套接字类、信任管理器、密钥管理器、SSL 上下文和用于封装套接字创建行为的套接字工厂框架,对包定义的"核心"网络和加密服务进行了补充。由于套接字 API

基于阻塞 I/O 模型,因此在 JDK 5.0 中引入了一个非阻塞 API,用来实现非阻塞 I/O 方法。

1. JSSE 主要功能模块

JSSE 主要包括 4 个包。

(1) javax. net. ssl 包:包括进行安全通信的类,比如 SSL ServerSocket 和 SSL Socket 类。

(2) javax. net 包:包括安全套接字的工厂类,比如 SSL ServerSocket Factory 和 SSL Socket Factory 类。

(3) java. security. cert 包:包括处理安全证书的类,如 X509Cerficate 类。X. 509 是由国际电信联盟(ITU-T)制定的安全证书的标准。

(4) com. sun. net. ssl 包:包括 Oracle 公司提供的 JSSE 的实现类。

JSSE API 允许采用第三方提供的实现,这些实现可作为插件集成到 JSSE 中,但是这些插件必须支持 Oracle 公司指定的密码套件。密码套件是加密参数的组合,用于定义用于身份验证、密钥协议、加密和完整性保护的安全算法和密钥大小。在 Oracle 官网上指定了这些密码套件,表 4-4 中列出的是其中的部分内容。

表 4-4 部分 TLS 密码套件

TLS 密码	加密强度详细信息
TLS_KRB5_EXPORT_WITH_DES_CBC_40_MD5	40 位加密,导出级
TLS_KRB5_EXPORT_WITH_DES_CBC_40_SHA	40 位加密,导出级
TLS_KRB5_EXPORT_WITH_RC4_40_MD5	40 位加密,导出级
TLS_KRB5_EXPORT_WITH_RC4_40_SHA	40 位加密,导出级
TLS_KRB5_WITH_DES_CBC_MD5	56 位加密
TLS_KRB5_WITH_DES_CBC_SHA	56 位加密
TLS_DH_anon_WITH_AES_128_CBC_SHA	128 位加密,匿名身份验证
TLS_DHE_RSA_WITH_AES_128_CBC_SHA	128 位加密
TLS_DHE_DSS_WITH_AES_128_CBC_SHA	128 位加密
TLS_KRB5_WITH_RC4_128_MD5	128 位加密
TLS_KRB5_WITH_RC4_128_SHA	128 位加密
TLS_RSA_WITH_AES_128_CBC_SHA	128 位加密
TLS_KRB5_WITH_3DES_EDE_CBC_MD5	168 位加密
TLS_KRB5_WITH_3DES_EDE_CBC_SHA	168 位加密
TLS_DH_anon_WITH_AES_256_CBC_SHA	256 位加密,匿名身份验证
TLS_DHE_RSA_WITH_AES_256_CBC_SHA	256 位加密
TLS_DHE_DSS_WITH_AES_256_CBC_SHA	256 位加密
TLS_RSA_WITH_AES_256_CBC_SHA	256 位加密

最常见的 TLS 密码套件是身份验证、密钥协议、加密和完整性保护的组合。从密码套

件的命名就可以看出,其包含的一组加密参数指定了加密算法和密钥的长度等信息。例如,密码套件 TLS_DHE_RSA_WITH_AES_128_CBC_SHA 表示采用 TLS 协议,密钥交换算法为 DHE,128 位加密,加密算法为 SHA。根据 PCI(外设组件互连标准),在以上密码套件中,一般不会使用加密较弱(＜128 位)、空密码(根本不加密)或匿名身份验证(客户端和服务器之间没有密钥交换)的密码。支持密码套件的常用加密算法主要如表 4 - 5 所示。

表 4 - 5　常用加密算法

加密算法	加密过程	密钥长度(位)
RSA	身份验证和密钥交换	512 位及更大
RC4	批量加密	128 位 128 位(40 位有效)
DES	批量加密	64 位(56 位有效) 64 位(40 位有效)
Triple DES	批量加密	192 位(112 位有效)
AES	批量加密	256 位 128 位
Diffie-Hellman	关键协议	1 024 位 512 位
DSA	认证	1 024 位

Java 代码中一般是使用 SetEnabledCipherSuites()方法设置密码套件。例如:

```
String[] goodCiphers ={"SSL_RSA_WITH_RC4_128_MD5, SSL_RSA_WITH_RC4_128
_SHA, SSL_RSA_WITH_3DES_EDE_CBC_SHA, SSL_DHE_DSS_WITH_3DES_EDE_
CBC_SHA, SSL_DHE_RSA_WITH_3DES_EDE_CBC_SHA, TLS_DHE_RSA_WITH_
AES_128_CBC_SHA, TLS_DHE_DSS_WITH_AES_128_CBC_SHA, TLS_RSA_WITH_
AES_128_CBC_SHA, TLS_DHE_RSA_WITH_AES_256_CBC_SHA, TLS_DHE_DSS_
WITH_AES_256_CBC_SHA, TLS_RSA_WITH_AES_256_CBC_SHA"};


socket. setEnabledCipherSuites(goodCiphers);
```

2.实践:基于 TLS 的安全客户端/服务器

(1)实现 TLS 安全通信的主要类和接口。使用 JSSE 实现 TLS 通信过程主要会使用以下类和接口,它们之间的关系如图 4 - 32 所示。

1)通信核心类——SSLSocket 和 SSLServerSocket。它们对应的就是 Socket 与 ServerSocket,表示实现了 SSL/TLS 协议的 Socket,ServerSocket,同时它们也分别是 Socket 与 ServerSocket 的子类。

SSLSocket 负责的事情包括:设置密码套件、处理握手结束时间、管理 SSL/TLS 会话、设置客户端模式或服务器模式。SSLServerSocket 负责的事情包括设置密码套件、管理

SSL 会话、设置客户端或服务端模式。

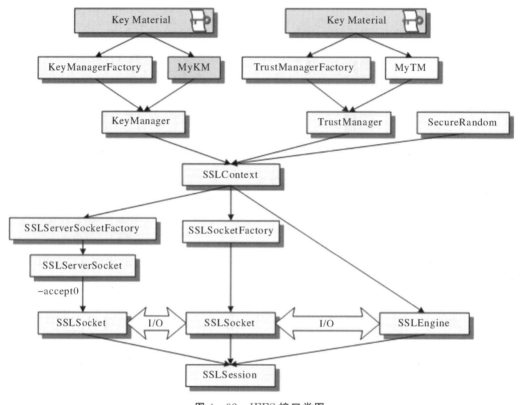

图 4-32　JEES 接口类图

①设置密码套件。客户端与服务器在握手阶段需要协商实际使用的密码套件,以下两种情况会导致握手失败。

· 双方都没有可以使用的相同密码套件。

· 有双方都能使用的密码套件,但是有一方或者双方都没有使用该密码套件的安全证书。②处理握手结束时间。TLS 会花一定的时间来握手,握手完成,会发出一个 HandshakeCompletedEvent 事件,该事件会由 HandshakeCompletedListener 负责监听。③管理 SSL 会话。在一段合理的时间范围内,如果客户端向一个服务器的同一个端口打开多个安全套接字,JSSE 会自动重用会话。若既不允许创建新会话,也没有可用会话,则新创建的 SSLSocket 或 SSLServerSocket 无法与对方进行安全通信。④设置客户端或服务端模式。多数情况下,服务器需要向用户来证明自己的身份,而客户端无须向服务器证实自己身份。除非服务器端涉及电子金融,这时服务器会要求客户端证明自己身份,以保证自身的安全。因此一般当一个通信端无须向对方证实自己身份时,就称其为客户端模式,否则称它为服务端模式。使用 SSLSocket 中的 setUseClientMode(boolean mode)方法设置客户端模式或者服务器模式。

2)客户端与服务器端 Socket 工厂——SSLSocketFactory 和 SSLServerSocketFactory。在设计模式中工厂模式是专门用于生成需要的实例,两个类负责创建 SSLSocket、SSLServerSocket 对象。

3)SSL 会话——SSLSession。安全通信握手过程需要一个会话,为了提高通信的效率,SSL/TLS 协议允许多个 SSLSocket 共享同一个 SSL/TLS 会话,在同一个会话中,只有第一个打开的 SSLSocket 需要进行 SSL/TLS 握手,负责生成密钥及交换密钥,其余 SSL-Socket 都共享密钥信息。

4)SSL 上下文——SSLContext。它是对整个 SSL/TLS 协议的封装,表示了安全套接字协议的实现。主要负责设置安全通信过程中的各种信息,例如跟证书相关的信息。并且负责构建 SSLSocketFactory、SSLServerSocketFactory 和 SSLEngine 等工厂类。

5)SSL 非阻塞引擎——SSLEngine。假如你要进行 NIO 通信,那么将使用这个类,它让通过过程支持非阻塞的安全通信。

6)密钥管理器——KeyManager。此接口负责选择用于证实自己身份的安全证书,发给通信另一方。KeyManager 对象由 KeyManagerFactory 工厂类生成。

7)信任管理器——TrustManager。此接口负责判断决定是否信任对方的安全证书,TrustManager 对象由 TrustManagerFactory 工厂类生成。

8)密钥证书存储设施——KeyStore。这个对象用于存放安全证书,安全证书一般以文件形式存放,KeyStore 负责将证书加载到内存。

在利用 SSL/TLS 进行安全通信时,客户端跟服务器端都必须要支持 SSL/TLS 协议,不然将无法进行通信。而且客户端和服务器端都可能要设置用于证实自己身份的安全证书,并且还要设置信任对方的哪些安全证书。

(2)实现基于 TLS 的安全服务器端。实现的基本思路是先得到一个 SSLContext 实例,再对 SSLContext 实例进行初始化,密钥管理器及信任管理器作为参数传入,证书管理器及信任管理器按照指定的密钥存储器路径和密码进行加载。接着设置支持的加密套件,最后让 SSLServerSocket 开始监听客户端发送过来的消息。

实现的主要步骤如下:

1)启动密钥管理器。

2)启动信任管理器。

若在这里不启动信任管理器,则服务器默认不进行客户端的身份验证。

3)SSL 上下文设置。

4)创建 SSLServerSocket 对象。

5)等待接收消息。

具体代码如下:

```java
import java.net.*;
import java.io.*;
import javax.net.ssl.*;
import java.security.*;
```

```
public class TSLserver {
private int port=8000;
private SSLServerSocket serverSocket;

public TSLserver() throws Exception {
  //输出跟踪日志
  SSLContext context=createSSLContext();
  SSLServerSocketFactory factory=context.getServerSocketFactory();
  serverSocket =(SSLServerSocket)factory.createServerSocket(port);
  System.out.println("服务器启动");
  System.out.println(serverSocket.getUseClientMode()? "客户模式":"服务器模式");
  System.out.println(serverSocket.getNeedClientAuth()? "需要验证对方身份":"
不需要验证对方身份");

  String[] supported=serverSocket.getSupportedCipherSuites();
  serverSocket.setEnabledCipherSuites(supported);
}

public SSLContext createSSLContext() throws Exception {
  String keyStoreFile = "D:\\localhost.keystore";
  String passphrase = "123456";
  KeyStore ks = KeyStore.getInstance("JKS");
  char[] password = passphrase.toCharArray();
  ks.load(new FileInputStream(keyStoreFile), password);
  KeyManagerFactory kmf = KeyManagerFactory.getInstance("SunX509");
  kmf.init(ks, password);

  SSLContext sslContext = SSLContext.getInstance("SSL");
  sslContext.init(kmf.getKeyManagers(), null, null);

  //当要求客户端提供安全证书时,服务器端可创建 TrustManagerFactory,
  //并由它创建 TrustManager,TrustManger 根据与之关联的 KeyStore 中的信息,
  //来决定是否相信客户提供的安全证书。
  /*
  String trustStoreFile = "client.keys";
  KeyStore ts = KeyStore.getInstance("JKS");
  ts.load(new FileInputStream(trustStoreFile), password);
```

```
        TrustManagerFactory tmf = TrustManagerFactory. getInstance("SunX509");
        tmf. init(ts);
   sslContext. init(kmf. getKeyManagers(), tmf. getTrustManagers(), null);
   */

       return sslContext;
   }

   public String echo(String msg) {
       return "echo:" + msg;
   }

   private PrintWriter getWriter(Socket socket)throws IOException{
       OutputStream socketOut = socket. getOutputStream();
       return new PrintWriter(socketOut,true);
   }
   private BufferedReader getReader(Socket socket)throws IOException{
       InputStream socketIn = socket. getInputStream();
       return new BufferedReader(new InputStreamReader(socketIn));
   }

   public void service() {
       while (true) {
         Socket socket=null;
         try {
           socket = serverSocket. accept();   //等待客户连接
           System. out. println("New connection accepted " +socket. getInetAddress()
+ ":" +socket. getPort());
           BufferedReader br =getReader(socket);
           PrintWriter pw = getWriter(socket);

           String msg = null;
           while ((msg = br. readLine()) ! = null) {
             System. out. println(msg);
             pw. println(echo(msg));
             if (msg. equals("bye")) //如果客户发送的消息为"bye",就结束通信
               break;
```

```
            }
        }catch (IOException e) {
            e. printStackTrace();
        }finally {
            try{
if(socket! =null)socket. close();    //断开连接
        }catch (IOException e) {e. printStackTrace();}
        }
    }
}


    public static void main(String args[])throws Exception {
        new TSLserver(). service();
    }
}
```

(3)实现基于 TLS 的安全客户端。实现的基本思路是先先创建一个 SSLContext 实例，再用密钥管理器及信任管理器对 SSLContext 进行初始化，当然这里密钥存储的路径是指向客户端的 client. jks。接着设置加密套件，最后使用 SSLSocket 进行通信。

实现的主要步骤如下：

1)启动密钥管理器。

2)启动信任管理器。

若在这里不启动信任管理器，则默认不提交客户端的身份验证。

3)SSL 上下文设置。

4)创建 SSLSocket 对象。

5)向服务端发送消息。

具体代码如下：

```
import java. net. * ;
import java. io. * ;
import javax. net. ssl. * ;
import java. security. * ;


public class TSLclient {
    private String host = "localhost";
    private int port = 8000;
    private SSLSocket socket;
public TSLclient()throws Exception
{
```

```
                //秘钥库密码
                String passphrase = "123456";
                char[] password = passphrase.toCharArray();
            //秘钥库文件名
                String trustStoreFile = "D:\\localhost.keystore";
                //JKS 是 SUN 支持的 KeyStore 的类型
                KeyStore ts = KeyStore.getInstance("JKS");
                //打开数字证书
                ts.load(new FileInputStream(trustStoreFile), password);
                //创建 TrustManager 对象
                    TrustManagerFactory tmf = TrustManagerFactory.getInstance ( "
SunX509");
                tmf.init(ts);
                /**
                 * SSLContext 类负责设置与安全通信有关的各种信息:
                 *1>使用的协议(SSL/TLS);
                 *2>自身的数字证书以及对方的数字证书;
                 * SSLContext 还负责构造 SSLServerSocketFactory、SSLSocketFactory 和
SSLEngine 对象
                 */
                //使用 TLS 协议
                SSLContext sslContext = SSLContext.getInstance("TLS");
                /**
                 * init(KeyManager[] km, TrustManager[] tm, SecureRandom random)
                 * 参数 random:用于设置安全随机数,若为 null,则采用默认的 SecureRan-
dom 实现;
                 * 参数 km:如果为空,会创建一个默认的 KeyManager 对象,该对象从系统属性 ja-
vax.net.ssl.keyStore
                 * 中获取数字证书,若不存在这个属性,那么 KeyStore 对象的内容为空;
                 * 参数 tm:如果为空,会创建一个默认的 TrustManager 对象,以及与之相
关的 KeyStore 对象
                 * KeyStore 对象按照以下步骤获取数字证书:
                 * >先尝试从系统属性 javax.net.ssl.trustStore 中获取数字证书
                 * >若上一步失败,就尝试把<JDK 目录>/jre/security/jsscacerts 文件作
为数字证书文件
                 * >若上一步失败,就尝试把<JDK 目录>/jre/security/cacerts 文件作为
数字证书文件
```

```
 *  >若上一步失败,则 KeyStore 对象内容为空
 */
sslContext. init(null, tmf. getTrustManagers(), null);


/* *
 * SSLSocket 类是 Socket 的子类,
 * SSLSocket 类还具有与安全通信有关的方法:
 * 1>设置加密套件
 * 2>处理握手结束事件
 * 3>管理 SSL/TLS 会话
 * 4>客户端模式
 */
//创建 SSLSocket 对象
SSLSocketFactory factory=sslContext. getSocketFactory();
socket=(SSLSocket)factory. createSocket(host,port);

socket. addHandshakeCompletedListener(new HandshakeCompletedListener(){
//重写
        public void handshakeCompleted(HandshakeCompletedEvent event){

System. out. println(event. getCipherSuite());
System. out. println(event. getSession(). getPeerHost());
            }
        });
    }

public static void main(String args[]) throws Exception {
    new TSLclient(). talk();
}

private PrintWriter getWriter(Socket socket) throws IOException {
    OutputStream socketOut = socket. getOutputStream();
    return new PrintWriter(socketOut, true);
}


private BufferedReader getReader(Socket socket) throws IOException {
    InputStream socketIn = socket. getInputStream();
```

```
        return new BufferedReader(new InputStreamReader(socketIn));
    }

    public void talk() throws IOException {
        try {
            BufferedReader br = getReader(socket);
            PrintWriter pw = getWriter(socket);
            BufferedReader localReader = new BufferedReader(
                    new InputStreamReader(System.in));
            String msg = null;
            while ((msg = localReader.readLine()) != null) {

                pw.println(msg);
                System.out.println(br.readLine());

                if (msg.equals("bye"))
                    break;
            }
        } catch (IOException e) {
            e.printStackTrace();
        } finally {
            try {
                socket.close();
            } catch (IOException e) {
                e.printStackTrace();
            }
        }
    }
}
```

基于 TLS 的客户端/服务器通信结果如图 4-33 和图 4-34 所示。

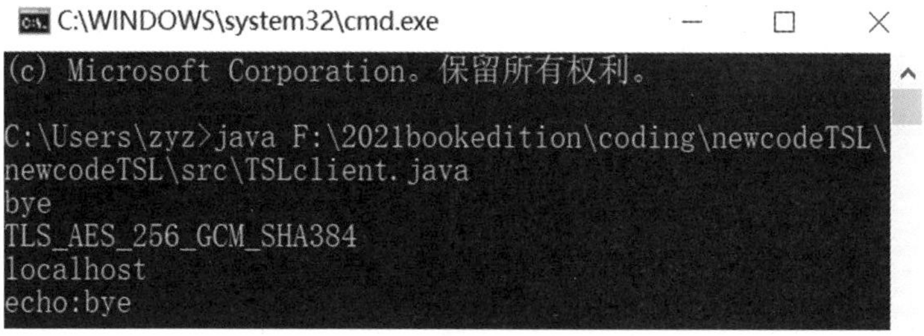

```
C:\WINDOWS\system32\cmd.exe                    —    □    ×

(c) Microsoft Corporation。保留所有权利。

C:\Users\zyz>java F:\2021bookedition\coding\newcodeTSL\
newcodeTSL\src\TSLclient.java
bye
TLS_AES_256_GCM_SHA384
localhost
echo:bye
```

图 4-33　客户端通信结果

图 4 - 34　服务器端通信结果

练　习　题

1.既然网络层协议或网际互联协议能够将源主机发出的分组按照协议首部中的目的地址交到目的主机,为什么还需要再设计一个传输层?

2.(单选)(　　)是传输层数据交换的基本单位。

A 位　　　　　　　　　　B 分组

C 帧　　　　　　　　　　D 报文段

3.端口和套接字作用一样吗? 它们有什么不同?

4.(单选)三次握手方法用于(　　)。

A 传输层连接的建立　　　　B 数据链路层的流量控制

C 传输层的重复检测　　　　D 传输层的流量控制

5.(单选)TCP 是一个面向连接的协议,它提供连接的功能是(　　)。

A 全双工　　　　　　　　B 半双工

C 单工　　　　　　　　　D 不确定

6.试分析 TCP 协议和 UDP 协议的主要特点,及其适用场景。

7.请分析 SYN Flood 攻击是如何利用 3 次握手的漏洞的。

8.(单选)TCP 流量控制中通知窗口的的功能是(　　)。

A 指明接收端的接收能力　　　B 指明接收端已经接收的数据

C 指明发送方的发送能力　　　D 指明发送方已经发送的数据

9.SSL 协议主要有哪些功能? 为什么现在使用 TLS 比较多?

10.请使用 TCP 协议构造客户端和服务端,完成大小为 1 M 的图片文件传送。

11.请使用 UDP 协议构造客户端和服务端,完成大小为 10 M 的图片文件传送。

第5章 网络应用开发实践

5.1 网络应用开发基本原理

5.1.1 HTTP 协议

1. HTTP 概述

HTTP(HyperText Transfer Protocol,超文本传输协议)是 Web 系统最核心的内容,它是 Web 服务器和客户端之间进行数据传输的规则。Web 服务器就是平时所说的网站,是信息内容的发布者。最常见的客户端就是浏览器,它是信息的接受者。

HTTP 协议是用于从 WWW 服务器传输超文本到本地浏览器的传送协议。它可以使浏览器更加高效,使网络传输减少。它不仅保证计算机正确快速地传输超文本文档,还确定传输文档中的哪一部分,以及哪部分内容首先显示(如文本先于图形)等。HTTP 是一个应用层协议,由请求和响应构成,是一个标准的客户端服务器模型。HTTP 具有以下特点。

(1)支持客户/服务器模式,支持基本认证和安全认证。

(2)简单快速:客户端向服务器请求服务时,只需传送请求方法和路径。请求方法常用的有 GET、HEAD 和 POST。每种方法规定了客户端与服务器联系的类型。由于 HTTP 协议简单,使得 HTTP 服务器的程序规模小,因而通信速度很快。

(3)灵活:HTTP 允许传输任意类型的数据对象。正在传输的类型由 Content-Type 加以标记。

(4)HTTP 0.9 和 1.0 使用非持续连接:限制每次连接只处理一个请求,服务器处理完客户的请求,并收到客户的应答后,即断开连接。采用这种方式可以节省传输时间。

(5)无状态:HTTP 协议是无状态协议。无状态是指协议对于事物处理没有记忆能力。缺少状态意味着若后续处理需要前面的信息,则它必须重传,这样可能导致每次连接传送的数据量增大。

2. HTTP 的演进

起初 HTTP 是一个简单的 TCP/IP 协议的请求/应答语言,使用 TCP 通过无状态的方式(大多数的 TCP/IP 应用程序是无状态的)从服务器获取信息。因为服务器是无状态的,服务器没有任何客户端和服务器之间交互历史的记录。因此,任何有状态的信息必须存储在客户端。

在 HTTP0.9 中,基本的浏览器通过发出一个 GET 命令加上一些 HTTP 头,获取所需网页(在 URL 中指示)。通过在浏览器和服务器之间建立的端口为 80(默认的 Web 端口)的 TCP 连接发送 GET 命令。服务器用 HTML 标记的基于文本的网页进行应答,然后关闭 TCP 会话。例如,最初浏览器的命令通常是 GET/index.html。

然而,应答中的图形和语音(如果包含在网页内)怎么办? HTML 是一种标记语言,它可以把特殊标记插入一个普通的文本文件中,控制浏览器界面上 Web 页面的呈现。当使用 HTTP0.9 产生最初的 Request 命令时,浏览器就会解析 HTML 标签,为每一个页面元素打开一个单独的服务器的 TCP 连接。这就是图形和相关媒体文件的位置在 HTML 中如此重要的原因,因为直到 HTTP 获取它们前,在任何意义上,它们都不是真正处于页面上。

自然地,包括往来于浏览器与服务器间的所有信息在内,TCP 的开销非常惊人,尤其是在低速上网的环境下,以及网页增加到包括 30 个或者更多的元素时更是如此。当"Listen"队列填满时,一些网站可能会关闭,这时路由器链路由于 TCP 开销变得饱和。

因此 HTTP 继续发展以使得整个过程更加高效。HTTP1.0 创建了一个真正的消息传递协议,并且补充对 MIME 类型的支持,对 Web 进行了适应,解决了 HTTP0.9 中的一些问题。此外,厂商也逐步在各处随意地添加功能。于是 HTTP1.1 的规范引入了所有这些变化。特别是 HTTP1.1 补充了以下几项。

(1)持久连接——客户端在一个 TCP 会话中可以对相关资源发送多个请求。

(2)流水线——持久连接允许客户端向服务器发送一系列请求。如果浏览器请求服务器上的图片 1、图片 2 和图片 3,那么客户端不必在发送对图片 2 的请求前等待服务器对图片 1 请求的应答。这使得服务器可以更加有效地处理请求。

(3)多主机名的支持——Web 站点现在能够在每个域名或 IP 上运行多个 Web 服务器,而一个 Web 服务器可以处理数百个个人网站(以"虚拟主机"的形式运行在服务器上)的请求。

(4)部分资源选择——客户可以只请求文档资源的一部分。

(5)内容协商——客户端与服务器之间能够通过交互信息使客户选择最好格式的资源,如 MP3 或者 WAV 格式的语音文件(当然这些格式必须是服务器上存在的),这种协商与呈现给用户的格式选项不同。

(6)更加安全——在与 HTTP 相关的 RFC2617 中加入了认证机制。

(7)对缓存和代理更好的支持——为了更好地支持缓存与代理机制,增加了 Web 页面缓存和使代理服务器运转更统一的一些规则。

HTTP1.1 是 HTTP 的最新版本。由于数百万的网站在运作,任何对 HTTP 的根本改变,其后果都是不可想象的。因此,对 HTTP 改变都将通过对 HTTP1.1 的扩展实现。遗憾的是,并不是所有人都认同这种做法。2000 年,在 RFC2774 中提出了一个 HTTP 扩展

"框架",但它还从未跨过实验阶段。

3. HTTP 的请求方法

HTTP1.1 协议中共定义了 8 种方法(有时候也叫"动作")来表明 Request － URI 指定资源的不同操作方式,如下所示。

(1)OPTIONS:返回服务器针对特定资源所支持的 HTTP 请求方法。也可以利用向 Web 服务器发送"＊"的请求来测试服务器的功能性。

(2)HEAD:向服务器索要与 GET 请求相一致的响应,只不过响应体将不会被返回。这一方法可以在不必传输整个响应内容的情况下,就可以获取包含在响应信息头中的元信息。

(3)GET:向特定的资源发出请求。注意,GET 方法不应当被用于产生"副作用"的操作中,例如在 Web App. 中,其中一个原因是 GET 可能会被网络蜘蛛等随意访问。

(4)POST:向指定资源位置上传其最新内容。

(5)DELETE:请求服务器删除 Request － URI 所标识的资源。

(6)TRACE:回显服务器收到的请求,主要用于测试或诊断。

(7)CONNECT:HTTP1.1 协议中预留给能够将连接改为管道方式的代理服务器。

(8)PATCH:用来将局部修改应用于某一资源,添加于规范 RFC5789。

在大部分情况下,只会用到 GET 和 HEAD 方法,并且这些方法名称是区分大小写的。

4. HTTP 状态码

表 5－1 列出了用于向浏览器提供状态信息的主要状态码。

表 5－1　HTTP 状态代码及其含义

代　码	含　义
1××	信息代码,如"请求收到"或"持续过程"
2××	成功接收、处理、接受或完成
3××	重定向,指明需要进一步动作来完成请求
4××	客户端错误,如熟悉的 404(未发现),指明语法错误
5××	当网站未能满足有效的请求时,服务器的错误代码

5. HTTP 工作流程

HTTP 是一个无状态的协议。无状态是指客户端(Web 浏览器)和服务器之间不需要建立持久的连接。这意味着当一个客户端向服务器端发送请求,然后服务器返回一个"＊"(Response),连接就被关闭了。服务器端不保留连接的相关信息,HTTP 遵循请求(Request)/应答(Response)模型。客户端(浏览器)向服务器发送请求,服务器处理请求并返回适当的应答。所有 HTTP 连接都被构造成一套请求和应答。下述通过如图 5－1 所示的用户浏览器访问某个 Web 页面的过程来讨论一下 HTTP 的操作过程。

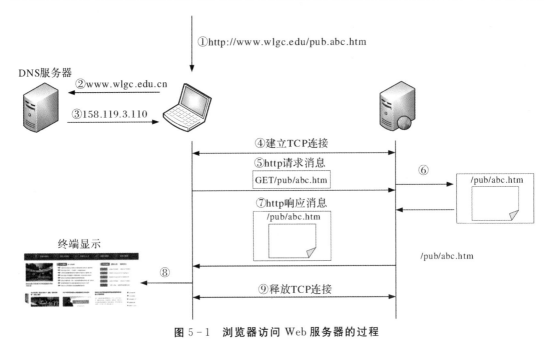

图 5-1 浏览器访问 Web 服务器的过程

(1)操作过程。

1)用户在浏览器地址栏中输入:http://www.wlgc.edu.cn/pub/abc.htm。

2)浏览器从 URL 中分离出主机域名(www.wlgc.edu.cn),并向 DNS 服务器发出解析域名请求。

3)DNS 服务器完成域名解析过程,返回 IP 地址:158119.3.100。

4)浏览器与 Web 服务器建立 TCP 连接。

5)浏览器向 Web 服务器发出包含读取文件命令 GET/pub/abc.htm 的 HTTP 请求消息。

6)Web 服务器根据文件路径/pub/abc.htm 检索文件系统,读取文件/pub/abc.htm。

7)Web 服务器将文件/pub/abc.htm 包含在 HTTP 响应消息中,并将 HTTP 响应消息发送给浏览器。

8)浏览器通过 HTML 解释器显示文件/pub/abc.htm 的内容。

9)浏览器与 Web 服务器释放 TCP 连接。

(2)操作说明。

根据图 5-1 所示的 HTTP 过程,可以得出:

1)HTTP 请求消息定义了浏览器要求 Web 服务器完成的操作,及完成操作所需要的参数。

2)HTTP 响应消息定义了 Web 服务器的操作结果状态,及请求消息要求访问的资源。

3)HTTP 请求和响应消息封装成 TCP 报文。

4)浏览器的核心功能是根据用户输入的 URL,构建对应的 HTTP 请求消息,并把请求消息发送给 URL 指定的 Web 服务器,并在接收到 *.html 文件时,根据 HTML 语法正确显示文件内容。

5)Web 服务器的核心功能是完成 HTTP 请求消息指定的资源的访问过程,并将结果通过 HTTP 响应消息发送给浏览器。

6)浏览器成功访问某个 URL 指定的资源的前提是 URL 中主机名指定的 Web 服务器处于就绪状态,即处于等待接收 HTTP 请求消息的状态,同时 Web 服务器能够检索到 URL 指定的资源。

6.持久连接和非持久连接

浏览器与 Web 服务器建立 TCP 连接后,双方就可以通过发送请求消息和应答消息进行数据传输。在 HTTP 协议中,规定 TCP 连接既可以是非持久的,也可以是持久的。具体采用哪种连接方式,可以由头域中的 Connection 指定。在 HTTP1.0 版本中,默认使用的是非持久连接,HTTP1.1 默认使用的是持久连接。

(1)非持久连接。非持久连接就是每个 TCP 连接只用于传输一个请求消息和一个响应消息。用户每请求一次 Web 页面,就产生一个 TCP 连接。为了更详细地了解非持久连接,下述介绍一个简单例子。

假设在非持久连接的情况下服务器向客户端传送一个 Web 页面。该页面由 1 个基本 HTML 文件和 10 个 JPEG 图像构成,而且所有这些对象文件都存放在同一台服务器主机中。再假设该基本 HTML 文件中的 URL 为 http://www.wlgc.edu/pub/abc.htm,则传输步骤如下。

1)HTTP 客户端首先与主机 www.wlgc.edu 中的 Web 服务器建立 TCP 连接,Web 服务器使用默认端口号 80 监听来自 HTTP 客户端的连接建立请求。

2)HTTP 客户端通过 TCP 连接向服务器发送一个 HTTP 请求消息,该消息中包含路径名/pub/abc.htm。

3)Web 服务器通过 TCP 连接接收到这个请求消息后,从服务器主机的内存或硬盘中取出对象/pub/abc.htm,然后向服务器发送应答消息。

4)Web 服务器告知本机的 TCP 协议栈关闭这个 TCP 连接。但是 TCP 协议栈要到客户端收到刚才这个应答消息之后,才会真正终止这个连接。

5)HTTP 客户端经由同一个套接字接收这个应答消息,TCP 连接就断开了。

6)客户端根据应答消息中的头域内容取出这个 HTML 文件,从中加以分析后发现其中有 10 个 JPEG 对象的引用。

7)这个时候客户端再重复步骤 1)~5),从服务器得到所引用的每一个 JPEG 对象。

上述步骤之所以称为使用非持久连接,原因是每次服务器发出一个对象后,相应的 TCP 连接就被关闭。也就是说每个连接都没有持续到可用于传送其他对象,每个 TCP 连接只用于传输一个请求消息和一个应答消息。就上述例子而言,用户每请求一次那个 Web 页面,就会产生一个 TCP 连接。

实际上,客户端还可以通过并行的 TCP 连接同时取得某些 JPEG 对象。这样可以大大提高数据传输速度,缩短响应时间。目前的浏览器允许用户通过配置来控制并行连接的数目,大多数浏览器默认可以打开 5～10 个并行的 TCP 连接,每个连接处理一个请求/应答事务。

根据上述例子的描述,可以发现非持久连接具有以下缺点。

1)客户端需要为每个待请求的对象建立并维护一个新的 TCP 连接。对于每个这样的连接,TCP 都需要在客户端和服务器端分配 TCP 缓冲区,并维持 TCP 变量。对于有可能同时为来自成千上万个不同客户端的请求提供服务的 Web 服务器来说,这会严重增加其负担。

2)对于每个对象请求都有两个 RTT(Round-Trip Time,往返时延)的响应延迟。一个 RTT 用于建立 TCP 连接,另一个 RTT 用于请求和接收对象。

3)每个对象都要经过 TCP 缓启动。因为每个 TCP 连接都要起始于 slow start 阶段。使用并行 TCP 连接,能够减轻部分 RTT 延迟和缓启动的影响。

(2)持久连接。持久连接是指服务器在发出响应后可以让 TCP 连接继续打开着,同一对客户端/服务器之间的后续请求和响应都可以通过这个连接继续发送。不仅整个 Web 页面(包含一个基本 HTML 文件和所引用的对象)可以通过单个持久的 TCP 连接发送,而且存放在同一个服务器中的多个 Web 页面也可以通过单个持久 TCP 连接发送。

持久连接分为不带流水线和带流水线两种方式。如果使用不带流水线的方式,那么客户端只有在收到前一个请求的应答后才发出新的请求。这种情况下,服务器送出一个对象后开始等待下一个请求,而这个新的请求却不能马上到达,这段时间服务器资源便闲置了。

HTTP1.1 的默认模式是使用带流水线的持久连接。这种情况下,HTTP 客户端每碰到一个引用就立即发出一个请求,因而 HTTP 客户端可以一个接一个紧挨着发出对各个引用对象的请求。服务器收到这些请求后,也可以一个接一个紧挨着发送各个对象。与非流水线模式相比,流水线模式的效率要高得多。

5.1.2 万维网基础

万维网(World Wide Web,WWW)是 Internet 最成功的应用之一,是促使 Internet 和人们的生活、娱乐紧密相连的重要因素。WWW 采用客户/服务器结构,客户进程被称为浏览器(Browser),服务器进程被称为 Web 服务器。客户进程用统一资源定位器(Uniform Resource Locator,URL)来标识需要访问的 Internet 资源,这些资源包括 Internet 上所有可以被访问的对象,如文件、文档、目录、图像、声音等,浏览器和 Web 服务器之间通过超文本传输协议(Hyper Text Tranfer Protocol,HTTP)完成信息交换。为了在不同的计算机系统之间统一 Web 页面显示格式,必须用标准的语言来制作 Web 页面,这种用来制作 Web 页面的标准语言就是超文本标记语言(Hyper Text Markup Language,HTML)。

1.统一资源标识符(URI)

在 TCP/IP 中,资源标识标签的通用术语是 URI。在 Web 中使用的是具有特定形式的 URI 即为 URL。URL 作为 URI 实例的使用已经变得如此普遍,以至于大多数人都不会专门区分它们,但它们在技术上还是有区别的。

关于 URI 最新的标准是 RFC 2396,它更新了一些旧的 RFC(包括定义 URL 的 RFC1738)。在 RFC 中,URI 被简单地定义为"识别抽象或物理资源的紧凑字符串"。尽管,起初是因为 Web 的广泛使用推动了统一资源标签的发展,但在 RFC 中没有特别提及 Web。当用户从 Web 浏览器访问 http://www.example.com,这个字符串被称为 URI 或 URL 好像都差不多,那么 URI 和 URL 之间有什么区别呢?

2.统一资源定位符(URL)

WWW 用统一资源定位器标识分布在整个 Internet 中可被访问的对象,RFC1738 中定义了在 Web 上使用的 URL 格式。多年来,新 URI 规则包含了近几年围绕 URL 生成的所有约定。也就是说 URL 是 URI 的一个子集,像 URI 一样,URL 由两部分组成:一个是用于访问资源的方法,另一个是资源自身的位置。总之,URL 给用户提供了一个访问 Web 上的文件、对象、程序、语音、视频等资源的方式。

访问资源的方法由一个方案标识,通常是指一个 TCP/IP 应用程序或协议,如 http 或 ftp。方案还可以包括:加号(+),点号(.)或连字符(-),但实际上,它们只包含字母。这些方案不区分大小写,因此 HTTP 和 http 是相同的(但按照惯例用小写字母表示)。

URL 的定位部分在方案后面,并通过一个冒号和两个斜杠(://)分隔。该格式或定位符取决于方案的类型,如果定位符的一部分被遗弃,那么默认值将开始发挥作用。特定方案的信息由收到该信息的主机根据 URL 中实际的方案(方法)来进行解析。

从理论上讲,每个方案都使用一个独立定义的定位符。实际上,因为 URL 使用 TCP/IP 和互联网规则,所以许多方案都有共同的语法。例如 http 和 ftp 方案都使用 DNS 名称或 IP 地址来确定目标主机,并且期望在分层的目录文件结构中查找到资源。

Web 使用的是最一般的 URL 形式如图 5-2 所示。这个格式与通用的 URI 格式之间有很少的差异,其中一些差异说明如下。

图 5-2　一个完整的 URL 的字段,显示了没有给出明确值时,各字段使用的默认值

因方法的不同,URL 的格式会有一点差异。一个 FTP URL 只有一个 type=<typecode>字段作为跟在<url-path>后的单一<params>字段。例如,类型码 d 用来请求一个 FTP 目录列表。图 5-2 显示了 http 方法使用的通用字段。

<scheme>——用于访问资源的方法,Web 浏览器默认的方法是 http。

<user>和<password>——在 URI 中,这是一个 authorization(认证)字段,包括一个

用户 ID 和密码,二者通过冒号(:)分隔。很多私人网站需要用户的认证,如果在 URL 中没有填入这个字段,之后就会提示用户输入。当没有填入时,用户默认可以访问对公众开放的资源。

<host>——在 URI 中称其为 networkpath(网络路径),主机使用 DNS 或 IP 地址来标明(服务器使用 IPv6 地址也能正常工作)。

<port>——这是 TCP 或 UDP 端口,与主机信息一起指明 socket,以查找针对某方案的合适方法。对于 http,默认端口为 80。

<url-path>——URI 规范称其为 absolutepath(绝对路径)。在一个 URL 中,这通常采用从默认目录开始的相对路径,通过这个路径来查找资源。如果此字段不存在,网站把该用户上放到一个默认目录中。路径前面的斜杠(/)并不是路径的一部分,但是它形成了一个分界,且必须跟在 port 后面。如果 url-path 以另一斜杠结束,这意味着一个目录而不是文件(但大多数网站自己判断这是一个目录还是文件)。2 个点号(..)表示移动到默认目录的上级目录。

<params>——这些参数的功能是控制方法如何在资源上使用,这些参数是针对具体方案的。每个参数的形式为<parameter>=<value>,参数由分号(;)分隔。若没有参数,则对资源采取默认动作。

<query>——此 URL 字段包含由服务器用来形容应答的信息。参数是针对具体方案的,但查询信息是针对具体资源的。

<fragment>——该字段用于指出用户对资源中的哪些特定部分感兴趣,默认情况是显示给用户整个资源。

大多数情况下,一个简单的 URL,例如 ftp://ftp.example.com,可以工作得很好。下述将通过几个相对复杂的 URL 的例子来说明这些字段的应用。

http://myself:mypassword@mail.example.com:32888/mymail/ShowLetter? MsgID-5551212♯1

用户 myself 使用 mypassword 进行认证,通过 TCP 端口 32888 访问 mail.example.com 服务器进入/mymail 目录,运行 ShowLetter 程序,这个程序识别的字符是 MsgID-5551212,消息的第一部分是必需的(这是典型的 MIME multipart 消息使用的格式)。

www.examplephtotos.org:8080/cgi-bin/pix.php? WeddingPM♯Reception19

用户将进入名为 www.examplephotos.org 网站中可公开访问的部分,该网站在 TCP端口 8080(一种对端口 80 的流行的替代或补充)。资源是在默认目录下 cgi-bin 目录中的 pix.php,URL 请求访问一个带有图片的特定页面(WeddingPM)和一个要呈现的特定照片(Reception19)。

3. HTML

HTML 是一种用来制作超文本文档的标记语言。超文本传输协议规定了浏览器在运行 HTML 文档时所遵循的规则和进行的操作。用 HTML 编写的超文本文档称为 HTML文档,它能独立于各种操作系统平台。使用 HTML 语言描述的文件需要通过 Web 浏览器显示出效果。

（1）HTML 简介。HTML 即超文本标记语言，是使用特殊标记来描述网页文档结构和表现形式的一种语言。

HTML 最早是由 Tim Berners-Lee 在 1990 年设计，之后开始迅速流传。1997 年，万维网联盟（World Wide Web Consortium）制定了新的 HTML3.2 标准，使得 HTML 文档在不同的浏览器和操作平台上能正确地显示。目前 HTML 已经升级到了 5.0 版本。

HTML 从严格意义上讲并不是一种程序设计语言，它是由标记和属性组成的规则，而且 HTML 是纯文本的文件格式，可以用任何文本编辑器（例如记事本、EmEditor、EditPlus 等）或 Web 开发工具（例如 FrontPage，Dreamweaver 等）进行编辑。文件中的文字、字体颜色、字体大小、段落布局、图片大小、表格样式及超级链接，都可以用不同意义的标记（Tags）来描述。

（2）HTML 页面结构标记码。在 HTML 中，所有的标记都必须用尖括号（"<"和">"）括起来。HTML 文件在编写完毕后保存成扩展名.htm 或.html 的文件。在动手设计网页前，就好比盖大楼一样，必须把框架搭建起来，然后在里面添砖加瓦。HTML 就是一份整个网页的框架结构，只有搭建好了，才能进行设计工作。

编写一个简单的"HELLO WORLD!"的 HTML 文件。以下的代码用一个简单的记事本就可以编辑。

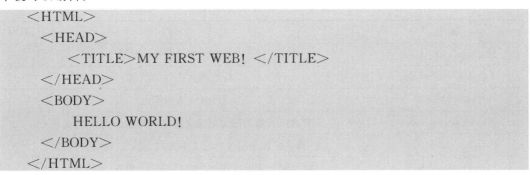

```
<HTML>
  <HEAD>
      <TITLE>MY FIRST WEB! </TITLE>
  </HEAD>
  <BODY>
      HELLO WORLD!
  </BODY>
</HTML>
```

当编辑完成后。将文件扩展名". txt"修改为". html"。

然后使用浏览器打开就能看到第一个网页的显示效果，如图 5 - 3 所示。

图 5 - 3　"HELLO WORLD!"网页显示效果

从程序清单中可以看出,HTML 文档标记＜HTML＞＜/HTML＞、头标记＜HEAD＞和＜/HEAD＞、标题标记＜TITLE＞和＜/TITLE＞、文件体标记＜ BODY ＞和＜/BODY ＞都是成对出现的,也就是我们通常说的双标记。但在 HTML 中也有些标记是单标记,如换行标记＜ BR＞、水平线标记＜ HR＞等。

一个基本的 HTML 文档通常由文档标记、头部标记和主体标记三部分组成,下面详细介绍这些标记。

1)文档标记＜ HTML ＞…＜/HTML＞。

文档标记用来标识 HTML 文件,它包括整个 HTML 文档。文档标记的格式为:

＜ HTML ＞HTML 文档的内容＜/HTML ＞

＜ HTML＞处于文档的最前面,表示 HTML 文档的开始,即浏览器从＜HTML ＞开始解释直到遇到＜/HTML ＞为止。每个 HTML 文件均以＜ HTML＞开始,以＜/HTML＞结束。

文档标记包含的标记有＜ HEAD ＞,＜ BODY ＞等。

2)文件体标记＜ BODY ＞…＜/BODY ＞。

文件体标记是网页的主体标记,用于编写网页文件的主体。在 BODY 部分可以设置背景颜色、背景图片和主体部分的字体大小等信息。BODY 的属性如表 5 - 2 所示。

表 5 - 2 BODY 的属性

属　性	功　能
background＝URL	设置网页的背景图片
bgcolor＝colorvalue	设置网页的背景颜色
text＝colorvalue	设置文本的颜色
link＝ colorvalue	设置尚未被访问过的超文本链接的颜色,默认为蓝色
vlink＝ colorvalue	设置已被访问过的超文本链接的颜色,默认为紫色
alink＝ colorvalue	设置超文本链接在被单击的瞬间的颜色,默认为红色
bgproperties＝fixed	设置背景是否随滚动条滚动
leftmargin＝size	设置网页左边的空白
topmargin＝ size	设置网页上方的空白
marginwidth＝size	设置网页空白的宽度
marginheight＝size	设置网页空白的高度

文件体标记的格式为

＜ BODY ＞主体的内容＜/BODY ＞

3)文件头部标记＜ HEAD ＞…＜/HEAD ＞。

文件头部包含在＜ HEAD＞和＜/HEAD ＞之间所有的内容,尽管不显示在页面中,但是非常重要,它会告诉浏览器如何处理文档主体内的内容。

文件头部标记的格式为:

其内容可以是标题名、文本文件地址、创作信息等网页信息说明。

文件头部标记包含的标记有＜ TITLE＞,＜BGSOUND＞,＜META ＞,＜SCRIPT ＞,

＜STYLE＞。其中，TITLE 为标题标记；BGSOUND 为播放背景音乐；META 通常用于指定网页的描述，关键词，文件的最后修改时间，作者及其他元数据；SCRIPT 为脚本；STYLE 为样式。

4）文件标题标记＜ TITLE ＞…＜/TITLE ＞。

文件标题标记的格式为

＜ TITLE ＞标题名＜/TITLE ＞

TITLE 是设定 HTML 文档标题的标记，写在头部标记之中。在文档头部定义的标题内容不在浏览器窗口中显示，而是在浏览器的标题栏中显示。

编写一个带有背景音乐的网页文件。

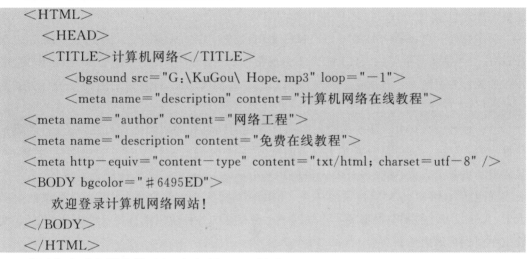

```
<HTML>
    <HEAD>
    <TITLE>计算机网络</TITLE>
        <bgsound src="G:\KuGou\ Hope. mp3" loop="-1">
        <meta name="description" content="计算机网络在线教程">
<meta name="author" content="网络工程">
<meta name="description" content="免费在线教程">
<meta http-equiv="content-type" content="txt/html; charset=utf-8" />
<BODY bgcolor="#6495ED">
    欢迎登录计算机网络网站！
</BODY>
</HTML>
```

编写完成后在浏览器里打开，如图 5－4 所示。

图 5－4 带有背景音乐的网页

4. HTML5

2004 年成立的 Web 超文本应用技术工作组（WHATWG）创立了 HTML5 规范，同时开始专门针对 Web 应用开发新的功能。2006 年，W3C 介入 HTML5 的开发，并于 2008 年发布了 HTML5 的工作草案。2009 年，W3C 停止了对 XHTML2 的更新。2010 年 HTML5 开始用于解决实际问题。这时各大浏览器厂商开始对旗下产品进行升级以支持 HTML5.0 的新功能，因此，HTML5 规范也得到了持续性的完善。

（1）HTML5 新特性。HTML5 是基于各种全新的理念进行设计的，这些设计理念体现了对 Web 应用的可能性和可行性的新认识，下面简单介绍 HTML5 语言的特征和优势，以便提高读者自学 HTML5 的动力，明确学习目标。

1）兼容性。考虑到互联网上 HTML 文档已经存在二十多年了，因此支持所有现存 HTML 文档是非常重要的。HTML5 不是颠覆性的革新，它的核心理念就是要保持与过去技术的兼容和过渡。一旦浏览器不支持 HTML5 的某项功能，针对该功能的备选行为就会悄悄运行。

2）合理性。HTML5 新增加的元素都是对现有网页和用户习惯进行跟踪、分析和概括而推出的。例如，Google 分析了上百万的页面，从中分析出了 DIV 标签的通用 ID 名称，并且发现其重复量很大，如很多开发人员使用＜div id＝"header"＞来标记页眉区域，为了解决实际问题，HTML5 就直接添加一个＜header＞标签。也就是说，HTML5 新增的很多元素、属性或者功能都是根据现实互联网中已经存在的各种应用进行技术精炼，而不是在实验室中理想化地虚构新功能。

3）实用性。HTML5 规范是基于用户优先准则编写的，其宗旨是用户即上帝，这意味着在遇到无法解决的冲突时，规范会把用户放到第一位，其次是页面作者，再次是实现者（或浏览器），接着是规范制定者（W3C/WHATWG），最后才考虑理论的纯粹性。因此，HTML5 的绝大部分是实用的，只是在有些情况下还不够完美。例如，下面的几种代码写法在 HT-ML5 中都能被识别。

id＝"prohtml5"

id＝prohtml5

ID＝"prohtml5"

当然，上面几种写法比较混乱，不够严谨，但是从用户开发角度考虑，用户不在乎代码怎么写，根据个人习惯书写反而提高了代码编写效率。当然，并不提倡初学者一开始写代码就这样随意、不严谨。

4）安全性。为保证安全性，HTML5 规范中引入了一种新的基于来源的安全模型，该模型不仅易用，而且各种不同的 API 都可通用。这个安全模型可以不需要借助于任何所谓聪明、有创意却不安全的 hack 就能跨域进行安全对话。

5）分离。在清晰分离表现与内容方面，HTML5 迈出了很大一步。HTML5 在所有可能的地方都努力进行了分离，包括 HTML 和 CSS。实际上，HTML5 规范已经不支持老版本 HTML 的大部分表现功能了。

6）简化。HTML5 要的就是简单，避免不必要的复杂性。为了尽可能简化，HTML5 做了以下改进：

以浏览器原生能力替代复杂的 JavaScript 代码。

简化的 DOCTYPE。

简化的字符集声明。

简单而强大的 HTML5 API。

7）通用性。通用访问的原则可以分成 3 个概念。

可访问性：出于对残障用户的考虑，HTML5 月 WAI（Web 可访问性倡议）和 ARIA（可访问的富 Internet 应用）做到了紧密结合，WAI－ARIA 中以屏幕阅读器为基础的元素已经被添加到 HTML 中。

媒体中立：如果可能的话，HTML5 的功能在所有不同的设备和平台上应该都能正常运行。

支持所有语种：如新的＜ruby＞元素支持在东亚页面排版中会用到的 Ruby 注释。

8）无插件。在传统 Web 应用中，很多功能只能通过插件或者复杂的 hack 来实现，但在 HTML5 中提供了对这些功能的原生支持。插件的方式存在很多问题：

插件安装可能失败。

插件可以被禁用或屏蔽（如 Flash 插件）。

插件自身会成为被攻击的对象。

插件不容易与 HTML 文档的其他部分集成，因为存在插件边界、剪裁和透明度问题。

以 HTML5 中的 canvas 元素为例，以前在 HTML4 的页面中较难画出对角线，而有了 canvas 元素就可以很轻易地实现了。基于 HTML5 的各类 API 的优秀设计，可以轻松地对它们进行组合应用。例如，从 video 元素中抓取的帧可以显示在 canvas 中，用户单击 canvas 即可播放这帧对应的视频文件。

（2）HTML5 开发动力。在 20 世纪末期，W3C 琢磨着改良 HTML 语言，"HTML 也许还可以更长寿一点，只要把我们放在 XHTML 上的时间和精力拿出一部分来，就可以提升一下 HTML 中的表单，可以让 HTML 更接近编程语言，就可以让它更上一层楼。"

在 2004 年 W3C 成员内部的一次研讨会上，Opera 公司的代表伊恩·希克森（Ian Hickson）提出了一个扩展和改进 HTML 的建议。他建议新任务组可以跟 XHTML2 并行，但是在已有 HTML 的基础上开展工作，目标是对 HTML 进行扩展。但是 W3C 投票表示反对，因为 HTML 已经"死"了，XHTML2 才是未来的方向。然后，Opera、Apple 等浏览器厂商以及其他一些成员脱离了 W3C，他们成立了 WHATWG（Web Hypertext Applications Technology Working Group，Web 超文本应用技术工作组），这就为 HTML5 将来的命运埋下了伏笔。

WHATWG 决定完全脱离 W3C，在 HTML 的基础上开展工作，向其中添加一些新东西。这个工作组的成员里有浏览器厂商，因此他们可以保证实现各种新奇、实用的点子。结果，大家不断提出一些好点子，并且逐一做到了浏览器中。

　　WHATWG 的工作效率很高，不久就初见成效。在此期间，W3C 的 XHTML2 没有什么实质性的进展。在 2006 年，蒂姆·博纳斯·李（Tim Berner-Lee）写了一篇博客反思HTML的发展历史，"你们知道吗？我们错了。我们错在企图一夜之间就让 Web 跨入 XML时代，我们的想法太不切实年际了，是的，也许我们应该重新组建 HTML 工作组了。"

　　W3C 在 2007 年组建了 HTML5 工作组。这个工作组面临的第一个问题，毫无疑问就是"我们是从头开始做起呢，还是在 2004 年成立的那个叫 WHATWG 的工作组既有成果的基础上开始工作呢？"答案是显而易见的，他们当然希望从已经取得的成果着手，以之为基础展开工作。于是他们又投了一次票，同意在 WHATWG 工作成果的基础上继续开展工作。

　　第二个问题就是如何理顺两个工作组之间的关系。W3C 这个工作组的编辑应该由谁担任？是不是还让 WHATWG 的编辑，也就是现在 Google 的伊恩·希克森来兼任？于是他们又投了一次票，赞成让伊恩·希克森担任 W3C HTML5 规范的编辑，同时兼任WHATWG 的编辑，更有助于新工作组开展工作。

　　这就是他们投票的结果，也就是我们今天看到的局面：一种格式，两个版本。WHATWG 的网站上有这个规范，而 W3C 的站点上同样也有一份。

　　如果不了解内情，你很可能会产生这样的疑问："哪个版本才是真正的规范？"当然，这两个版本内容是一样的，基本上相同，但这两个版本将来还会分道扬镳。现在已经有分道扬镳的迹象了：W3C 最终要制定一个具体的规范，这个规范会成为一个工作草案，定格在某个历史时刻，而 WHATWG 就是 WHATWG 正在开发意向简单的 HTML 或 Web 技术，因为这才是他们工作的核心目标。然而，同时存在两个这样的工作组，这两个工作组同时开发一个基本相同的规范，这无论如何也容易让人产生误解，误解就可能造成麻烦。

　　其实这两个工作组背后各有各自的流程，因为它们的理念完全不同。在 WHATWG，可以说是一种独裁的工作机制。伊恩·希克森是编辑，他会听取各方意见，在所有成员各抒己见，充分陈述自己的观点之后，他批准自己认为正确的意见。而 W3C 则截然相反，可以说是一种民主的工作机制。所有成员都可以发表意见，而且每个人都有投票表决的权利。这个流程的关键在于投票表决。从表面上看，WHATWG 的工作机制让人难以接受，W3C的工作机制让人很舒服，至少体现了人人平等的精神。但在实践中，WHATWG 的工作机制运行得非常好，这主要归功于伊恩·希克森。他在听取各方面意见时，始终可以做到丝毫不带个人感情色彩。

　　从原理上讲，W3C 的工作机制很公平，而实际上却非常容易在某些流程或环节上卡壳，造成工作停滞不前，一件事情要达成决议往往需要花费很长时间。到底哪种工作机制最好呢？最好的工作机制是将二者结合起来。而事实也是两个规范制定主体在共同定制一份相同的规范，这倒是非常有利于两种工作机制相互取长补短。

　　两个工作组之所以能够同心同德，主要原因是 HTML5 的设计思想。因为他们从一开始就确定了设计 HTML5 所要坚持的原则。结果，我们不仅看到了 HTML5 语言规范，也就是 W3C 站点上公布的那份文档，还在 W3C 站点上看到了另一份文档，也就是 HTML5设计原理。

5.2　网站应用开发实践

网络应用开发涉及多方面的技术,本节暂时考虑利用 JDK 和 Tomcat 服务器搭建简单的网站。如果需要系统学习,可以参考专门的网络应用开发相关书籍。

5.2.1　实践:安装 JDK

1. JDK 介绍

安装 Tomcat 服务器,需要先安装好 JDK。JDK 是 Java 语言的软件开发工具包,主要用于移动设备、嵌入式设备上的 java 应用程序。JDK 是整个 java 开发的核心,它包含了 JAVA 的运行环境(JVM+Java 系统类库)和 JAVA 工具。

(1)版本更新历程。

1)JDK(Java Development Kit) 是 Java 语言的软件开发工具包(SDK)。

2)SE(JavaSE,Standard Edition)标准版,是我们通常用的一个版本,从 JDK 5.0 开始,改名为 Java SE。

3)EE(JavaEE,Enterprise Edition)企业版,使用这种 JDK 开发 J2EE 应用程序,从 JDK 5.0 开始,改名为 Java EE。从 2018 年 2 月 26 日开始,J2EE 改名为 Jakarta EE [1]。

4)ME(J2ME,Micro Edition)主要用于移动设备、嵌入式设备上的 java 应用程序,从 JDK 5.0 开始,改名为 Java ME。

没有 JDK 的话,无法编译 Java 程序(指 java 源码.java 文件),如果想只运行 Java 程序(指 class 或 jar 或其他归档文件),要确保已安装相应的 JRE。

(2)JDK 各个版本的特性。

1)1997 年 Servlet 技术的产生以及紧接着 JSP 的产生,为 Java 对抗 PHP,ASP 等等服务器端语言带来了筹码。1998 年,Sun 发布了 EJB1.0 标准,至此 J2EE 平台的三个核心技术都已经出现。于是,1999 年,Sun 正式发布了 J2EE 的第一个版本。并于 1999 年底发布了 J2EE1.2,在 2001 年发布了 J2EE1.3,2003 年发布了 J2EE1.4。

2)J2EE1.3 的架构中主要包含了 Applet 容器,Application Client 容器,Web 容器和 EJB 容器,并且包含了 Web Component,EJB Component,Application Client Component,以 JMS,JAAS,JAXP,JDBC,JAF,JavaMail,JTA 等等技术做为基础。J2EE1.3 中引入了几个值得注意的功能:Java 消息服务(定义了 JMS 的一组 API),J2EE 连接器技术(定义了扩展 J2EE 服务到非 J2EE 应用程序的标准),XML 解析器的一组 Java API,Servlet2.3,JSP1.2 也都进行了性能扩展与优化,全新的 CMP 组件模型和 MDB(消息 Bean)。

3)J2EE1.4 大体上的框架和 J2EE1.3 是一致的,J2EE 1.4 增加了对 Web 服务的支持,主要是 Web Service,JAX-RPC,SAAJ,JAXR,还对 EJB 的消息传递机制进行了完善(EJB2.1),部署与管理工具的增强(JMX),以及新版本的 Servlet2.4 和 JSP2.0 使得 Web 应用更加容易。

4)JAVA EE 5 拥有许多值得关注的特性。其中之一就是新的 Java Standard Tag Library (JSTL) 1.2 规范。JSTL 1.2 的关键是统一表达式语言,它允许我们在 JavaServer Faces (JSF) 中结合使用 JSTL 的最佳特性。

5)Java 8 允许用户给接口添加一个非抽象的方法实现,只需要使用 default 关键字即可。Java 8 允许用户使用关键字来传递方法或者构造函数引用;用户可以直接在 lambda 表达式中访问外层的局部变量。

(3)JDK 组成。JDK 包含的基本组件包括:

1)javac——编译器,将源程序转成字节码;

2)jar——打包工具,将相关的类文件打包成一个文件;

3)javadoc——文档生成器,从源码注释中提取文档;

4)jdb——debugger,查错工具;

5)java——运行编译后的 java 程序(.class 后缀的);

6)appletviewer——小程序浏览器,一种执行 HTML 文件上的 Java 小程序的 Java 浏览器。

7)Javah——产生可以调用 Java 过程的 C 过程,或建立能被 Java 程序调用的 C 过程的头文件。

8)Javap——Java 反汇编器,显示编译类文件中的可访问功能和数据,同时显示字节代码含义。

9)Jconsole——Java 进行系统调试和监控的工具。

(4)JDK 分类。

1)java.lang——这个是系统的基础类,比如 String 等都是这里面的,这个包是一个可以不用引入(import)就可以使用的包。

2)java.io——这里面是所有输入输出有关的类,比如文件操作等。

3)java.nio——为了完善 io 包中的功能,提高 io 包中性能而写的一个新包 ,例如 NIO 非堵塞应用。

4)java.net——这里面是与网络有关的类,比如 URL,URLConnection 等。

5)java.util——这个是系统辅助类,特别是集合类 Collection,List,Map 等。

6)java.sql——这个是数据库操作的类,Connection, Statement,ResultSet 等。

7)javax.servlet——这个是 JSP,Servlet 等使用到的类。

2. JDK 的安装

本书使用的版本是 JDK1.8。因此开发者需要下载并安装 JDK1.8,读者可以在官网 https://www.oracle.com/java/technologies/downloads/#java8 进行下载。下载后,选择默认安装就可以(当然也可以自定义安装路径)。本书选择了默认的安装环境:C:\Program Files\Java\jdk1.8.0_241,如图 5-5 所示。

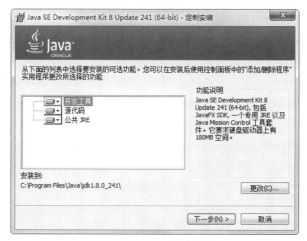

图 5 - 5　JDK **安装路径**

安装完成后,安装程序会提示安装成功,如图 5 - 6 所示。

图 5 - 6　JDK **安装成功**

安装完成后,需要配置系统的环境变量,右键选择"我的电脑"(Windows 10 系统选择"此电脑"),选择"属性"选项,如图 5 - 7 所示。

图 5 - 7　选择"我的电脑"→"属性"

选择高级系统设置,如图 5-8 所示。

图 5-8　选择"高级系统设置"

选择环境变量,如图 5-9 所示。

图 5-9　选择"环境变量"

选择"系统变量"下面的"新建"标签,如图 5-10 所示。新建系统变量名为"JAVA-HOME",变量值为 JDK 的安装位置"C:\Program Files\Java\jdk1.8.0_241"。如图 5-11所示。

图 5-10　在"系统变量"下选择"新建"

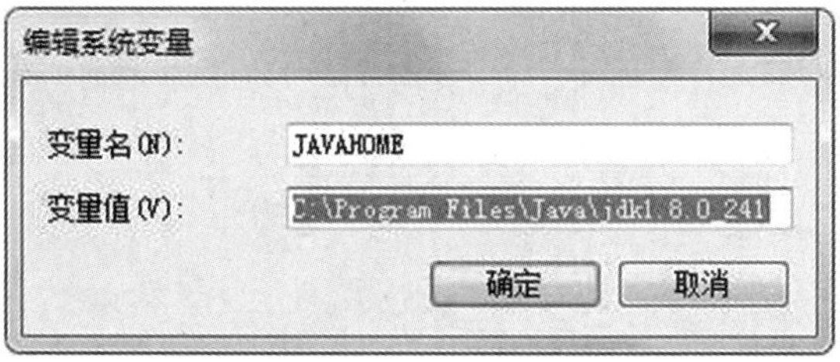

图 5-11　配置"JAVAHOME"变量

修改系统变量"Path",在最前面增加"％JAVAHOME％\bin",如图 5-12 所示,修改完成后如图 5-13 所示。

图 5-12　选择"path"后点击"编辑"按钮

图 5-13　修改后 path 变量

安装设置好 JDK 后,点击操作系统"开始"菜单中的运行,输入 cmd 命令,打开一个新的命令窗口。在新打开的命令行窗口中输入"java-version",如果输出如图 5-14 所示,表示 JDK 安装成功。

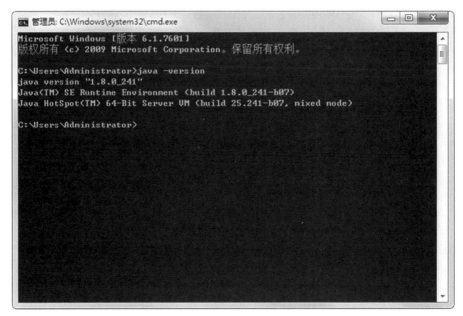

图 5-14　查看 Java 版本号

5.2.2　实践:Tomcat 服务器的安装与配置

1. Tomcat 简介

Tomcat 是 Apache 软件基金会(Apache Software Foundation)的 Jakarta 项目中的一个核心项目,由 Apache、Sun 和其他一些公司及个人共同开发而成。因为 Tomcat 技术先进、性能稳定,而且免费,因而深受 Java 爱好者的喜爱并得到了部分软件开发商的认可,成为比较流行的 Web 应用服务器。

Tomcat 服务器是一个免费的开放源代码的 Web 应用服务器,属于轻量级应用服务器,在中小型系统和并发访问用户不是很多的场合下被普遍使用。对于一个初学者来说,可以这样认为,当在一台机器上配置好 Apache 服务器,可利用它响应 HTML(标准通用标记语言下的一个应用)页面的访问请求。实际上 Tomcat 是 Apache 服务器的扩展,但运行时它是独立运行的,所以当运行 Tomcat 时,它实际上作为一个与 Apache 独立的进程单独运行的。

(1)名称由来。Tomcat 最初是由 Sun 的软件架构师詹姆斯·邓肯·戴维森开发的。后来他帮助将其变为开源项目,并由 Sun 贡献给 Apache 软件基金会。由于大部分开源项目 O'Reilly 都会出一本相关的书,并且将其封面设计成某个动物的素描,因此他希望将此项目以一个动物的名字命名。因为他希望这种动物能够自己照顾自己,最终,他将其命名为 Tomcat(英语公猫或其他雄性猫科动物)。而 O'Reilly 出版的介绍 Tomcat 的书籍封面也被设计成了一个公猫的形象。而 Tomcat 的 Logo 兼吉祥物也被设计为一只公猫。

(2)版本差异。

1)Apache Tomcat 7. x。它是开发焦点。它在汲取了 Tomcat 6.0. x 优点的基础上,实现了对于 Servlet 3.0、JSP 2.2 和 EL 2.2 等特性的支持。除此以外的改进如下:

- Web 应用内存溢出侦测和预防;
- 增强了管理程序和服务器管理程序的安全性;
- 一般 CSRF 保护;
- 支持 web 应用中的外部内容的直接引用;
- 重构 (connectors,lifecycle)及很多核心代码的全面梳理。

2)Apache Tomcat 8. X。Apache Tomcat 8. X 建立在 Tomcat 7. X 的基础上,并能够支持 Servlet 3.1,JSP 2.3,EL 表达式 3.0 和 WebSocket 1.1 规范。除此以外,它包括以下重大改进:

- 支持 HTTP / 2(需要补充到 Tomcat 本地库);
- 增加了支持 TLS 支持使用 OpenSSL JSSE 连接器 (NIO 和 NIO2);
- 增加了支持 TLS 虚拟主机(SNI);
- 默认 http 与 ajp 请求实现 non-blocking 技术,即 NIO 技术。
- 默认支持应用工程字符集为 UTF-8;
- 提升了日志性能,采用了异步技术;
- 新增 AJP 连接采用了 Servlet3.1 的 non-blocking IO。

3)Apache Tomcat 9. X 新特性。Apache Tomcat 9. X 的发展是当前的焦点。它建立在 Tomcat 8.0 和 Tomcat 8.5 的基础上。Apache Tomcat 9. X 实现了 Servlet 4.0、JSP 2.3、EL 表达式 3.0、WebSocket 1.1 和 JASPIC 1.1。此外,它还包括以下重大改进:

- 增加了支持 HTTP / 2;
- 增加了支持 TLS 支持使用 OpenSSL JSSE 连接器 (NIO 和 NIO2);
- 增加了支持 TLS 虚拟主机(SNI)。

2. Tomcat 的安装

本书使用的是 Tomcat 9,点击安装程序后就开始安装,如图 5-15 所示。

图 5 - 15　Tomcat 9 **安装界面**

在图 5 - 16 中，可以选择希望安装的 Tomcat 的属性。

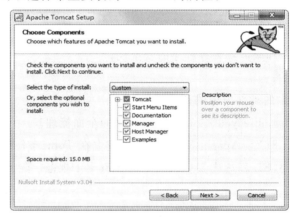

图 5 - 16　**选择** Tomcat **的安装属性**

在图 5 - 17 中，可以选择服务器的端口号，默认的 Web 的端口号为 8080，读者可以修改为其他端口号。"Windows Service Name"是为该 Tomcat 服务器命名，本节命名为"Tomcat9"。

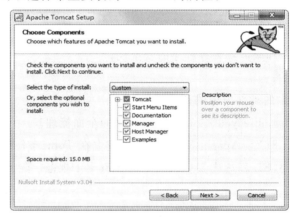

图 5 - 17　**选择** Tomcat **的安装属性**

在图 5 - 18 中，在 Tomcat 中匹配前一小节安装的 JRE 环境。

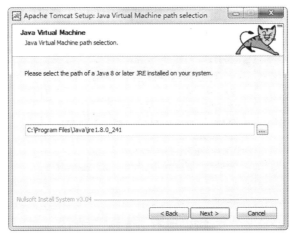

图 5-18 匹配 JRE 环境

在图 5-19 中,选择 Tomcat 的安装路径,默认的安装路径为"C:\Program Files\A-pache Software Foundation\Tomcat9",读者可以选择其他安装路径。本书选择的安装路径为"C:\Tomcat9.0"。然后选择"Install"按钮进行安装。

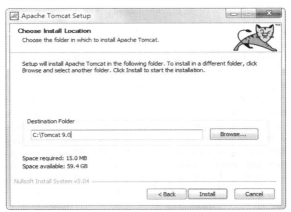

图 5-19 选择安装 Tomcat 的安装路径

安装完成后,安装程序会提示安装完毕,如图 5-20 所示。

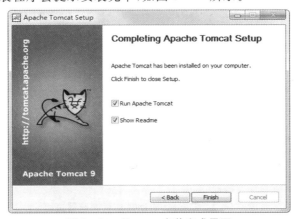

图 5-20 Tomcat 安装完成界面

启动 Tomcat 后，可以看到图 5 - 21 中的"Start"按钮变灰。当点击"Stop"按钮时，Tomcat 服务器关闭。

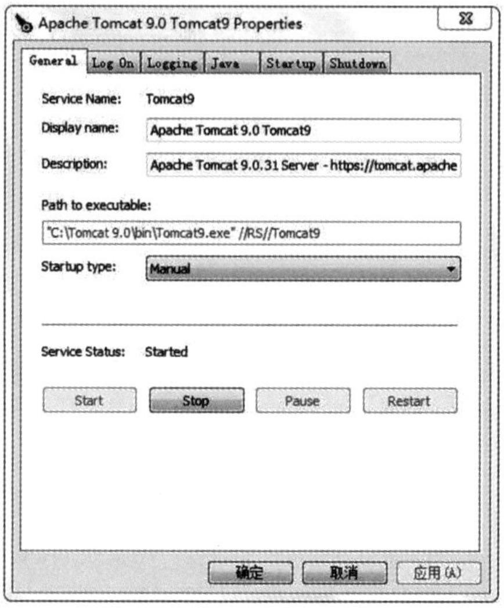

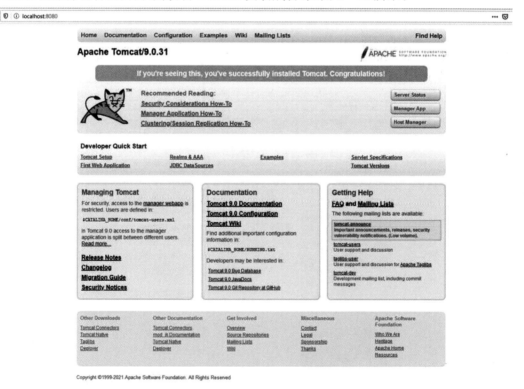

图 5 - 21　点击"Start"按钮，启动 Tomcat

这时，可以打开浏览器，在浏览器中输入网址"http://localhost:8080"，若页面显示了 Tomcat 的服务器首页页面，则说明 Tomcat 安装成功，如图 5 - 22 所示。

图 5 - 22　Tomcat 启动成功后浏览器页面

3. Tomcat 的目录结构

打开安装 Tomcat 服务器的目录,可以看到如图 5-23 所示。

图 5-23　Tomcat 目录结构

(1) lib 目录。这个目录存放部署在 Tomcat 中所有的 Java Web 应用都可以使用的 Java 类库。

(2) bin 目录。这个目录存放与 Tomcat 运行有关的类、类库和 DOS 的批处理文件。

(3) webapps 目录。这个目录存放部署的 Java Web 应用,部署的 Java Web 应用可以是已经打包的 war 文件,也可以是没有打包的。但是所有的 Java Web 应用的目录结构都要遵守 Java EE 的相关规范。

(4) work 目录。这个目录存放运行 Java Web 应用中 JSP 文件所临时生成的 Servlet 源文件和 class 文件。

(5) logs 目录。这个目录存放 Tomcat 服务器运行时所产生的日志文件。

(6) temp 目录。存放临时文件的目录。

现在将 5.1.2.3 节编辑的网页"wlgc.html"放在 Tomcat9.0 文件夹 webapps 目录下的 ROOT 根文件夹下,再在浏览器中输入网址 http://localhost:8080/wlgc.html,可以发现,该网页已经在服务器端发布成功。如图 5-24 所示。

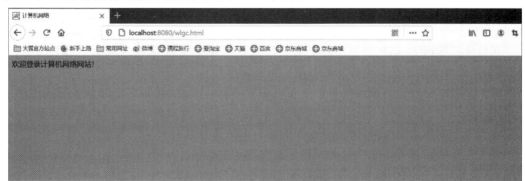

图 5-24　通过访问 Tomcat 服务器浏览的 wlgc.html 页面

5.3 DNS 协议

DNS(Domain Name System,域名系统),是因特网上作为域名和 IP 地址相互映射的一个分布式数据库,能够使用户更方便地访问互联网,而不用去记住能够被机器直接读取的 IP 数串。通过主机名,从而得到该主机名对应的 IP 地址的过程叫做域名解析或主机名解析。DNS 协议运行在 UDP 协议之上,使用端口号 53。

5.3.1 DNS 概述

DNS 系统用于命名组织到域层次结构中的计算机和网络服务。域名是由圆点分开一串单词或缩写组成的,每一个域名都对应一个唯一的 IP 地址。在 Internet 上域名与 IP 地址之间是一一对应的,DNS 就是进行域名解析的服务器。

DNS 是一种组织成域层次结构的计算机和网络服务命名系统。域名系统实际上就是为了解决 IP 地址的记忆难而诞生的。在互联网上域名与 IP 地址之间是一对一或者是多对一的,如果要记住所有的 IP 地址,显然不太容易。虽然域名便于人们记忆,但主机之间只能互相认识 IP 地址,所以它们之间的转换就需要 DNS 来完成。

DNS 用于 TCP/IP 网络,它所提供的服务就是用来将主机名和域名解析为 IP 地址。DNS 就是这样一位"翻译官",它的基本工作原理如图 5 - 25 所示。

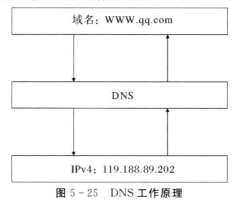

图 5 - 25 DNS 工作原理

图 5 - 25 表示 DNS 将域名 www.qq.com 解析后的 IP 地址为 119.188.89.222。

1. DNS 的系统结构

在整个互联网中,如果将数以亿记主机的域名和 IP 地址对应关系交给一台 DNS 服务器管理,并处理整个互联网中客户机的域名解析请求,恐怕很难找到能够承受如此巨大负载的服务器,即便能够找到,查询域名的效率也会非常低。因此,互联网中的域名系统采用了分布式的数据库方式,将不同范围内的域名 IP 地址对应关系交给不同的 DNS 服务器管理。这个分布式数据库采用树形结构,全世界的域名系统具有唯一的"根",如图 5 - 26 所示。

包含主机名及其所在的域名的完整地址又称为 FQDN(Full Qualified Domain,完全限定域名)地址,或称为全域名。例如新浪网站服务器的地址"www.sina.com.cn",其中"www"表示服务器的主机名(大多数的网站服务器都使用该名称),"sina.com.cn"表示该主机所属的 DNS 域。该地址中涉及多个不同的 DNS 及其服务器。

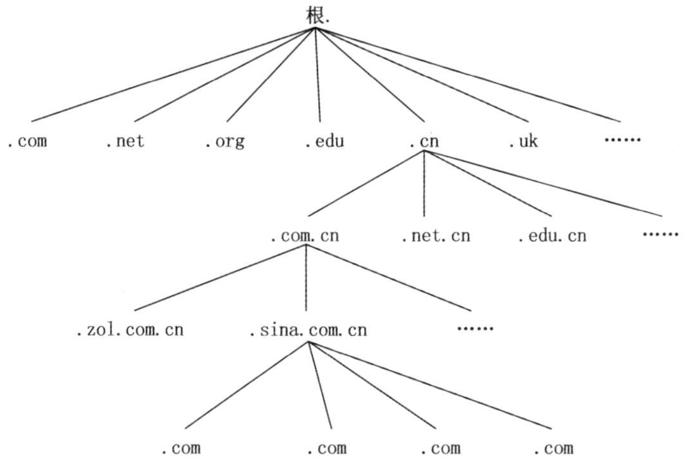

图 5 - 26　互联网域名系统的树型结构

（1）"."根域服务器，是所有主机域名解析的源头，地址中最后的"."通常被省略。

（2）".cn"域名服务器，负责所有以"cn"结尾的域名的解析，".cn"域是处于根域之下的顶级域。

（3）".com.cn"域服务器，负责所有以"com.cn"结尾的域名的解析，".com.cn"域是".cn"域的子域。

（4）".sina.com.cn"域服务器，由新浪公司负责维护，提供".sina.com.cn"域中所有主机的域名解析，如 www.sina.com.cn、mail.sina.com.cn 等，".sina.com.cn"域是".com.cn"域的子域。

从以上的 DNS 层次结构中可以看出，对于互联网中每个主机域名的解析，并不需要涉及太多的 DNS 服务器就可以完成。通常客户端主机中只需要指定 1～3 个 DNS 服务器地址，就可以通过递归或迭代的查询方式获知要访问的域名对应的 IP 地址。

2.DNS 系统解析过程

DNS 服务器采用服务器/客户端(C/S)方式工作。当客户端程序要通过一个主机名称访问网络中的一台主机时，它首先要得到这个主机名称所对应的 IP 地址。因为 IP 数据报中允许放置的是目的主机的 IP 地址，而不是主机名称。可以从本机的 hosts 文件中得到主机名称所对应的 IP 地址，但如果 hosts 文件不能解析该主机名称，则只能通过向客户机所设定的 DNS 服务器进行查询了。下面以 www.sina.com.cn 域名为例讲解 DNS 系统解析的过程，如图 5 - 27 所示。

在图 5 - 27 中，显示出了 DNS 服务的解析过程，同时也体现出了它的构成。DNS 服务由客户机、域名服务器和 Web 服务器构成了一个简单的网络环境。DNS 名称解析的过程如下。

1)DNS 客户机向本地域名服务器发送了一个查询，请求查找域名 www.sina.com.cn 的 IP 地址。本地域名服务器查找自己保存的记录，看能否找到这个被请求的 IP 地址。若本地域名服务器中有这个地址，则将此地址返回给 DNS 客户机。

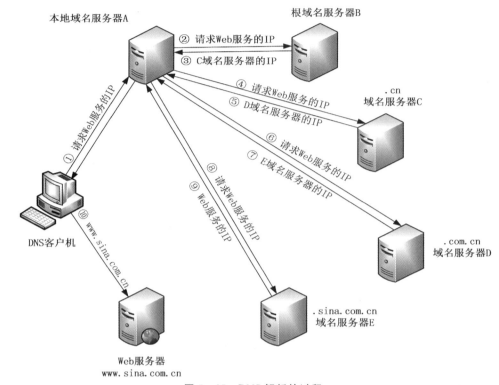

图 5 - 27 DNS 解析的过程

2）若本地域名服务器没有这个地址，则发起查找地址的过程。本地域名服务器发送请求给根域名服务器，询问 www. sina. com. cn 的相关地址。根域名服务器无法提供这个地址，但是会将域 cn 的名称服务器的地址返回给本地域名服务器。

3）本地域名服务器再向.cn 域服务器发送查询地址请求。cn 域服务器无法提供这个地址，就将 com. cn 域服务器地址发送给本地域名服务器。

4）本地域名服务器再向 com. cn 域服务器发送查询地址请求。com. cn 服务器无法提供这个地址，就将 sina. com. cn 域名服务器地址发送给本地域名服务器。

5）本地域名服务器再向 sina. com. cn 发送查询地址请求。sina. com. cn 找到了 www. sina. com. cn 的地址，就将这个地址发给本地域名服务器。

6）本地域名服务器会将这个地址发给 DNS 客户机。

7）DNS 客户机发起与主机 www. sina. com. cn 的连接。

在解析过程中通常会用到两种查询方式，分别是递归查询和迭代查询。下述分别介绍这两种查询方式。

1）递归查询。主机向本地域名服务器的查询一般都是采用递归查询。如果主机所询问的本地域名服务器不指定被查询域名的 IP 地址，那么本地域名服务器就以 DNS 客户的身份，向其他根域名服务器继续发出查询请求报文。

2）迭代查询。本地域名服务器向根域名服务器的查询通常采用迭代查询。当根域名服务器收到本地域名服务器的迭代查询请求报文时，要么给出所要查询的 IP 地址，要么告诉本地域名服务器"下一步应当向哪一个域名域名服务器进行查询"。然后让本地域名服务器进行后续的查询。

3.DNS 问题类型

DNS 查询和响应中所使用的类型域,指明了这个查询或者响应的资源记录类型。常用的消息资源记录类型如表 5－3 所示。

表 5－3　常用 DNS 资源记录类型

值	类 型	描　　述
1	A	IPv4 主机地址
2	NS	权威域名服务器
5	CNAME	规范别名,定义主机正式名字的别名
12	PTR	指针,把 IP 地址转换为域名
15	MX	邮件交换记录,用于电子邮件系统发邮件时根据收件人的地址后缀来定位邮件服务器
16	TXT	文本字符串
28	AAAA	IPv6 主机地址
251	IXFR	增量区域传送
252	AXFR	完成区域传送

5.3.2　实践:DNS 配置

【任务背景】

某单位需要访问外网 Web 服务器www.a.com,需要在内网架设本地域名服务器,内网计算机通过访问本地域名服务器来获取其对应的 IP 地址,完成对 Web 服务器的访问。

【任务内容】

简单域名系统的实现过程如图 5－28 所示,为终端 A 和终端 B 设置本地域名服务器,本地域名服务器中给出域名 www.a.com 与 IP 地址 192.1.2.3 之间绑定,使得终端 A 和终端 B 可以通过域名 www.a.com 访问到 IP 地址为 192.1.2.3 的 Web 服务器。

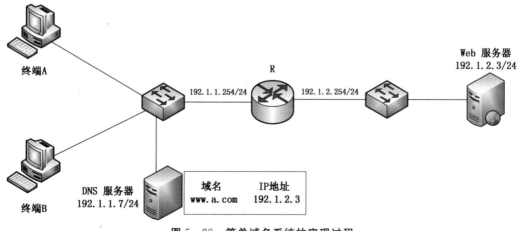

图 5－28　简单域名系统的实现过程

【任务目标】

(1)验证域名系统(Domain Name System,DNS)的工作机制。

(2)验证资源记录的功能和作用。

(3)验证域名服务器的配置过程。

(4)验证域名解析过程。

【任务原理】

终端 A 和终端 B 配置本地域名服务器地址。当通过浏览器地址栏输入域名 www.a.com 时,终端 A 或终端 B 发起域名解析过程,向本地域名服务器发送域名 www.a.com 解析请求。本地域名服务器完成域名解析过程后,向终端 A 或终端 B 回送域名解析响应。域名解析响应中给出与域名 www.a.com 绑定的 IP 地址 192.1.2.3 完成对 Web 服务器的访问过程。

【实现步骤】

(1)启动华为 eNSP,按照图 5-28 所示的网络拓扑结构放置和连接设备。完成设备放置和连接后 eNSP 界面如图 5-29 所示。启动所有设备。

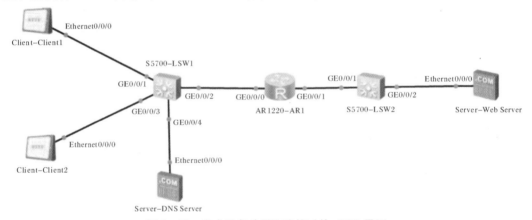

图 5-29 完成设备放置和连接后的 eNSP 界面

(2)完成路由器 AR1 各个接口的 IP 地址和子网掩码配置过程。通过"display ip interface brief"命令可以查看路由器 AR1 各个接口配置的网络信息,如图 5-30 所示。通过"display ip routing-table"命令查看路由器 AR1 的直连路由项信息,如图 5-31 所示。

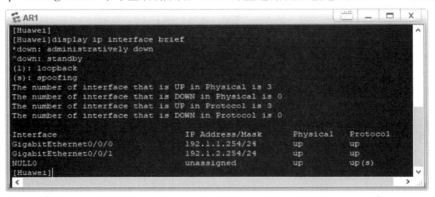

图 5-30 路由器 AR1 各个接口配置的网络信息

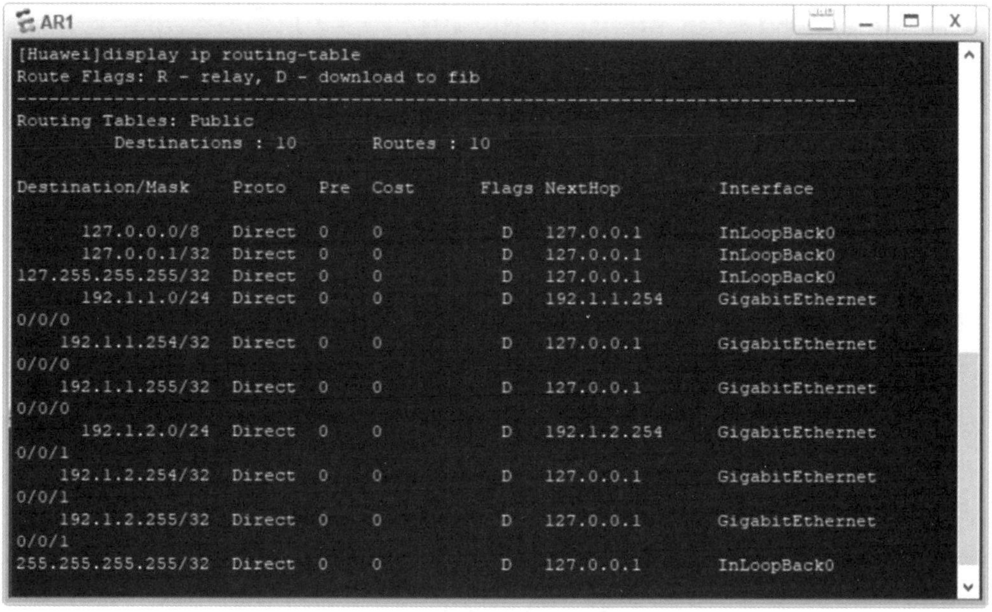

图 5 - 31　路由器 AR1 的直连路由项

（3）完成各个客户端设备 IP 地址、子网掩码、默认网关地址和本地域名服务器地址的配置过程。图 5 - 32 为 Client1 配置的网络信息，本地域名服务器的 IP 地址是 192.1.1.7。

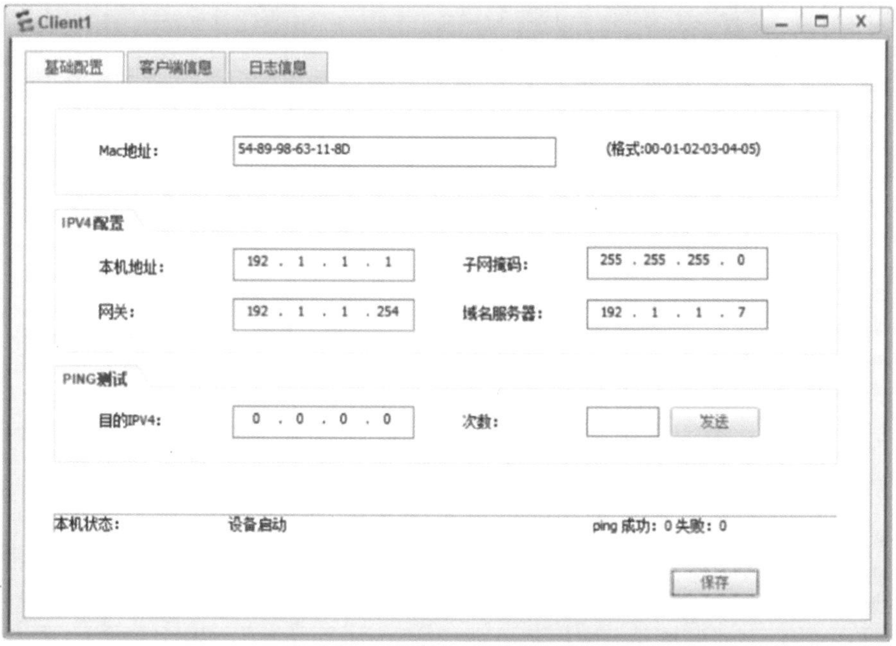

图 5 - 32　Client1 配置的网络信息

（4）本地域名服务器的 IP 地址必须与各个客户端设备配置的本地域名服务器的 IP 地址相同，这里是 192.1.1.7。图 5 - 33 为本地域名服务器配置的网络信息。同时，必须通过配置资源记录建立域名 www.a.com 与 IP 地址 192.1.2.3 之间的绑定，如图 5 - 34 所示，

192.1.2.3 是 Web 服务器的 IP 地址。通过单击"启动"按钮启动域名服务器的服务功能。

图 5 - 33　本地域名服务器配置的网络信息

图 5 - 34　本地域名服务器配置的资源记录

（5）Web 服务器的 IP 地址必须和本地域名服务器中与域名 www.a.com 绑定的 IP 地址相同，这里是 192.1.2.3。图 5 - 35 为 Web 服务器配置的网络信息。在"服务器信息"选项卡的"文件根目录"文本框中需要给出存储 default.htm 文件的逻辑盘符，例如图 5 - 36 中的 D:\。通过单击"启动"按钮启动 Web 服务器的服务功能。此时已经建立客户端设备的本地域名服务器地址→本地域名服务器→域名 www.a.com 与 IP 地址 192.1.2.3 之间绑定的域名解析链，因此，客户端设备可以通过域名 www.a.com 访问 IP 地址为 192.1.2.3 的 Web 服务器。

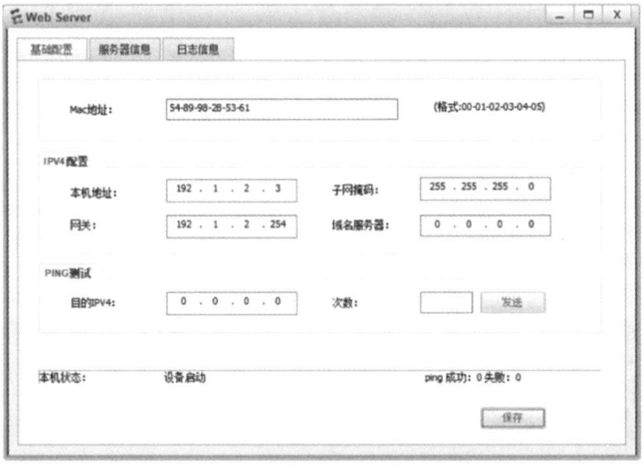

图 5 - 35　Web 服务器配置的网络信息

图 5 - 36　存储 default. htm 文件的逻辑盘符

(6)在 Client1 的"地址"文本框中输入 URL：http：//www. a. com/default. htm，如图 5 - 37所示，Client1 可以访问 Web 服务器 D 目录下的 default. htm。Client1 通过域名 www. a. com 访问 Web 服务器时发生的域名解析过程如图 5 - 38 所示，它是交换机 LSW1 连接域名服务器的端口 GE0/0/4 捕获的报文序列。Client1 与本地域名服务器之间完成一次域名解析请求和响应消息的交互过程。

图 5 - 37　在 Client1 的"地址"文本框中输入 URL

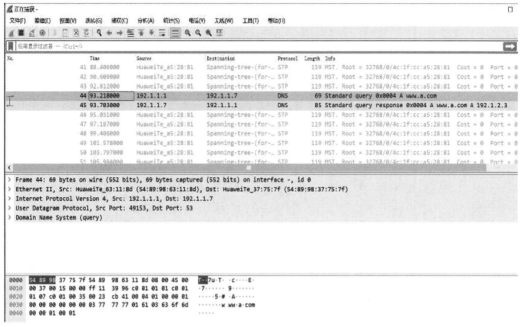

图 5-38　交换机 LSW1 连接域名服务器的端口捕获的报文序列

5.命令行接口配置过程

路由器 AR1 的配置过程如下：

```
<Huawei>system-view
Enter system view, return user view with Ctrl+Z.
[Huawei]undo info-center enable
Info: Information center is disabled.
[Huawei]interface GigabitEthernet0/0/0
[Huawei-GigabitEthernet0/0/0]ip address 192.1.1.254 24
[Huawei-GigabitEthernet0/0/0]quit
[Huawei]interface GigabitEthernet0/0/1
[Huawei-GigabitEthernet0/0/1]ip address 192.1.2.254 24
[Huawei-GigabitEthernet0/0/1]quit
```

5.4　DHCP

DHCP(Dynamic Host Configuration Protocol，动态主机配置协议)是一个局域网的网络协议，主要用于给内部网络或者网络服务提供商自动分配 IP 地址。DHCP 协议是一个应用层协议，能够让设备自动获取 IP 地址以及其他重要的网络资源，如 DNS 服务器和路由网关地址等。本节将详细介绍 DHCP 协议及其实践操作。

5.4.1　DHCP 概述

DHCP 的前身是 BOOTP,属于 TCP/IP 的应用层协议。DHCP 网络配置方面非常重要,特别是一个网络的规模较大时,使用 DHCP 可极大地减轻网络管理员的工作量。另外,对于移动 PC(如笔记本、平板等),由于使用的环境经常变动,所处网络的 IP 地址也就可能需要经常变动。若每次都需要手工修改他们的 IP 地址,使用起来将非常麻烦。使用 DHCP 就能够减轻负担。

DHCP 是一个局域网的网络协议,使用 UDP 协议工作。DHCP 有 3 个端口,其中 UDP67 和 UDP68 为正常的 DHCP 服务端口,分别为 DHCP Server 和 DHCP Client 的服务端口;546 号端口用于 DHCPv6 Client,而不用于 DHCPv4,是为 DHCP failover 服务。该服务是需要特别开启的服务,用来做双机热备的。

5.4.2　DHCP 工作流程

使用 DHCP 时,在网络上首先必须有一台 DHCP 服务器,而其他计算机则是 DHCP 客户端。当 DHCP 客户端程序发出一个信息,要求一个动态 IP 地址时,DHCP 服务器将根据目前配置的 IP 地址池,从中提供一个可供使用的 IP 地址和子网掩码给客户端。DHCP 工作流程如图 5-39 所示。

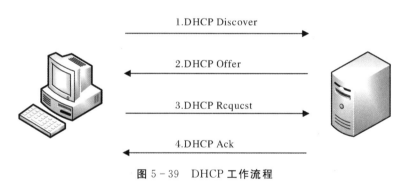

1.DHCP Discover

2.DHCP Offer

3.DHCP Rcquest

4.DHCP Ack

图 5-39　DHCP 工作流程

从图 5-39 中可以看出,DHCP 工作过程分为 4 个阶段:发现阶段(DHCP Discover)、提供阶段(DHCP Offer)、选择阶段(DHCP Request)和确认阶段(DHCP Ack)。下述分别详细介绍这 4 个阶段。

(1)发现阶段,即 DHCP 客户端寻找 DHCP 服务器的阶段。DHCP 客户端以广播方式发送 DHCP Discover 包。由于客户端还不知道自己属于哪一个网络,所以封包的源地址为 0.0.0.0,目的地址为 255.255.255.255,然后附上 DHCP Discover 的信息,向网络进行广播。网络上每一台安装了 TCP/IP 协议的主机都会接收到该广播信息,但只有 DHCP 服务器才会做出响应,如图 5-40 所示。

图 5-40 表示本局域网中有 3 台 DHCP 服务器,都收到了客户端发送的 DHCP Discover 包,接下来就是服务器响应客户端了,即提供阶段。

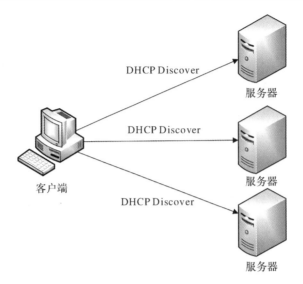

图 5 - 40　DHCP Discover 包

（2）提供阶段，即 DHCP 服务器提供 IP 地址的阶段。在网络中收到 DHCP Discover 包的 DHCP 服务器，都会做出响应。这些 DHCP 服务器从尚未出租的 IP 地址中挑选一个给客户端，向客户端发送一个包含 IP 地址和其他设置的 DHCP offer 包，由于客户端在开始的时候还没有 IP 地址，所以其在 DHCP Discover 封包内会带有其 MAC 地址信息，并且有一个 X ID 编号来辨别该封包，DHCP 服务器响应的 DHCP Offer 封包则会根据客户端的这些信息广播传递给要求租约的客户端。如图 5 - 41 所示。

这时候，局域网中的 3 台 DHCP 服务器都向客户端发送了 DHCP Offer 包。但是客户端只能接受一个服务器提供的信息，所以需要选择其中一个服务器提供的数据包信息。

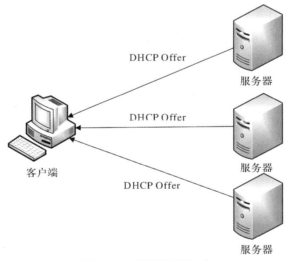

图 5 - 41　DHCP Offer 包

（3）选择阶段，即 DHCP 客户端选择某台 DHCP 服务器提供的 IP 地址阶段。从图 5 - 41中可以看到 3 台 DHCP 服务器都向客户端发送了 DHCP Offer 包。此时 DHCP 只接受第一个收到的 DHCP Offer 包信息。然后，以广播方式向全网发送 DHCP Request 请求信息,该信息中包含向它所选定的 DHCP 服务器请求 IP 地址的内容。这里使用广播方式发送,就是通知所有 DHCP 服务器,它选择了某台 DHCP 服务器所提供的 IP 地址,如图5－42所示。

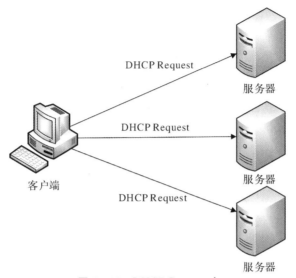

图 5－42　DHCP Request 包

这时候,局域网所有的 DHCP 服务器都会收到客户端发送的 DHCP Request 信息。通过查看包信息,可以确定 DHCP 客户端是否选择了自己提供的 IP 地址。若选择了自己的,则会发送一个确认包。否则,不进行响应。

(4)确认阶段,即 DHCP 服务器确认所提供的 IP 地址阶段。当 DHCP 服务器收到客户端发送的 DHCP Request 请求信息之后,便向 DHCP 客户端发送一个包含它所提供的 IP 地址和其他设置的 DHCP Ack 信息,该信息也是以广播的形式发送,一方面告诉 DHCP 客户端可以使用它所提供的 IP 地址,另一方面是告诉网络中其他的 DHCP 服务器,该服务器已经为客户端提供了 IP 地址等信息,如图 5－43 所示。然后 DHCP 客户端将其 TCP/IP 协议与网卡绑定。另外,除客户端选择的 DHCP 服务器外,其他 DHCP 服务器都将收回曾提供的 IP 地址。

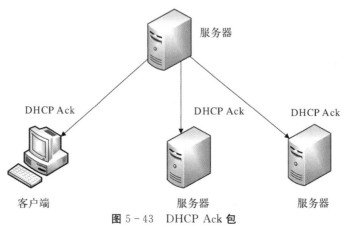

图 5－43　DHCP Ack 包

5.4.3 实践:DHCP 配置

1. 无中继 DHCP 配置实践

【任务背景】

某单位搭建网络环境,需要为内网计算机动态分配 IP 地址,现使用一台路由器作为 DHCP 服务器,为内网计算机提供 DHCP 服务,实现动态分配 IP 地址的功能。

【任务内容】

无中继动态主机配置协议(Dynamic Host Configuration Protocol,DHCP)实现过程如图 5-44 所示。路由器 R 作为 DHCP 服务器,在路由器 R 中定义两个作用域,并分别将这两个作用域与路由器 R 的两个接口绑定,使得路由器 R 通过作用域 1 定义的网络信息完成对接口 1 连接的网络中的终端的配置过程,通过作用域 2 定义的网络信息完成对接口 2 连接的网络中的终端的配置过程。

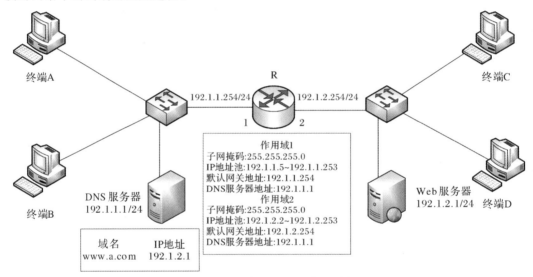

图 5-44 无中继 DHCP 实现过程

终端自动获取的网络信息中包含本地域名服务器地址,因此,终端自动获取网络信息后,可以通过域名 www.a.com 完成对 Web 服务器的访问过程。

服务器 IP 地址通常需要手工配置,因此,在定义的作用域中需要将已经分配给服务器的 IP 地址排除在可分配的 IP 地址范围外。

【任务目标】

(1)验证无中继 DHCP 的工作过程。

(2)验证路由器 DHCP 服务器功能的配置过程。

(3)验证终端通过 DHCP 自动获取网络信息的过程。

(4)验证用路由器接口建立的作用域与作用域作用的网络之间的关联过程。

【任务原理】

在路由器 R 中分别定义两个作用域,并将两个作用域与路由器 R 的两个接口绑定。如图 5-44 所示,将路由器 R 接口 1 与作用于终端 A 所在网络的作用 1 绑定,启动终端 A 通过 DHCP 自动获取网络信息的功能后,终端 A 广播 DHCP 发现消息。路由器 R 接口 1 收到该 DHCP 发现消息后,根据作用域 1 定义的网络信息生成分配给终端 A 的网络信息,向终端 A 发送 DHCP 提供消息。终端 A 和路由器 R 之间通过交互 DHCP 请求和确认消息完成对终端 A 的网络信息的配置过程。

【实现步骤】

(1)启动华为 eNSP,按照图 5-44 所示的网络拓扑结构放置和连接设备。完成设备的配置和连接,如图 5-45 所示。

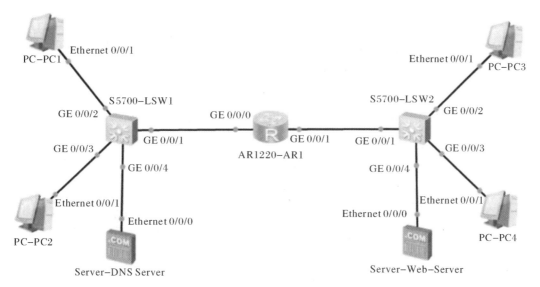

图 5-45　完成设备放置和连接后的 eNSP 界面

(2)完成路由器 AR1 各个接口 IP 地址和子网掩码的配置过程,配置命令如下。

```
//进入 GigabitEthernet0/0/0 接口
[Huawei]interface GigabitEthernet0/0/0
//为 GigabitEthernet0/0/0 接口配置 IP 地址
[Huawei-GigabitEthernet0/0/0]ip address 192.1.1.254 24
//进入 GigabitEthernet0/0/1 接口
[Huawei]interface GigabitEthernet0/0/1
//为 GigabitEthernet0/0/1 接口配置 IP 地址
[Huawei-GigabitEthernet0/0/1]ip address 192.1.2.254 24
```

通过"display ip interface brief"命令查看路由器 AR1 各个接口的状态,如图 5-46 所示,通过"display ip routing-table"命令自动生成的直连路由项,图 5-47 所示。

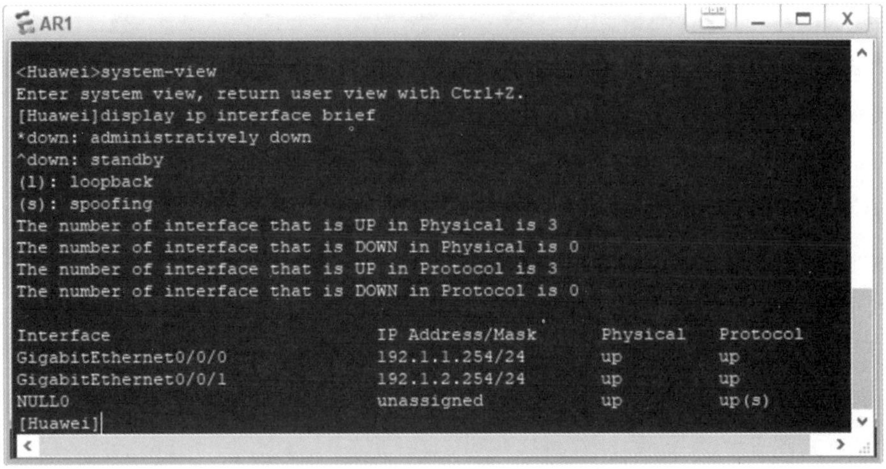

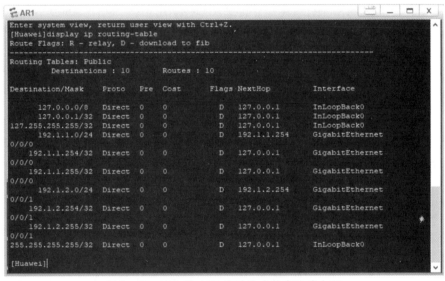

图 5 - 46　路由器 AR1 各个接口的状态

图 5 - 47　路由器 AR1 自动生成的直连路由项

（3）完成路由器 AR1 基于接口的两个作用域的配置过程，配置命令如下。

<Huawei>system-view

Enter system view, return user view with Ctrl＋Z.

[Huawei]undo info－center enable　　//关闭交换机内部提示信息。

Info：Information center is disabled.

[Huawei]dhcp enable　　　　　　　　//使能 DHCP 服务。

Info：The operation may take a few seconds. Please wait for a moment. done.

[Huawei]interface GigabitEthernet0/0/0　　//进入接口 GE0/0/0。

//为 GE0/0/0 配置 IP 地址。

[Huawei-GigabitEthernet0/0/0]ip address 192.1.1.254 24

//在接口上设置 DHCP 服务。

[Huawei-GigabitEthernet0/0/0]dhcp select interface

//配置 DHCP 服务器中的 DNS 信息。

[Huawei-GigabitEthernet0/0/0]dhcp server dns—list 192.1.1.1

//排除不允予分配的 IP 地址

[Huawei-GigabitEthernet0/0/0]dhcp server excluded—ip—address 192.1.1.1 192.1.1.4

[Huawei-GigabitEthernet0/0/0]quit

[Huawei]interface GigabitEthernet0/0/1

[Huawei-GigabitEthernet0/0/1]ip address 192.1.2.254 24

[Huawei-GigabitEthernet0/0/1]dhcp select interface

[Huawei-GigabitEthernet0/0/1]dhcp server dns—list 192.1.1.1

[Huawei-GigabitEthernet0/0/1]dhcp server excluded—ip—address 192.1.2.1

[Huawei-GigabitEthernet0/0/1]quit

通过"display ip pool"命令可以看到 AR1 基于接口 GigabitEthernet0/0/0 和接口 GigabitEthernet0/0/1 的两个作用域如图 5-48 所示。根据接口的 IP 地址和子网掩码生成 IP 地址池,接口的 IP 地址作为默认网关地址。

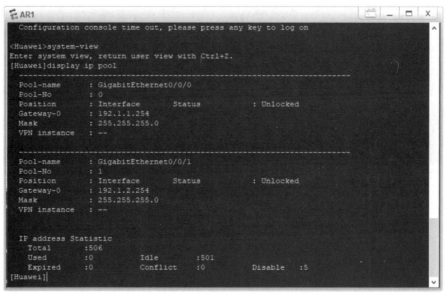

图 5-48　路由器 AR1 基于接口的两个作用域

(4)各个终端可以通过 DHCP 自动获取网络信息。PC1 选择通过 DHCP 自动获取网络信息的界面如图 5-49 所示。在"IPv4 配置"下选择 DHCP 单选按钮,单击"应用"按钮,启动通过 DHCP 自动获取网络信息的过程。PC1 自动获取的网络信息如图 5-50 所示。PC3 以同样的方式完成自动获取网络信息过程,如图 5-51 和图 5-52 所示。比较 PC1 和 PC3 获取的网络信息可以发现,PC1 从与接口 GigabitEthernet0/0/0 绑定的作用域中获取网络信息,PC3 从与接口 GigabitEthernet0/0/1 绑定的作用域中获取网络信息,且 PC1 位于接口 GigabitEthernet0/0/0 连接的网络上,PC3 位于接口 GigabitEthernet0/0/1 连接的网络上。

图 5-49　PC1 选择通过 DHCP 自动获取网络信息的界面

图 5-50　PC1 自动获取的网络信息

图 5-51　在"Ipv4 配置"中选择"DHCP"

图 5-52　PC3 通过 DHCP 自动获取的网络信息

(5)由于两个作用域中指定 IP 地址 192.1.1.1 为本地域名服务器地址,因此,需要将本地域名服务器的 IP 地址配置为 192.1.1.1。图 5-53 是本地域名服务器配置的网络信息。由于在本地域名服务器中通过配置资源记录建立域名 www.a.com 与 IP 地址 192.1.2.1 之间的绑定,如图 5-54 所示,因此,需要将 Web 服务器的 IP 地址配置为 192.1.2.1。图 5-55 是 Web 服务器配置的网络信息。

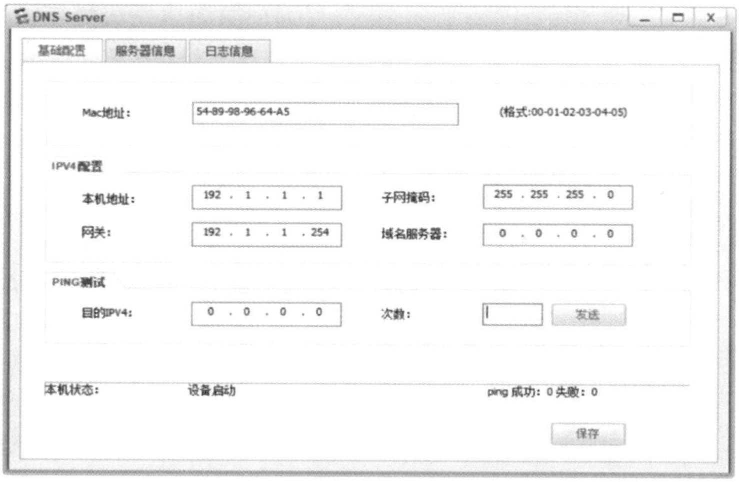

图 5-53　本地域名服务器配置的网络信息

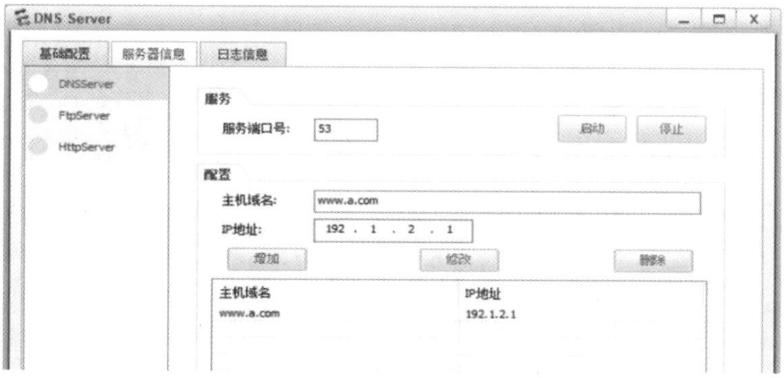

图 5-54　建立域名 www.a.com 与 IP 地址 192.1.2.1 之间的绑定

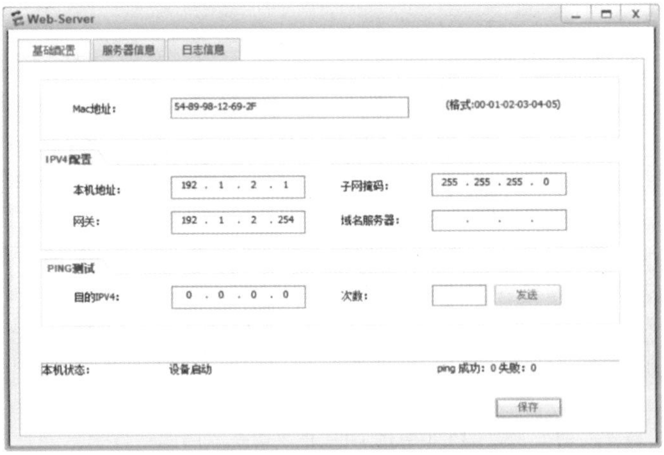

图 5-55　Web 服务器配置的网络信息

(6)各个终端可以直接用域名 www.a.com 访问 Web 服务器。图 5-56 是 PC1 直接对域名 www.a.com 执行 ping 操作的界面,图 5-57 是 PC3 直接对域名 www.a.com 执行 ping 操作的界面。分别再 LSW1 连接本地域名服务器的端口和 LSW2 连接 Web 服务器的端口启动报文捕获功能。在完成如图 5-57 所示的操作过程中,LSW1 连接本地域名服务器的端口捕获的报文序列如图 5-58 所示,报文序列中只包含完成域名解析过程交互的 DNS 消息。LSW2 连接 Web 服务器的端口捕获的报文序列如图 5-59 所示,报文序列中只包含交互的 ICMP ECHO 请求和响应报文。

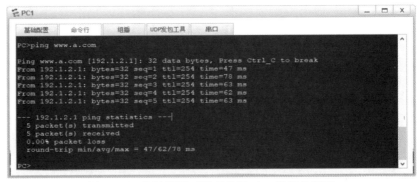

图 5-56　PC1 直接对域名执行 ping 操作的界面

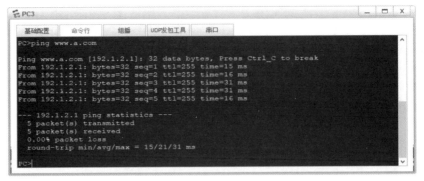

图 5-57　PC3 直接对域名执行 ping 操作的界面

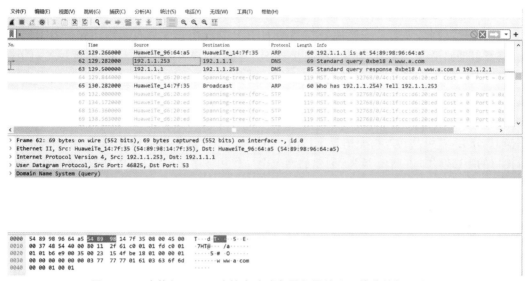

图 5-58　交换机 LSW1 连接本地域名服务器的端口捕获的报文序列

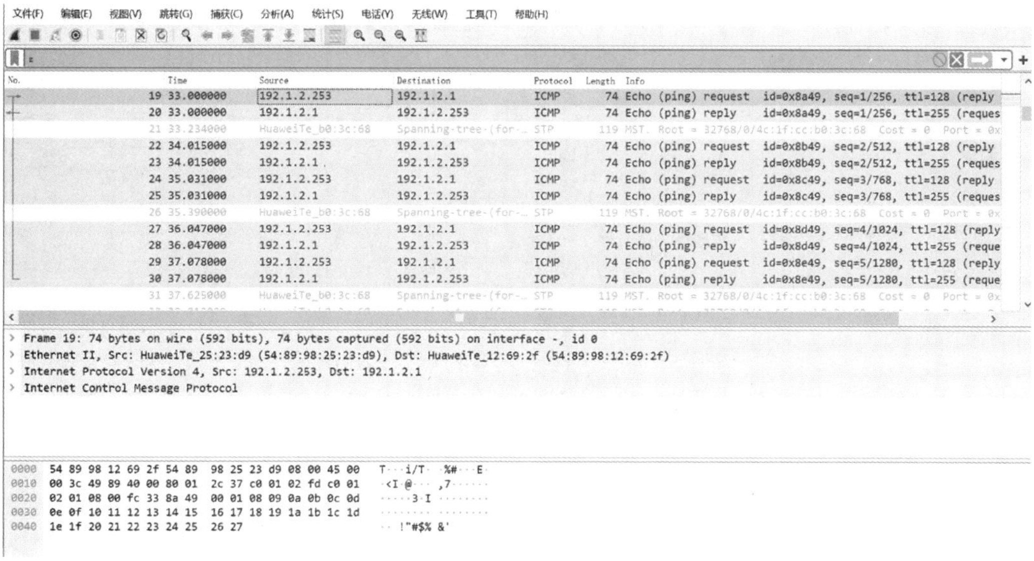

图 5-59　交换机 LSW2 连接 Web 服务器的端口捕获的报文序列

2. 中继 DHCP 配置实验

【任务背景】

某单位两个 VLAN 下的计算机需要配置 IP 地址，但由于其局域网内没有 DHCP 服务器，需要在与其直连的 R2 路由器上配置 DHCP 中继服务，实现与 DHCP 服务器 R1 的连接，从而完成为该单位计算机动态分配 IP 的任务。

【任务内容】

中继 DHCP 的实现过程如图 5-60 所示。在路由器 R1 中创建 3 个作用域：其中一个作用域是基于接口的作用域，用于位于该接口直接连接的网络上的终端 A 和终端 B 配置网络信息；其他两个作用域是全局作用域，分别用于为属于 VLAN2 的终端 C 和属于 VLAN3

的终端 D 配置网络信息。全局作用域不与接口绑定。由于 VLAN2 和 VLAN3 不与路由器 R1 直接连接,因此,终端 C 或终端 D 广播的 DHCP 发现信息无法直接到达路由器 R1。为此,需要启动路由 R2 的中继功能,在路由器 R2 连接 VLAN2 和 VLAN3 的逻辑接口上配置中继地址,即路由器 R1 连接路由器 R2 的接口配置的 IP 地址 192.1.4.1。当路由器 R2 通过连接 VLAN2 或 VLAN3 的逻辑接口接收到终端 C 或终端 D 广播的 DHCP 发现消息时,将 DHCP 发现消息重新封装成以路由器 R1 的接口地址 192.1.4.1 为目的的 IP 地址的单播 IP 分组,并将其转发给路由器 R1,同时在 DHCP 消息中添加接收该 DHCP 消息的逻辑接口的 IP 地址。在路由器 R1 创建的两个全局作用域中,分别以路由器 R2 连接 VLAN2 和 VLAN3 的逻辑接口的 IP 地址为默认网关地址,因此,当路由器 R1 接收到路由器 R2 转发的 DHCP 消息时,不是通过接收该 DHCP 消息的接口确定与此 DHCP 消息匹配的作用域,而是通过 DHCP 消息中携带的中继代理地址,即路由器 R2 接收该 DHCP 消息的逻辑接口的 IP 地址,确定与此 DHCP 消息匹配的全局作用域。

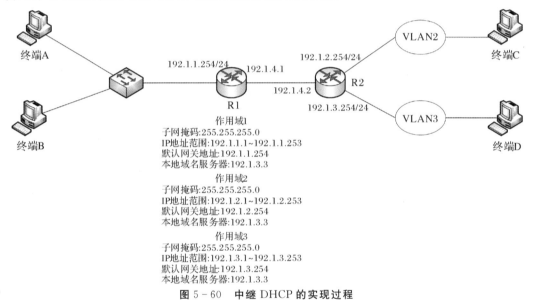

图 5-60　中继 DHCP 的实现过程

【任务目标】

(1)验证中继 DHCP 的工作过程。

(2)验证中继 DHCP 的工作过程下为 DHCP 服务器的路由器的配置过程。

(3)验证路由器中继 DHCP 消息的过程。

(4)验证中继后的 DHCP 消息的封装过程。

(5)验证作为 DHCP 服务器的路由器根据 DHCP 消息中的中继代理地址匹配作用域的过程。

【任务原理】

实现如图 5-60 所示的中继 DHCP 的工作过程需要完成以下两个配置过程:①在作为 DHCP 服务器的路由器 R1 上配置两个全局作用域,其中一个作用域的默认网关地址是路由器 R2 连接 VLAN2 的虚拟接口的 IP 地址,另一个作用域的默认网关地址是路由器 R2

连接 VLAN3 的虚拟接口的 IP 地址;②在路由器 R2 连接 VLAN2 和 VLAN3 的虚拟接口中配置 DHCP 服务器的 IP 地址,这里是路由器 R1 连接路由器 R2 的接口的 IP 地址。完成上述配置过程后,终端 C 发送给作为 DHCP 服务器的路由器 R1 的 DHCP 消息经过两段传输路径。一段是终端 C 至路由器 R2 连接 VLAN2 的虚拟接口。由于终端 C 发送的 DHCP 消息最终封装成目的地址为广播地址的 MAC 帧,因此,终端 C 发送的 DHCP 消息到达连接在 VLAN2 上的所有终端和路由器接口。另一段是路由器 R2 至作为 DHCP 服务器的路由器 R1。路由器 R2 通过连接 VLAN2 的虚拟接口收到终端 C 发送的 DHCP 消息后,将 DHCP 消息封装成以路由器 R2 连接 VLAN2 的虚拟接口的 IP 地址为源 IP 地址、以路由器 R1 连接路由器 R2 的接口的 IP 地址为目的 IP 地址的 IP 分组,该 IP 分组经过 IP 传输路径到达作为 DHCP 服务器的路由器 R1。路由器 R2 将终端 C 发送的 DHCP 消息转发给路由器 R1 时,将连接 VLAN2 的虚拟接口的 IP 地址作为 DHCP 消息中的中继代理地址,路由器 R1 根据 DHCP 消息中的中继代理地址匹配全局作用域。

【实现步骤】

(1)启动华为 eNSP,按照图 5-60 所示的网络拓扑结构放置和连接设备,完成设备放置和连接后的 eNSP 界面如图 5-61 所示。启动所有设备。

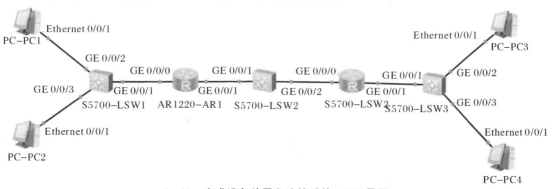

5-61 **完成设备放置和连接后的 eNSP 界面**

(2)完成路由器 AR1 和 AR2 各个接口的 IP 地址和子网掩码配置过程。路由器 AR1 各个接口的状态如图 5-62 所示,路由器 AR2 各个接口的状态如图 5-63 所示。

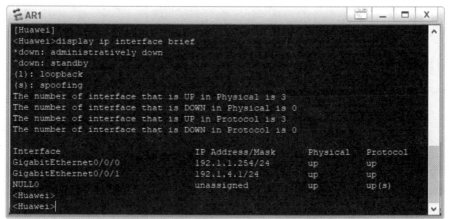

图 5-62 **路由器 AR1 各个接口的状态**

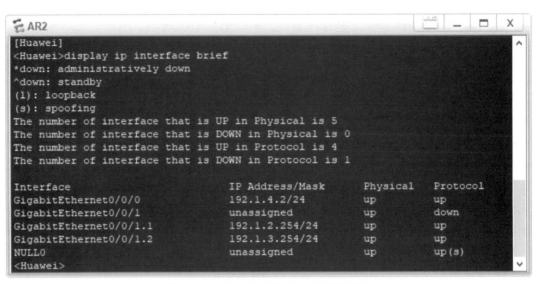

图 5-63 路由器 AR2 各个接口的状态

（3）完成路由器 AR1 和 AR2 有关 RIP 配置过程。路由器 AR1 的完整路由表如图 5-64所示，路由器 AR2 的完整路由表如图 5-65 所示。

```
E AR1                                                              _  □  X
<Huawei>display ip routing-table
Route Flags: R - relay, D - download to fib
------------------------------------------------------------------------
Routing Tables: Public
         Destinations : 12        Routes : 12

Destination/Mask    Proto   Pre  Cost       Flags NextHop        Interface

      127.0.0.0/8   Direct  0    0           D    127.0.0.1      InLoopBack0
      127.0.0.1/32  Direct  0    0           D    127.0.0.1      InLoopBack0
127.255.255.255/32  Direct  0    0           D    127.0.0.1      InLoopBack0
      192.1.1.0/24  Direct  0    0           D    192.1.1.254    GigabitEthernet
0/0/0
    192.1.1.254/32  Direct  0    0           D    127.0.0.1      GigabitEthernet
0/0/0
    192.1.1.255/32  Direct  0    0           D    127.0.0.1      GigabitEthernet
0/0/0
      192.1.2.0/24  RIP     100  1           D    192.1.4.2      GigabitEthernet
0/0/1
      192.1.3.0/24  RIP     100  1           D    192.1.4.2      GigabitEthernet
0/0/1
      192.1.4.0/24  Direct  0    0           D    192.1.4.1      GigabitEthernet
0/0/1
    192.1.4.1/32  Direct  0    0             D    127.0.0.1      GigabitEthernet
0/0/1
    192.1.4.255/32  Direct  0    0           D    127.0.0.1      GigabitEthernet
0/0/1
255.255.255.255/32  Direct  0    0           D    127.0.0.1      InLoopBack0
```

5-64 路由器 AR1 的完整路由表

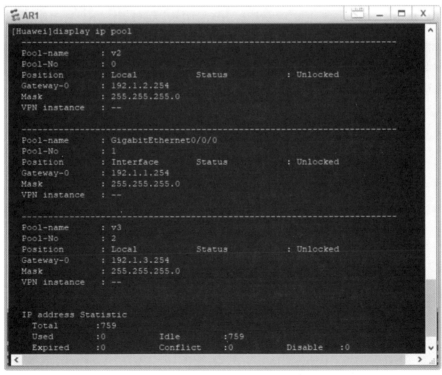

5—65 路由器 AR2 的完整路由表

(4)在路由器 AR1 中创建 3 个作用域:其中一个是基于路由器 AR1 接口 GigabitEthernet0/0/0 的作用域,另外两个分别是 IP 地址池为 V2 和 V3 的全局作用域。名为 V2 和 V3 的两个作用域的默认网关地址分别是 192.1.2.254 和 192.1.3.254。路由器 AR1 的 3 个作用域如图 5 - 66 所示。

图 5 - 66 路由器 AR1 的 3 个作用域

基于路由器 AR1 接口 GE0/0/0 的三个作用域配置命令如下：

＜Huawei＞system-view

Enter system view, return user view with Ctrl＋Z.

[Huawei]undo info-center enable

Info：Information center is disabled.

[Huawei]dhcp enable

Info：The operation may take a few seconds. Please wait for a moment. done.

[Huawei]ip pool v2 //该命令的作用是是创建一个 v2 的 IP 地址池，该 IP 地址池等同于一个全局作用域。

Info：It's successful to create an IP address pool.

//用网络地址方式给出可分配的 IP 地址范围。可分配的 IP 地址范 192.1.2.1～192.1.2.254。

[Huawei-ip-pool-v2]network 192.1.2.0 mask 255.255.255.0

//指定作用域中的默认网关地址，192.1.2.254。

[Huawei-ip-pool-v2]gateway-list 192.1.2.254

[Huawei-ip-pool-v2]dns-list 192.1.3.3   //指定 DNS 服务器地址是 192.1.3.3

[Huawei-ip-pool-v2]quit

[Huawei]ip pool v3

Info：It's successful to create an IP address pool.

[Huawei-ip-pool-v3]network 192.1.3.0 mask 255.255.255.0

[Huawei-ip-pool-v3]gateway-list 192.1.3.254

[Huawei-ip-pool-v3]dns-list 192.1.3.3

[Huawei-ip-pool-v3]quit

[Huawei]display ip pool

[Huawei]interface GigabitEthernet0/0/0

[Huawei-GigabitEthernet0/0/0]ip address 192.1.1.254 255.255.255.0

[Huawei-GigabitEthernet0/0/0]dhcp select interface

[Huawei-GigabitEthernet0/0/0]dhcp server dns-list 192.1.3.3

[Huawei-GigabitEthernet0/0/0]quit

[Huawei]interface GigabitEthernet0/0/1

[Huawei-GigabitEthernet0/0/1]ip address 192.1.4.1 255.255.255.0

[Huawei-GigabitEthernet0/0/1]dhcp select global

[Huawei-GigabitEthernet0/0/1]quit

[Huawei]rip 1

[Huawei-rip-1]network 192.1.1.0

[Huawei-rip-1]network 192.1.4.0

（5）由于分别连接在 VLAN2 和 VLAN3 上的 PC3 和 PC4 需要从作为 DHCP 服务器的路由器 AR1 获取网络信息，因此，需要在路由器 AR2 连接 VLAN2 和 VLAN3 的虚拟接口启动 DHCP 中继功能，并配置 DHCP 服务器的 IP 地址。路由器 AR2 配置的 DHCP 中继信息如图 5 - 67 所示。

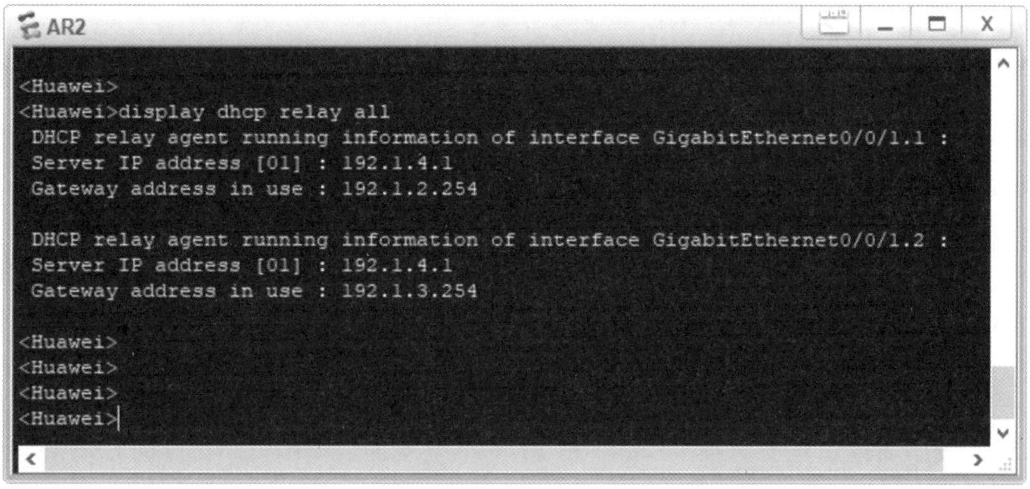

图 5 - 67　路由器 AR2 配置的 DHCP 中继信息

在路由器 AR2 上的配置命令如下：

```
<Huawei>system-view
Enter system view，return user view with Ctrl+Z.
[Huawei]undo info-center enable
Info：Information center is disabled.
[Huawei]dhcp enable    //使能 DHCP 服务。
Info：The operation may take a few seconds. Please wait for a moment. done.
[Huawei]interface GigabitEthernet0/0/0
[Huawei-GigabitEthernet0/0/0]ip address 192.1.4.2 255.255.255.0
[Huawei-GigabitEthernet0/0/0]quit
[Huawei]interface GigabitEthernet0/0/1.1 //进入 GE0/0/1.1 子接口。
//给 GE0/0/1.1 子接口封装 VLAN10。
[Huawei-GigabitEthernet0/0/1.1]dot1q termination vid 2
[Huawei-GigabitEthernet0/0/1.1]ip address 192.1.2.254 255.255.255.0
//在 GE0/0/1.1 子接口中使能 ARP 广播。
[Huawei-GigabitEthernet0/0/1.1]arp broadcast enable
[Huawei-GigabitEthernet0/0/1.1]dhcp select relay //配置 DHCP 中继
//指定 DHCP 服务器的 IP 地址为 192.1.4.1。
[Huawei-GigabitEthernet0/0/1.1]dhcp relay server-ip 192.1.4.1
[Huawei-GigabitEthernet0/0/1.1]quit
```

```
[Huawei]interface GigabitEthernet0/0/1.2
[Huawei-GigabitEthernet0/0/1.2]dot1q termination vid 3
[Huawei-GigabitEthernet0/0/1.2]ip address 192.1.3.254 255.255.255.0
[Huawei-GigabitEthernet0/0/1.2]arp broadcast enable
[Huawei-GigabitEthernet0/0/1.2]dhcp select relay
[Huawei-GigabitEthernet0/0/1.2]dhcp relay server-ip 192.1.4.1
[Huawei-GigabitEthernet0/0/1.2]quit
[Huawei]rip 2
[Huawei-rip-2]network 192.1.4.0
[Huawei-rip-2]network 192.1.2.0
[Huawei-rip-2]network 192.1.3.0
[Huawei-rip-2]quit
```

(6)在交换机 LSW3 中创建 VLAN2 和 VLAN3,将连接 PC3 交换机端口作为接入端口分配给 VLAN2,将连接 PC4 的交换机端口作为接入端口分配给 VLAN3,将连接路由器 AR2 的交换机端口定义为被 VLAN2 和 VLAN3 共享的共享端口。交换机 LSW3 各个 VLAN 的端口组成如图 5-68 所示。

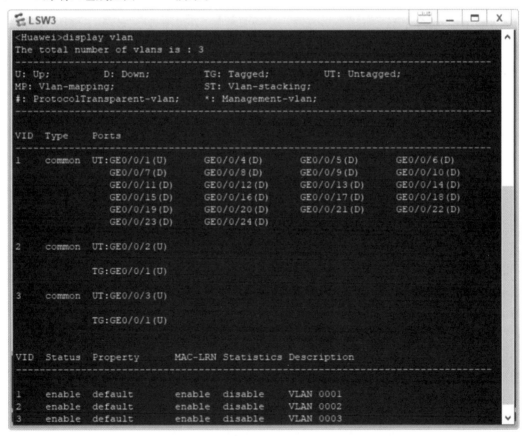

图 5-68　交换机 LSW3 各个 VLAN 的端口组成

在交换机 LSW3 创建 VLAN 的命令如下：

```
<Huawei>system-view
Enter system view，return user view with Ctrl+Z.
[Huawei]undo info-center enable
Info：Information center is disabled.
[Huawei]vlan batch 2 to 3
Info：This operation may take a few seconds. Please wait for a moment...done.
[Huawei]interface GigabitEthernet0/0/1
[Huawei-GigabitEthernet0/0/1]port link-type trunk
[Huawei-GigabitEthernet0/0/1]port trunk allow-pass vlan 2 to 3
[Huawei-GigabitEthernet0/0/1]quit
[Huawei]interface GigabitEthernet0/0/2
[Huawei-GigabitEthernet0/0/2]port link-type access
[Huawei-GigabitEthernet0/0/2]port default vlan 2
[Huawei-GigabitEthernet0/0/2]quit
[Huawei]interface GigabitEthernet0/0/3
[Huawei-GigabitEthernet0/0/3]port link-type access
[Huawei-GigabitEthernet0/0/3]port default vlan 3
[Huawei-GigabitEthernet0/0/3]quit
```

(7)PC1 和 PC2 可以从基于路由器 AR1 接口 GigabitEthernet0/0/0 的作用域中获取网络信息。PC1 选择通过 DHCP 自动获取网络信息方式的界面如图 5-69 所示，PC1 自动获取的网络信息如图 5-70 所示。PC3 可以从默认网关地址为 192.1.2.254 的全局作用域中自动获取网络信息。PC3 自动获取网络信息如图 5-71 所示。PC4 可以从默认网关地址为 192.1.3.254 的全局作用域中自动获取网络信息。PC4 自动获取的网络信息如图 5-72 所示。

图 5-69 PC1 选择通过 DHCP 自动获取网络信息方式的界面

图 5-70　PC1 自动获取的网络信息

图 5-71　PC3 自动获取的网络信息

图 5-72　PC4 自动获取的网络信息

（8）在路由器 AR2 连接路由器 AR1 的接口上启动捕获报文功能，启动 PC3 通过 DH-CP 自动获取网络信息的过程。在路由器 AR2 连接路由器 AR1 的接口上捕获的报文序列如图 5-73 所示。PC3 广播的 DHCP 发现消息和请求消息被路由器 AR2 重新封装成以路由器 AR2 连接 VLAN2 的虚拟接口的 IP 地址 192.1.2.254 为源 IP 地址、以在路由器 AR2 各个虚拟接口中配置的代理 DHCP 服务器地址 192.1.4.1 为目的地址的单播 IP 分组。作为 DHCP 服务器的路由器 AR1 回送的 DHCP 提供消息和确认消息被封装成以路由器 AR1 连接路由器 AR2 的接口的 IP 地址 192.1.4.1 为源 IP 地址、以路由器 AR2 连接 VLAN2 的虚拟接口的 IP 地址 192.1.2.254 为目的 IP 地址的单播 IP 分组。

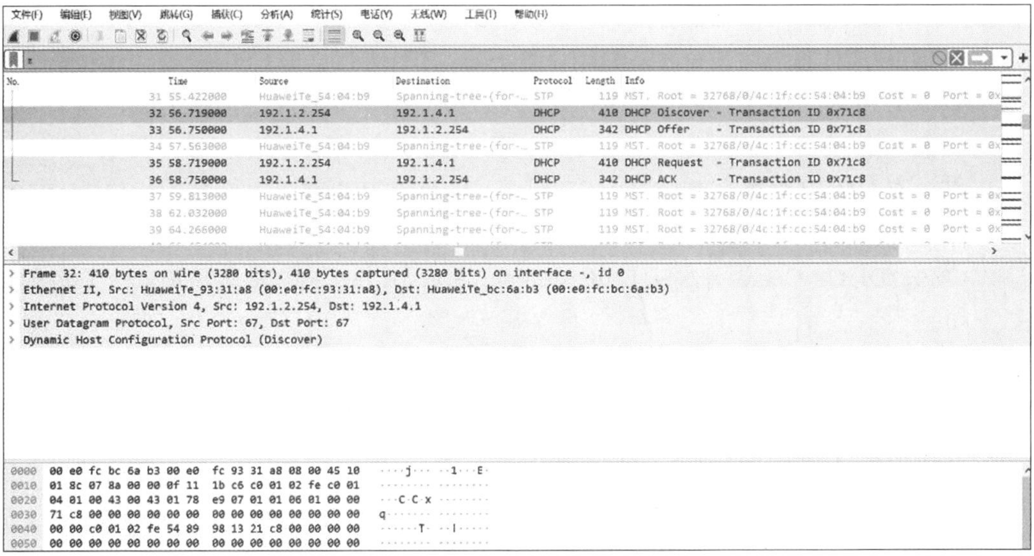

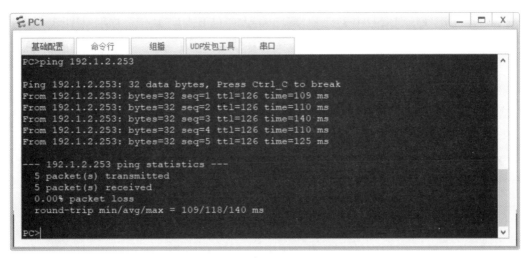

图 5-73　在路由器 AR2 连接路由器 AR1 的接口上捕获的报文序列

　　(9)各个终端自动获取网络信息后,就可以实现相互通信过程。图 5-74 为 PC1 与 PC4 之间的通信过程。

图 5-74　PC1 与 PC4 之间的通信过程

练 习 题

1.(多选)关于 DHCP,以下说法中正确的是( )。

A. DHCP 的前身是 BOOTP

B. DHCP Server 每次给 DHCP Client 分配一个 IP 地址时,只是跟 DHCP Client 订立了一个关于这个 IP 地址的租约

C. 决定 IP 地址租约期长短的是 DHCP Server,而不是 DHCP Client

D. DHCP 中继代理的作用是在 DHCP Client 与 DHCP Server 之间是无法传递 DHCP消息的中转

E. 若没有 DHCP 中继代理,则 DHCP Client 与 DHCP Server 之间是无法传递 DHCP消息的

2.(单选)DHCP Client 首次从 DHCP Server 获取 IP 地址时需要经历的 4 个阶段依次是( )。

A. 发现阶段,请求阶段,提供阶段,确认阶段

B. 发现阶段,请求阶段,确认阶段,提供阶段

C. 发现阶段,提供阶段,请求阶段,确认阶段

D. 发现阶段,确认阶段,请求阶段,提供阶段

3.(多选)关于 DHCP 中继,以下说法中正确的是( )。

A. DHCP Server 和 DHCP 中继代理位于同一个网段(二层广播域),但它们都没有与DHCP Client 位于同一个网段。在这种情况下,DHCP 是不能正常工作的

B. DHCP Client 和 DHCP 中继代理位于同一个网段,但它们都没有与 DHCP Server位于同一个网段。在这种情况下,DHCP 是可以正常工作的

C. DHCP 中继代理是 DHCP 的必要组成部分。没有 DHCP 中继代理,DHCP 就无法正常工作

4. 域名系统的功能是什么? 如何实现域名到 IP 地址的转换?

5. 简述浏览器访问某个 Web 服务器主页的过程。

6. 浏览器访问 URL 指定的资源的过程中使用哪些应用层和传输层协议?

参考文献

[1] 谢希仁.计算机网络[M].7版.北京:电子工业出版社,2017.

[2] 佛罗赞,莫沙拉夫.计算机网络教程:自顶向下方法[M].北京:机械工业出版社,2013.

[3] 张曙光.数据通信与计算机网络[M].北京:人民邮电出版社,2011.

[4] 柴远波,董满才.无线短距离通信应用技术[M].2版.北京:电子工业出版社,2020.

[5] 董健.物联网与短距离无线通信技术[M].2版.北京:电子工业出版社,2016.

[6] 俞宗泉.蓝牙技术基础[M].北京:机械工业出版社,2021.

[7] 科尔曼,韦斯科特.无线局域网权威指南:[M].5版.北京:清华大学出版社.2021.

[8] 汪双顶,袁晖,史振华.多层交换技术[M].北京:人民邮电出版社,2019.

[9] 齐阿齐斯,卡尔诺斯科斯,霍勒,等.物联网:架构、技术及应用[M].北京:机械工业出版社,2021.

[10] 徐红顾,旭峰,曲文尧,等.云计算网络技术与应用[M].北京:高等教育出版社,2018.

[11] 陈鸣,常强林,岳振军,等.计算机网络实验教程:从原理到实践[M].北京:机械工业出版社,2007.

[12] 许成刚,等.eNSP网络技术与应用从基础到实践[M].北京:中国水利水电出版社,2020.

[13] 朱仕耿.HCNP路由交换学习指南[M].北京:人民邮电出版社,2017.

[14] 特南鲍姆,韦瑟罗尔.计算机网络:第5版[M].北京:清华大学出版社,2012.

[15] 孙卫琴.Java网络编程核心技术详解[M].北京:电子工业出版社,2020.

[16] 华为技术有限公司.HCNA网络技术学习指南[M].北京:人民邮电出版社,2019.

[17] 特南鲍姆,费姆斯特尔,韦瑟罗尔.计算机网络:[M].6版.北京:清华大学出版社,2022.

[18] 聚慕课教育研发中心.HTML5＋CSS3＋JavaScript从入门到项目实践:超值版[M].北京:清华大学出版社,2019.

[19] 孙卫琴.Tomcat与Java Web开发技术详解[M].3版.北京:电子工业出版社,2019.

[20] 韩立刚,韩利辉,马青,等.奠基:计算机网络:华为微课版[M].北京:清华大学出版社,2021.